Lineare Algebra und Geometrie

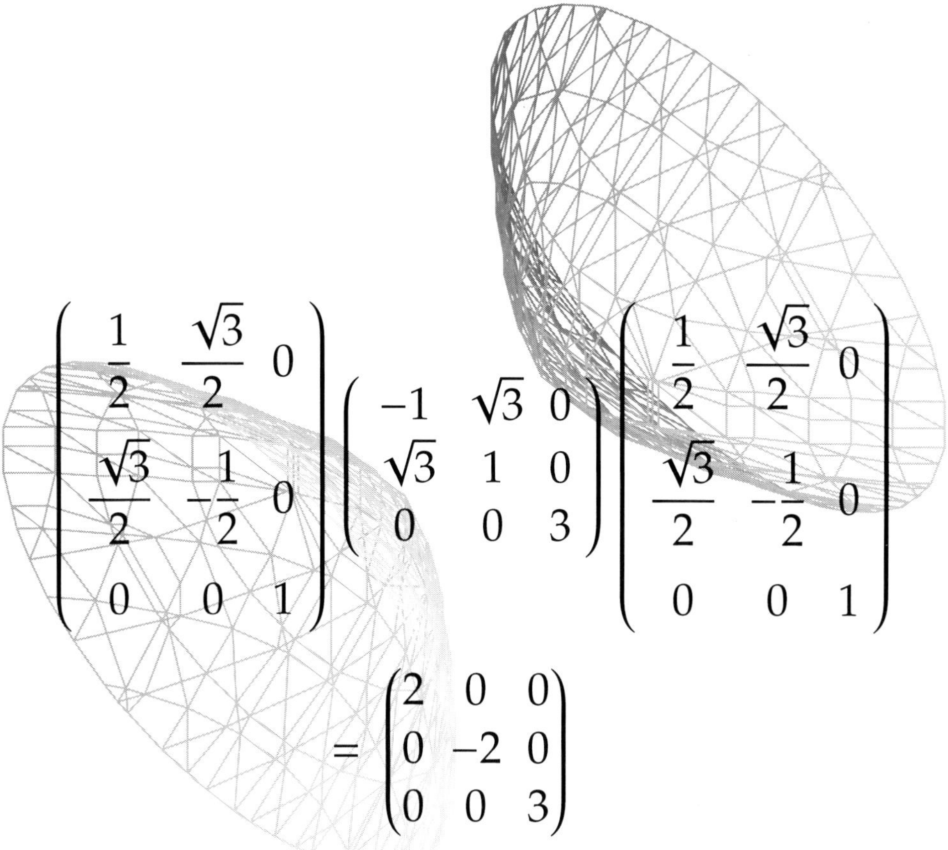

$$\begin{pmatrix} \frac{1}{2} & \frac{\sqrt{3}}{2} & 0 \\ \frac{\sqrt{3}}{2} & -\frac{1}{2} & 0 \\ 0 & 0 & 1 \end{pmatrix} \begin{pmatrix} -1 & \sqrt{3} & 0 \\ \sqrt{3} & 1 & 0 \\ 0 & 0 & 3 \end{pmatrix} \begin{pmatrix} \frac{1}{2} & \frac{\sqrt{3}}{2} & 0 \\ \frac{\sqrt{3}}{2} & -\frac{1}{2} & 0 \\ 0 & 0 & 1 \end{pmatrix} = \begin{pmatrix} 2 & 0 & 0 \\ 0 & -2 & 0 \\ 0 & 0 & 3 \end{pmatrix}$$

für Ingenieure, Mathematiker und Physiker

W. Kimmerle – M. Stroppel

3. Auflage

Autoren:

apl. Prof. Dr. Wolfgang Kimmerle
apl. Prof. Dr. Markus Stroppel

Fachbereich Mathematik, Fakultät Mathematik und Physik
Universität Stuttgart
Pfaffenwaldring 57
D - 70550 Stuttgart Germany

Lineare Algebra und Geometrie
für Ingenieure, Mathematiker und Physiker
W. Kimmerle, M. Stroppel
3. Auflage, 2009
3. korrigierter Nachdruck, 2012
ISBN 978-3-936413-24-3

edition delkhofen

Daten- und Texterstellung durch die Autoren unter Verwendung von LaTeX, Cinderella, XFig und Maple.

Druck: DCC Kästl, Ostfildern-Kemnat

Inhaltsverzeichnis

Vorwort

Dieses Textbuch zur linearen Algebra und Geometrie entspricht weitgehend den thematisch einschlägigen Teilen der beiden vom zweiten Autor im Wintersemester 2005/06 und 2006/07 an der Universität Stuttgart gehaltenen Vorlesungen „Höhere Mathematik I für Studierende der Luft- und Raumfahrttechnik, Automatisierung in der Produktion, Verfahrenstechnik und der Werkstoffwissenschaften" sowie „Höhere Mathematik I für Studierende des Bauingenieurwesens, der Fahrzeug- und Motorentechnik, Immobilientechnik und -verwaltung, des Maschinenwesens, Technologiemanagements, der Technikpädagogik und der Umweltschutztechnik". Es basiert auf der dritten Auflage der „Linearen Algebra und Geometrie" (ISBN 3-936413-06-1) des ersten Autors, die zu dessen Vorlesungen zur höheren Mathematik in den Wintersemestern 1997/98 und 2001/02 entstanden ist.

In der gegenwärtigen Fassung sind zahlreiche Grafiken und Abbildungen hinzugekommen, diese wurden erstellt mit Hilfe der Programme Cinderella und Maple. Bei der Behandlung linearer Abbildungen wurde verstärkt Wert auf die Basisbezogenheit der Beschreibung gelegt; dies spiegelt sich auch in der Notation.

Im Unterschied zu Texten, die vorrangig für Mathematiker bestimmt sind, werden Beweise teilweise nur skizziert oder sogar ganz weggelassen. Wo wir die Beweise doch geben, geschieht dies in der Annahme, dass der Beweis zum besseren Verständnis beiträgt (oft handelt es sich um eine Rechnung, wie sie auch bei der Anwendung des betreffenden Resultats auftritt). Begründungen und Beweise für Teilbehauptungen finden sich oft auch in eckigen Klammern [in der Hoffnung, dass dadurch die Argumentationsstruktur klarer wird].

Ziel des vorliegenden Buches ist die Darstellung der linearen Algebra (Vektorrechnung, Theorie linearer Gleichungssysteme) und ihrer Anwendungen auf die Geometrie derart, dass die technischen Anwendungen eine solide Grundlage finden und auch der spätere Gebrauch der Vektorrechnung in der Analysis von Funktionen mehrerer Veränderlicher sowie in Anwendungen der Funktionalanalysis ausreichend fundiert ist.

Der in der Höheren Mathematik I üblicherweise behandelte Stoff aus den hier angesprochenen Themengebieten findet sich in den Kapiteln 1 bis 6. Weitere, auch für Studierende der Ingenieurwissenschaften relevante Themen (Jordan-Normalform, normale Matrizen, erste Anfänge der Fourier-Analyse) werden in zusätzlichen Abschnitten behandelt.

Dieses Buch enthält keine Übungsaufgaben (ohne deren Bearbeitung eine Meisterung des Stoffs schwerlich gelingen dürfte). Eine Fülle geeigneter Aufgaben findet man im Angebot des Projekts „Mathematik Online" der Universitäten Stuttgart und Ulm (siehe http://www.mathematik-online.org/).

In der vorliegenden dritten Auflage wurde die Behandlung von Quadriken nochmals erweitert. Außerdem wurden alle bekannten Fehler der früheren Auflagen korrigiert und an vielen Stellen die Argumentation im Interesse der Verständlichkeit erweitert.

Stuttgart, im August 2009

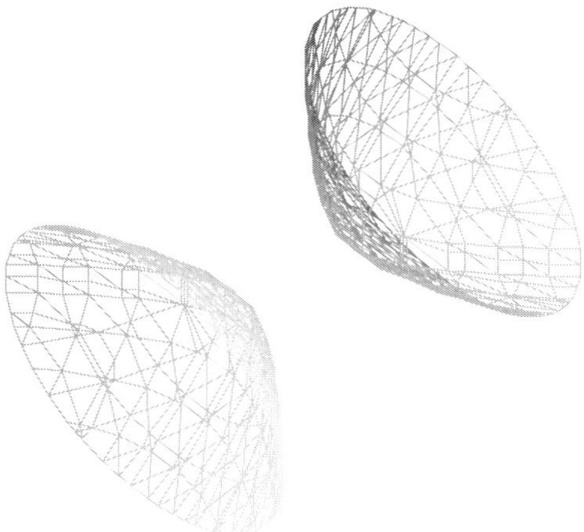

Zum Titelbild:
Die Grafik zeigt einen Ausschnitt aus einer Quadrik, nämlich aus dem zweischaligen Hyperboloid mit der Gleichung

$$x_1^2 - 2\sqrt{3}\, x_1 x_2 - x_2^2 - 3 x_3^2 = 1\,.$$

Die außerdem gezeigte Matrizenrechnung wird benutzt, um die beschreibende symmetrische Matrix zu diagonalisieren (vgl. 5.4.4) und damit die Quadrik auf die Normalform

$$-2\, y_1^2 + 2\, y_2^2 + 3\, y_3^2 + 1 = 0$$

zu transformieren.

0 Warum Mathematik?

Mathematik ist anstrengend, und birgt ein hohes Frustrationspotential.

Warum soll man sich, wenn man eine Ingenieurwissenschaft studieren will, damit quälen?

0.1 Modelle

Viele technische Probleme können effizient gelöst werden, indem man geeignete, naturwissenschaftlich (etwa physikalisch) basierte Beschreibungen der involvierten Systeme benutzt. Um diese Beschreibungen zu nutzen, ist es nötig, innerhalb der Beschreibung präzise Vorhersagen über das Verhalten der Systeme zu treffen.

Dazu werden *mathematische Modelle* erstellt und untersucht.

Als (aus der Schule bekanntes) erstes Beispiel mag die Modellierung des Anschauungsraums durch einen dreidimensionalen Vektorraum über dem Körper der reellen Zahlen dienen. Wir werden sehen, dass man Vektorräume von viel höherer Dimension als Modelle braucht — und diese deswegen systematisch studieren.

0.2 Verfahren und Algorithmen

Viele der mathematischen Modelle sind sehr aufwendig, und letztlich nur durch Computereinsatz zu beherrschen.

Dabei wird es notwendig, das Modell *abstrakt* zu begreifen: Wir können und wollen in ein laufendes Programm ja nicht dauernd eingreifen, um mit unserem „gesunden Menschenverstand" zu korrigieren, was die „dumme Maschine" nicht von allein richtig macht:

Wir müssen korrekt vorhersehen, wie unsere Anweisungen sich in jedem Fall auswirken — insbesondere müssen wir jeden Fall berücksichtigen!

Um die Grenzen der Anwendbarkeit eines Verfahrens zu erkennen, müssen wir uns auch mit seiner Begründung beschäftigen: *Stures, mechanisches Anwenden von Rechentechniken genügt nicht!*

0.3 Mathematik als Sprache

Modelle und Verfahren werden mathematisch beschrieben.

Hier wird Mathematik als Sprache benutzt, um zwischen Ingenieuren, aber auch zwischen Ingenieur und Naturwissenschaftler, oder zwischen Ingenieur und Informatiker zu kommunizieren.

Die Beherrschung dieser Sprache ist Grundvoraussetzung für das Gelingen der Kommunikation!

0.4 Beweise

Mathematik für Mathematiker besteht vor allem aus Beweisen.

Diese sind das Mittel, mit dem die allgemeine, abstrakte Gültigkeit der Verfahren innerhalb der Modelle gesichert wird. Gleichzeitig erkennt man an Hand mancher Beweise, warum gewisse Verfahren überhaupt funktionieren. Außerdem werden die Grenzen deutlich, weil man sieht, welche Voraussetzungen gebraucht werden.

Allerdings überlassen wir die meisten Beweise den Mathematikern (Arbeitsteilung). Wir befassen uns mit Beweisen, wenn diese für das Verständnis nötig und hilfreich sind.

0.5 Ziele der Mathematikausbildung

- Verständnis der Grundlagen
- Verständnis für Probleme, die die Anwendbarkeit einschränken
- Beherrschung von Rechentechniken, Routine
- Fähigkeit, weiterführende Literatur zu verstehen:
  Mathematik als Sprache

0.6 Warum Mathematik?

Mathematik ist anstrengend, und birgt ein hohes Frustrationspotential.

Aber die Mühe lohnt sich!

P.S.: Wie viele Tätigkeiten, die mit körperlicher oder geistiger Anstrengung verbunden sind, kann die intensive Beschäftigung mit Mathematik zu Glücksgefühlen bis hin zur Euphorie führen.

1 Zahlen, Mengen, Ungleichungen

1.1 Die Menge $\mathbb{N}$ der natürlichen Zahlen

Natürliche Zahlen braucht man für

- Anzahlbestimmungen (Kombinatorik)
- Nummerierung, Sortierung
- Diskretisierung (Computer-taugliche Modellierung)
- Codierung / Verschlüsselung *(Primzahlen!)*

1.1.1 Eigenschaften der natürlichen Zahlen.

1. 1 ist die kleinste natürliche Zahl.
2. Jede natürliche Zahl n hat einen eindeutigen Nachfolger $n + 1$.
3. Ist M eine beliebige (aber nicht leere) Menge natürlicher Zahlen, so besitzt M ein *kleinstes Element*.
4. Zwischen zwei natürlichen Zahlen liegen jeweils *nur endlich viele* weitere natürliche Zahlen.
5. Durch Abzählen, beginnend bei 1, durchläuft man in Einerschritten *alle* natürlichen Zahlen.

Man schreibt $\mathbb{N}$ für die Menge aller natürlichen Zahlen, und $\mathbb{N}_0 := \mathbb{N} \cup \{0\}$.

Vor allem die Eigenschaft 5 wird für Beweise sehr nützlich sein (*Verfahren der vollständigen Induktion*).

In der Menge der natürlichen Zahlen können wir addieren und multiplizieren. Damit die dann entstehenden Gleichungen der Form $a+x = b$ oder $c\,y = d$ (mit $a, b, c, d \in \mathbb{N}$ und $c \neq 0$) auch Lösungen (nämlich $x = b - a$ bzw. $y = \frac{d}{c}$) besitzen, muss man den Bereich der Zahlen noch vergrößern. Nach mehrfacher Erweiterung werden wir im Bereich der komplexen Zahlen schließlich alle Zahlen finden, die wir für technische Anwendungen brauchen.

1.1.2 Definitionen. Wenn eine Gleichung $d\,y = c$ in $\mathbb{N}$ mit $c, d, y \in \mathbb{N}$ gilt, nennen wir d einen *Teiler* von c in $\mathbb{N}$ (und später auch $-d$ einen Teiler von c in $\mathbb{Z}$). Man nennt eine Zahl $p \in \mathbb{N} \setminus \{1\}$ eine *Primzahl,* wenn sie in $\mathbb{N}$ keine anderen Teiler als 1 und sich selbst besitzt.

Die Primzahlen sind gewissermaßen die „Elementarbausteine", aus denen sich die natürlichen Zahlen multiplikativ zusammensetzen:

1.1.3 Satz von der eindeutigen Primfaktorzerlegung. *Jede natürliche Zahl n lässt sich eindeutig als Produkt $n = p_1 \dots p_k$ von Primzahlen darstellen.*

Dabei ist natürlich die Anzahl k der benötigten Faktoren durch n bestimmt. Die angesprochene Eindeutigkeit bedeutet: Die Primfaktoren sind bis auf ihre Reihenfolge festgelegt. Derselbe Faktor darf auch mehrmals vorkommen. Wenn man die Faktoren sortiert, erhält man eine Darstellung von n als Produkt von Primzahlpotenzen: also [1] $n = \prod_{j=1}^{m} p_j^{e_j}$, wobei die p_j jetzt neu nummeriert sind und e_j angibt, wie oft der Primfaktor p_j in n vorkommt.

1.1.4 Beispiele. $n = 1$ hat keine Primteiler, $k = 0$.
$n \in \{2, 3, 5, 7, 11, 13\}$ hat jeweils genau einen Primteiler, $k = 1$.
$n = 4$ hat genau einen Primteiler, den aber doppelt: $p_1 = 2 = p_2$.
$n = 6$ hat zwei Primteiler ($k = 2$), nämlich $p_1 = 2$, $p_2 = 3$.
$n = 8$ hat genau einen Primteiler, diesen aber dreifach: $p_1 = p_2 = p_3 = 2$.
$n = 9$ hat den einen Primteiler $p_1 = 3 = p_2$ doppelt.
$n = 10$ hat zwei Primteiler: $p_1 = 2$, $p_2 = 5$.
$n = 12$ hat zwei Primteiler, davon einen doppelt: $p_1 = 2 = p_2$, $p_3 = 3$.

Im Allgemeinen ist es sehr schwer, eine gegebene (große) natürliche Zahl in ihre Primfaktoren zu zerlegen. Dieses Phänomen wird ausgenutzt zur Verschlüsselung, etwa beim RSA-Verfahren und darauf aufbauend bei der ssh-Verschlüsselung, die inzwischen im Internet eine wichtige Rolle spielt.

Die Faktorisierung wird vor allem dann schwer, wenn n nur wenige, ähnlich große Primfaktoren hat, wie z. B. die Zahl 7 198 754 167 937 225 219 825 618 580 819 142 189 461 589 993 396 116 767 674 085 696 827 623 398 493 388 799 999 999, die sich ergibt als Produkt der beiden Primzahlen

$$1376375309122634504631597958158090240000000 1$$

$$\text{und} \quad 5230226174666011117600072241000742911999999 99 \;.$$

[1] Die Schreibweise $\prod_{j=1}^{m} A_j$ bedeutet, dass man den Term A_j für alle j von 1 bis m auswertet und die entstandenen Zahlen zusammenmultipliziert.

1.2 Aussagen, vollständige Induktion

Unter einer *Aussage* versteht man einen sprachlichen Ausdruck, dem man eindeutig einen Wahrheitswert *(wahr/falsch)* zuordnen kann.

1.2.1 Beispiele.

- Es gibt unendlich viele Primzahlen. Dies ist eine wahre Aussage.
- Es gibt unendlich viele Primzahlzwillinge (d.h. Paare von Primzahlen im Abstand 2, wie z.B. $(3,5)$, $(5,7)$, $(11,13)$, $(17,19)$, ...)
  Dies ist eine Aussage, deren Wahrheitswert zwar festliegt, uns aber noch nicht bekannt ist.
- Primzahlen sind schöner als andere Zahlen.
  Dies ist keine Aussage, sondern eine subjektive Meinungsäußerung.

Viele Aussagen hängen von einem oder mehreren *Parametern* ab (man muss dabei genau angeben, aus welcher Menge der Parameter zu wählen ist):

Wir schreiben etwa $A(n)$ oder $A(n,t)$.

1.2.2 Beispiel. Es sei $A(n)$ die Aussage

„Die Summe der natürlichen Zahlen von 1 bis n ist $\dfrac{n(n+1)}{2}$."

Symbolisch geschrieben[2]:

$$A(n): \quad \sum_{j=1}^{n} j = \frac{n(n+1)}{2}.$$

Dann ist $A(n)$ für jede natürliche Zahl n wahr.

Beweis. Wir zeigen:

(IA) Die Aussage $A(1)$ ist wahr.
$\left[\text{In der Tat gilt } \sum_{j=1}^{1} j = 1 = \frac{1(1+1)}{2}.\right]$

[2] Die Schreibweise $\sum_{j=1}^{n} B_j$ bedeutet, dass man den Term B_j für alle j von 1 bis n auswertet und die entstandenen Zahlen zusammenaddiert.

(IS) Wenn $A(n)$ wahr ist, dann ist auch $A(n+1)$ wahr.

[In der Tat — aus $A(n): \ \sum_{j=1}^{n} j = \frac{n(n+1)}{2}$ folgt

$$\begin{aligned} \textstyle\sum_{j=1}^{n+1} j &= \left(\textstyle\sum_{j=1}^{n} j\right) + (n+1) \\ &\overset{[A(n)]}{=} \frac{n(n+1)}{2} + \frac{2(n+1)}{2} \\ &= \frac{(n+2)(n+1)}{2} = \frac{(n+1)(n+1+1)}{2}. \end{aligned}$$

Also ist auch $A(n+1)$ wahr!]

1.2.3 Induktionsprinzip. Man beweist eine Aussage $A(n)$, die von einem natürlichen Parameter n abhängt,

(IA) erst für $n = 1$ (*Induktionsanfang*)

dann zeigt man:

(IS) Ist $A(n)$ wahr (*Induktionshypothese* oder *Induktionsannahme*), so ist auch $A(n+1)$ wahr (*Induktionsschluss von n auf $n+1$*).

Man kann den Induktionsanfang auch bei $n_0 \neq 1$ setzen:
Dann hat man bewiesen, dass $A(n)$ für alle $n \geqq n_0$ wahr ist, wenn man den Induktionsschluss durchgeführt hat.

1.2.4 Beispiel.

$$A(n): \quad \sum_{j=1}^{n} j^2 = \frac{1}{6}\, n\,(n+1)\,(2\,n+1)$$

Beweis.

(IA) $A(1): \ \sum_{j=1}^{1} j^2 = 1^2 = \frac{1 \cdot 2 \cdot 3}{6}$ ✓

(IS) $A(n) \Rightarrow A(n+1): \ \sum_{j=1}^{n+1} j^2 = \sum_{j=1}^{n} j^2 + (n+1)^2 =$

$$= \frac{n\,(n+1)\,(2\,n+1)}{6} + \frac{6\,(n+1)\,(n+1)}{6} = \frac{(n+1)\,(2\,n^2+7\,n+6)}{6}$$

$$= \frac{(n+1)\,(n+2)\,(2\,n+3)}{6} = \frac{(n+1)\,((n+1)+1)\,(2\,(n+1)+1)}{6}$$

Damit ist die Behauptung für alle $n \in \mathbb{N}$ bewiesen. □

1.3 Fakultät, Binomialkoeffizienten

1.3.1 Definition. Für $n \in \mathbb{N}_0$ setzen wir *rekursiv* fest:

$$n! \quad := \quad \begin{cases} 1 & \text{für } n = 0 \\ n \cdot (n-1)! & \text{für } n > 0 \end{cases}$$

Man liest $n!$ als „*n Fakultät*“.

Die Fakultät ist ein Kernbegriff der Kombinatorik, und taucht deswegen überall in Formeln auf, bei denen regelmäßige Verteilungen im Hintergrund eine Rolle spielen:

1.3.2 Satz. *Die Anzahl aller Verteilungen von n Objekten auf n Plätze ist $n!$.*

Beweis durch vollständige Induktion:
Sei $A(n)$ die Aussage „*Es gibt $n!$ Verteilungen von n Objekten auf n Plätze*“.

(IA) $n = 1$: Ein Objekt kann man auf genau eine Art auf einen Platz „verteilen“, und es gilt $1! = 1$.

(IS) $A(n) \implies A(n+1)$: Man wählt ein Objekt X aus und setzt dieses auf Platz 1. Danach gibt es nach der Induktionshypothese noch $n!$ Möglichkeiten, die verbleibenden n Objekte auf die verbleibenden n Plätze zu verteilen. Da man das Objekt X auf $n+1$ Arten auswählen kann, gibt es insgesamt $(n+1) \cdot n! = (n+1)!$ Möglichkeiten, alle $n+1$ Objekte zu verteilen.
Damit ist Aussage $A(n+1)$ aus Aussage $A(n)$ abgeleitet. □

1.3.3 Definition. Für $n, k \in \mathbb{N}_0$ mit $n \geqq k$ definiert man den *Binomialkoeffizient*

$$\binom{n}{k} := \frac{n!}{k!\,(n-k)!} = \frac{n \cdot (n-1) \cdot (n-2) \cdots (n-k+1)}{1 \cdot 2 \cdots (k-2) \cdot (k-1) \cdot k} \cdot \frac{(n-k) \cdots 2 \cdot 1}{1 \cdot 2 \cdots (n-k)}.$$

1.3.4 Eigenschaften der Binomialkoeffizienten.

1. $\binom{n}{0} = 1 = \binom{n}{n}$.
2. $\binom{n}{k} = \binom{n}{n-k}$.
3. $\binom{n}{k} + \binom{n}{k+1} = \binom{n+1}{k+1}$.

Beweis. Die Eigenschaften 1 und 2 folgen direkt aus der Definition.
Beweis von Aussage 3:

$$\begin{aligned}
\binom{n}{k} + \binom{n}{k+1} &= \frac{n!}{k!\,(n-k)!} + \frac{n!}{(k+1)!\,(n-(k+1))!} \\
&= \frac{n!\,((k+1)+(n-k))}{k!\,(k+1)\,(n-(k+1))!\,(n-k)}
\end{aligned}$$

$$= \frac{n!\,(n+1)}{(k+1)!\,(n-k)!} = \frac{(n+1)!}{(k+1)!\,((n+1)-(k+1))!} = \binom{n+1}{k+1} \qquad \square$$

Die Formel 3 lässt sich mit dem *Pascalschen Dreieck* übersichtlich darstellen:

$$\begin{array}{ccccccccccccccc}
 & & & & & & & 1 & & & & & & & \\
 & & & & & & 1 & + & 1 & & & & & & \\
 & & & & & 1 & + & 2 & + & 1 & & & & & \\
 & & & & 1 & + & 3 & + & 3 & + & 1 & & & & \\
 & & & 1 & + & 4 & + & 6 & + & 4 & + & 1 & & & \\
 & & 1 & + & 5 & + & 10 & + & 10 & + & 5 & + & 1 & & \\
 & 1 & + & 6 & + & 15 & + & 20 & + & 15 & + & 6 & + & 1 & \\
1 & & 7 & & 21 & & 35 & & 35 & & 21 & & 7 & & 1 \\
\cdot^{\cdot^{\cdot}} & & \vdots & & \vdots & & \vdots & & \vdots & & \vdots & & \vdots & & \ddots
\end{array}$$

n-te Zeile: $\binom{n}{0} \ldots \binom{n}{n}$

$$\underbrace{\binom{n}{k} \quad + \quad \binom{n}{k+1}}_{\binom{n+1}{k+1}}$$

Jeder Eintrag im Dreieck (außer den Einsen am Rand) ergibt sich als Summe seiner beiden oberen Nachbarn.

Aus dem Pascalschen Dreieck kann man die Binomialkoeffizienten auch schnell ablesen, ohne Fakultäten berechnen zu müssen.

Die wichtigste Anwendung (die auch zum Namen „Binomialkoeffizient" geführt hat) liegt in der systematischen Beschreibung von Potenzen von Summen von zwei Unbekannten (Binomen).

Schon aus der Schulmathematik sind die drei *binomischen Formeln* bekannt:

$$\begin{aligned} (a+b)^2 &= a^2 + 2\,a\,b + b^2\,, \\ (a-b)^2 &= a^2 - 2\,a\,b + b^2\,, \\ (a+b)(a-b) &= a^2 - b^2\,. \end{aligned}$$

Die ersten beiden dieser Formeln werden vom binomischen Lehrsatz verallgemeinert (dabei wird die zweite als $(a+(-b))^2 = a^2 + 2\,a\,(-b) + (-b)^2$ auf die erste zurückgeführt):

1.3.5 Binomischer Lehrsatz. Für alle Zahlen[3] a, b und alle $n \in \mathbb{N}_0$ gilt:

$$\begin{aligned} (a+b)^n &= a^n + \binom{n}{1} a^{n-1} b + \binom{n}{2} a^{n-2} b^2 + \binom{n}{3} a^{n-3} b^3 + \quad \cdots \\ &\qquad \cdots + \binom{n}{n-1} a^{n-(n-1)} b^{n-1} + b^n \\ &= \sum_{j=0}^{n} \binom{n}{j} a^{n-j} b^j\,. \end{aligned}$$

Dabei hat man für jede Zahl r (insbesondere für negative Zahlen und für $r = 0$) die Festsetzung $r^0 = 1$ zu treffen.

Für $n \in \{0, 1\}$ und beliebige Zahlen a, b gilt dieser Satz offensichtlich. Um den Satz allgemein zu beweisen, nehmen wir dies als Induktionsanfang.

[3] Was hier als „Zahl" zugelassen ist, lassen wir absichtlich noch etwas offen: präzise gesagt, sollten a und b aus einem Rechenbereich kommen, in dem alle Rechengesetze gelten, die wir im folgenden Beweis brauchen (und im Moment noch naiv voraussetzen): dieser Rechenbereich muss ein *kommutativer Ring* sein, vgl. 1.7.5.

Beweis. Wir wollen zeigen:

Aus $A(n)$: $(a+b)^n = \sum_{j=0}^{n} \binom{n}{j} a^{n-j} b^j$ folgt $A(n+1)$: $(a+b)^{n+1} = \sum_{j=0}^{n+1} \binom{n+1}{j} a^{n+1-j} b^j$.

Wir rechnen

$$
\begin{aligned}
(a+b)^{n+1} &= (a+b)\,(a+b)^n \qquad \text{[Ind.-Hypothese]} \\
&= (a+b) \sum_{j=0}^{n} \binom{n}{j} a^{n-j} b^j \\
&= \sum_{j=0}^{n} \binom{n}{j} a^{n-j+1} b^j + \sum_{j=0}^{n} \binom{n}{j} a^{n-j} b^{j+1} \\
&= a^{n+1} + \sum_{j=1}^{n} \binom{n}{j} a^{n-j+1} b^j + \sum_{j=0}^{n-1} \binom{n}{j} a^{n-j} b^{j+1} + b^{n+1} \\
[k := j+1] \quad &= a^{n+1} + \sum_{j=1}^{n} \binom{n}{j} a^{n-j+1} b^j + \sum_{k=1}^{n} \binom{n}{k-1} a^{n-k+1} b^k + b^{n+1} \\
[j := k] \quad &= a^{n+1} + \sum_{j=1}^{n} \binom{n}{j} a^{n-j+1} b^j + \sum_{j=1}^{n} \binom{n}{j-1} a^{n-j+1} b^j + b^{n+1} \\
&= a^{n+1} + \sum_{j=1}^{n} \left(\binom{n}{j} + \binom{n}{j-1} \right) a^{n+1-j} b^j + b^{n+1} \\
[\text{wende 1.3.4.3 an}] \quad &= a^{n+1} + \sum_{j=1}^{n} \binom{n+1}{j} a^{n+1-j} b^j + b^{n+1} \\
&= \sum_{j=0}^{n+1} \binom{n+1}{j} a^{n+1-j} b^j .
\end{aligned}
$$

Damit ist der Induktionsschluss erbracht. □

1.4 Die Menge $\mathbb{Z}$ der ganzen, die Menge $\mathbb{Q}$ der rationalen Zahlen

1.4.1 Definitionen. Mit $\mathbb{Z}$ wird die Menge

$$\mathbb{Z} := \{\ldots, -3, -2, -1, 0, 1, 2, 3, \ldots\}$$

aller *ganzen Zahlen* bezeichnet. Wir brauchen diese Erweiterung von $\mathbb{N}$, da $\mathbb{N}$ unter Subtraktion nicht abgeschlossen ist. Nun ist $\mathbb{Z}$ zwar unter Subtraktion, aber nicht unter Division abgeschlossen: Wir erweitern deswegen weiter zur Menge $\mathbb{Q}$ aller *rationalen Zahlen*: $\mathbb{Q} := \left\{ \frac{a}{b} \;\middle|\; a, b \in \mathbb{Z} \wedge b \neq 0 \right\}$.

1.4.2 Eigenschaften der rationalen Zahlen.
Die Menge $\mathbb{Q}$ hat die folgenden Eigenschaften:

- Zwischen zwei rationalen Zahlen liegen stets noch unendlich viele weitere rationale Zahlen.
- Teilmengen von $\mathbb{Q}$ haben in der Regel kein größtes oder kleinstes Element: Ein konkretes Beispiel ist $K := \{q \in \mathbb{Q} \mid 0 < q < 1\}$.
- Die Menge $\mathbb{Q}$ ist abzählbar.

Eine Abzählung von $\mathbb{Q}$ hat Cantor gefunden (Diagonalverfahren).
Wir zählen hier nur die Menge $\mathbb{Q}^+ := \{q \in \mathbb{Q} \mid q > 0\}$ ab:

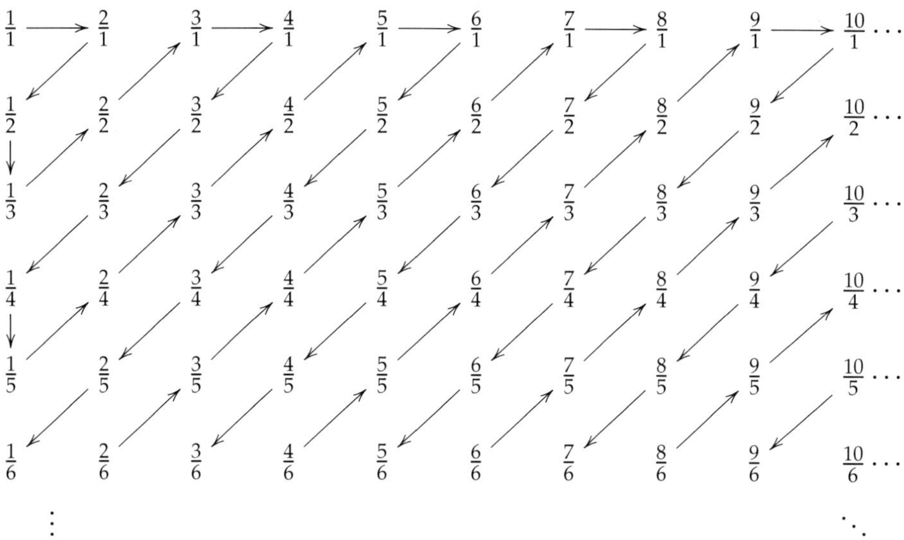

Manche Brüche können übersprungen werden, weil sie schon früher (in gekürzter Form) erreicht wurden.

Die Abzählung von Cantor liefert eine Folge mit Eigenschaften, die unserer Intuition widersprechen: Z. B. häuft sich diese Folge bei *jeder* positiven Zahl.

Auf der Zahlengeraden kann man die rationalen Zahlen ihrer Größe nach anordnen. *Wird dadurch die Zahlengerade ausgeschöpft?*

Mit anderen Worten: Reichen die rationalen Zahlen aus?

1.4.3 Beispiel.

Ist $\sqrt{2}$ rational?
Jedenfalls finden wir $\sqrt{2}$ auf dem Zahlenstrahl — *nach Pythagoras,* wie die Konstruktion rechts zeigt:

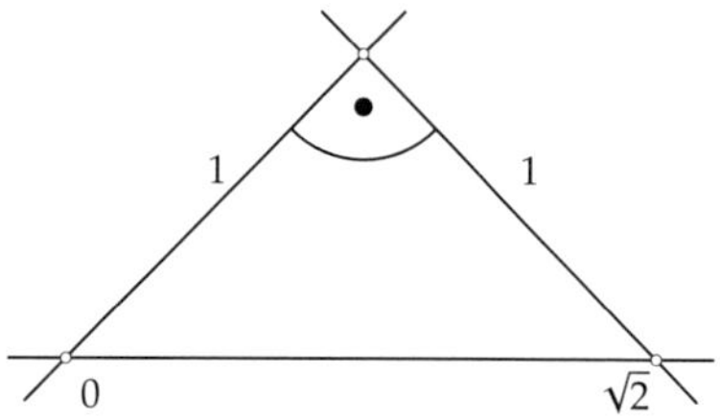

Annahme: $\sqrt{2} \in \mathbb{Q}$.
Dann gibt es $a, b \in \mathbb{N}$ mit $\sqrt{2} = \frac{a}{b}$, und wir dürfen annehmen, dass $\frac{a}{b}$ *gekürzt* ist, dass also a und b keine gemeinsamen Teiler haben.

Es gilt $2 = \frac{a^2}{b^2}$ und damit $2\,b^2 = a^2$.

Dies geht nur, wenn a gerade ist, also $a = 2\,c$ mit $c \in \mathbb{N}$. Wir erhalten damit $2\,b^2 = (2\,c)^2$, und $b^2 = 2\,c^2$ liefert, dass auch b gerade ist.

Dies steht im Widerspruch zur Teilerfremdheit von a und b.

Damit bleibt nur der Ausweg: $\sqrt{2}$ *ist nicht rational!*

Um den Zahlenstrahl (und damit die Geometrie) beschreiben zu können, müssen wir den Zahlbereich also noch einmal erweitern:

1.5 Die Menge $\mathbb{R}$ der reellen Zahlen: Anordnung und Abstände

Jede reelle Zahl lässt sich durch einen nicht abbrechenden Dezimalbruch beschreiben. Wir stellen uns hier auf den (naiven) Standpunkt, dass reelle Zahlen genau die sind, die sich „durch nicht abbrechende Dezimalentwicklungen beschreiben“ lassen.

1.5.1 Beispiele.

- π =3,1415926535897932384626433832795028841971693993751058209749445923078164062862089986280348253421170679821480865132823066470938446095505822317253594081284811174502841027019385211055596446229489549303819644288109756659334461284756482337867831652712019091456485 66·········
- $e = 2{,}71828182845904523536028747135266249775724709379996\cdots$
- $\frac{1}{3} = 0{,}3333333333333333333333333333333333333333333333333\cdots$
- $\frac{1}{17} = 0{,}05882352941176470588235294117647058823529411764705\cdots$
- $\frac{1}{2} = 0{,}4999999999999999999999999999999999999999999999999\cdots$

Umgekehrt beschreibt jeder Dezimalbruch eine reelle Zahl.

1.5.2 Eigenschaften der reellen Zahlen.

Die Menge $\mathbb{R}$ aller reellen Zahlen hat die folgenden Eigenschaften:

- Die reellen Zahlen schöpfen die Zahlengerade aus: $\mathbb{R}$ steht in Bijektion zur Zahlengeraden.
- Die Menge $\mathbb{Q}$ ist in $\mathbb{R}$ enthalten.
- Man kann die algebraischen Operationen von $\mathbb{Q}$ auf $\mathbb{R}$ fortsetzen (Addition, Subtraktion, Multiplikation, Division).
- Jede reelle Zahl lässt sich durch rationale beliebig genau approximieren.
- Die Menge $\mathbb{R}$ ist nicht abzählbar.

1.5.3 Ordnungsrelation auf der Menge der reellen Zahlen.

Mit Hilfe der Geometrie der Zahlengeraden kann man reelle Zahlen untereinander vergleichen. Man definiert für $a, b \in \mathbb{R}$:

- $a < b$ falls a links von b liegt
- $a > b$ falls a rechts von b liegt
- $a = b$ sonst.

Offenbar tritt immer genau einer dieser Fälle ein. Wir erhalten daher eine Zerlegung von $\mathbb{R}$ in die Mengen

$$\begin{aligned} \mathbb{R}^+ &:= \{r \in \mathbb{R} \mid r > 0\}\,, \\ &\ \{0\}\,, \\ \mathbb{R}^- &:= \{r \in \mathbb{R} \mid r < 0\}\,; \\ \text{man schreibt auch}\quad \mathbb{R}_0^+ &:= \mathbb{R}^+ \cup \{0\} = \{r \in \mathbb{R} \mid r \geqq 0\}\,. \end{aligned}$$

Allgemein schreibt man $a \geqq b$ für $(a > b \vee a = b)$, analog $a \leqq b$.

1.5.4 Eigenschaften der Ordnungsrelation. Für alle $a, b, c \in \mathbb{R}$ gilt:

1. Transitivität: $(a < b) \wedge (b < c) \implies (a < c)$
2. Monotonie der Addition: $(a < b) \implies (a + c < b + c)$
3. Monotonie der Multiplikation: $(a < b) \wedge (c > 0) \implies (ac < bc)$
   $(a < b) \wedge (c < 0) \implies (ac > bc)$
4. Archimedisches Prinzip: $\forall x \in \mathbb{R}\, \exists n \in \mathbb{N} : n > x$

1.5.5 Logische Operatoren und Quantoren. Wir haben bereits wiederholt die folgenden Symbole zur Verknüpfung von Aussagen verwendet:

- $A \wedge B$ „Es gilt A und B“.
- $A \vee B$ „Es gilt A oder B“ (vielleicht auch beide!)
- $A \implies B$ „Aus A folgt B“.
- $A \iff B$ „A und B sind äquivalent“.

Ist M eine Menge, so bedeutet

- $\exists m \in M : A(m)$ „Es gibt ein m in M derart, dass $A(m)$ erfüllt ist“.
- $\forall m \in M : A(m)$ „Für jedes m in M ist $A(m)$ erfüllt“.

Man nennt $\exists$ den *Existenzquantor* und $\forall$ den *Allquantor*.

Manchmal will man zum Ausdruck bringen, dass *genau ein* Objekt mit einer bestimmten Eigenschaft existiert: Dafür verwendet man das Symbol $\exists!$, manche Autoren auch $\exists_1$ oder $\dot{\exists}$.

1.5.6 Weitere Eigenschaften der Ordnungsrelation. *Für alle* $a, b, c, d \in \mathbb{R}$ *gilt:*

1. $(a < b) \wedge (c < d) \implies a + c < b + d$

$$\left[\begin{array}{l} \left.\begin{array}{lcl} a < b & \implies & a + c < b + c \\ c < d & \overset{[1.5.4.2]}{\implies} & c + b < d + b \end{array}\right\} \implies a + c < b + c < d + b \\ \qquad\qquad\qquad\qquad\qquad\qquad\qquad \overset{[1.5.4.1]}{\implies} a + c < b + d \end{array}\right]$$

2. $c > 0 \implies \frac{1}{c} > 0$

[Sonst wäre $\frac{1}{c} < 0$, also $0 < -\frac{1}{c}$ und damit $0 = c \cdot 0 \overset{[1.5.4.3]}{<} c \cdot (-\frac{1}{c}) = -1$ — das kann nicht sein!]

3. $0 < a < b \implies 0 < \dfrac{1}{b} < \dfrac{1}{a}$

$$\left[\begin{array}{llll} 0 < a < b & \implies 0 < ab & & \\ & \implies 0 < \dfrac{1}{ab} & \overset{[0<a<b]}{\implies} & 0 < a\,\dfrac{1}{ab} < b\,\dfrac{1}{ab} \\ & & \implies & 0 < \dfrac{1}{b} < \dfrac{1}{a} \end{array}\right]$$

1.5.7 Monotonie des Quadrierens.
Ist $a > 0$ *und* $b > 0$, *so gilt* $(a < b \iff a^2 < b^2)$.

Beweis. Falls $a < b$: Multipliziere diese Ungleichung mit a bzw. b, erhalte $a^2 < ab$ und $ab < b^2$. Wegen Transitivität folgt $a^2 < b^2$.
Nun sei umgekehrt $a^2 < b^2$. Wäre $a \geqq b$, so würde man wie oben $a^2 \geqq b^2$ erhalten, im Widerspruch zur Voraussetzung. Also muss $a < b$ gelten. □

1.5.8 Betrag einer reellen Zahl.
Für $x \in \mathbb{R}$ setzen wir $|x| := \begin{cases} x & \text{falls } x \geqq 0 \\ -x & \text{falls } x < 0\,. \end{cases}$

Man kann $|x|$ interpretieren als den *Abstand* zwischen x und 0. Entsprechend beschreibt $|x - y|$ den Abstand zwischen x und y.

1.5.9 Rechenregeln für Beträge. *Für $a, b \in \mathbb{R}$ und $c \in \mathbb{R} \setminus \{0\}$ gilt:*

1. $|a| \geqq a, \quad |a| \geqq -a, \quad |a| = \max\{a, -a\}$
2. $|a| = 0 \iff a = 0$
3. $|a \cdot b| = |a| \cdot |b| \qquad \left|\frac{a}{c}\right| = \frac{|a|}{|c|}$
4. $|a + b| \leqq |a| + |b|$ *(Dreiecksungleichung)*
   [Falls $a + b \geqq 0$ ist, gilt $|a + b| = a + b \leqq |a| + |b|$.
   Falls $a + b < 0$ ist, gilt $|a + b| = -a - b \leqq |a| + |b|$.]
5. $\big||a| - |b|\big| \leqq |a + b|$
   [Wegen der Dreiecksungleichung gilt
   $$|a| = |a + b - b| \leqq |a + b| + \overbrace{|-b|}^{=|b|}$$
   und genauso
   $$|b| = |b + a - a| \leqq |b + a| + \underbrace{|-a|}_{=|a|}$$
   Daraus folgt $|a| - |b| \leqq |a + b|$
   und $|b| - |a| \leqq |a + b|$
   also mit Aussage 1:
   $$\max\big\{|a| - |b|, |b| - |a|\big\} = \big||a| - |b|\big| \leqq |a + b|.$$]

1.5.10 Bernoullische Ungleichung.
Für alle $x \in \mathbb{R}$ mit $x > -1$ und alle $n \in \mathbb{N}_0$ gilt:

$$1 + n\,x \leqq (1 + x)^n .$$

Beweis durch Induktion. (IA) Für $n = 0$ gilt $1 + 0 \cdot x = 1 = (1 + x)^0$.

(IS) Angenommen, der Satz gelte für n. Dann ist

$$\begin{aligned}
(1 + x)^{n+1} &= \underbrace{(1 + x)^n}_{\geqq 1 + n\,x \ \text{[Ind.-Ann]}} \cdot (1 + x) \\
&\geqq (1 + n\,x) \cdot (1 + x) \qquad \text{(da } x > -1\text{)} \\
&= 1 + x + n\,x + n\,x^2 \\
&= 1 + (n + 1)\,x + \underbrace{n\,x^2}_{\geqq 0} \\
&\geqq 1 + (n + 1)\,x .
\end{aligned}$$

□

1.5.11 Schwarzsche Ungleichung. *Für beliebige $a_j, b_j \in \mathbb{R}$ gilt*

$$\left(\sum_{j=1}^{n} a_j\, b_j\right)^2 \leqq \left(\sum_{j=1}^{n} a_j^2\right)\left(\sum_{j=1}^{n} b_j^2\right).$$

Beweis. Für beliebige $\lambda, \mu \in \mathbb{R}$ gilt:

$$\begin{aligned} 0 &\leqq \sum_{j=1}^{n} (\lambda\, a_j + \mu\, b_j)^2 \\ &= \sum_{j=1}^{n} (\lambda^2 a_j^2 + 2\lambda\mu a_j b_j + \mu^2 b_j^2) = \lambda^2 \overbrace{\sum_{j=1}^{n} a_j^2}^{A} + 2\,\lambda\mu \overbrace{\sum_{j=1}^{n} a_j b_j}^{C} + \mu^2 \overbrace{\sum_{j=1}^{n} b_j^2}^{B} \end{aligned}$$

Die Behauptung lautet dann $C^2 \leqq A \cdot B$. Aus $A = 0$ oder $B = 0$ folgt auch $C = 0$ und damit die Behauptung.

Nun sei angenommen, dass $A \neq 0 \neq B$ gilt. Man setzt $\lambda := \sqrt{B}$ und $\mu := \varepsilon\, \sqrt{A}$, wobei $\varepsilon \in \{-1, 1\}$ so, dass $\varepsilon\, C \leqq 0$ [immer möglich!]. Dann ist

$$\begin{aligned} 0 \leqq \lambda^2 A + 2\,\lambda\mu\, C + \mu^2 B &= BA + 2\,\sqrt{B}\,\varepsilon\,\sqrt{A}\, C + \varepsilon^2 AB \\ &= 2\,AB + 2\,\sqrt{AB}\,\varepsilon\, C\,. \end{aligned}$$

Nach Division durch $2\,\sqrt{AB} \neq 0$ erhält man $0 \leqq \sqrt{AB} + \varepsilon\, C$ und daraus $0 \leqq -\varepsilon\, C \leqq \sqrt{AB}$, also $C^2 = \varepsilon^2\, C^2 \leqq AB$. □

1.5.12 Arithmetisches und geometrisches Mittel.

Für beliebige $a_1, \ldots, a_n \in \mathbb{R}_0^+$ gilt

$$\frac{a_1 + \cdots + a_n}{n} \geqq \sqrt[n]{a_1 \cdots a_n}$$

Man nennt $\dfrac{a_1 + \cdots + a_n}{n}$ das *arithmetische* und $\sqrt[n]{a_1 \cdots a_n}$ das *geometrische Mittel.*

Beweis der Ungleichung für $n = 2$.

$$0 \leqq \left(\sqrt{a_1} - \sqrt{a_2}\right)^2 = a_1 - 2\sqrt{a_1 a_2} + a_2 \implies \sqrt[2]{a_1 a_2} \leqq \frac{a_1 + a_2}{2}. \qquad \square$$

Mit Hilfe des Höhensatzes kann man die Ungleichung veranschaulichen:

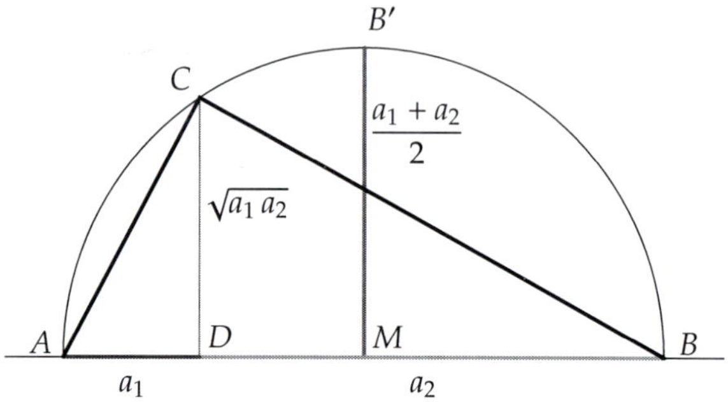

[Die Strecke $\overline{AD}$ habe die Länge a_1, die Strecke $\overline{DB}$ die Länge a_2.
Wir errichten die Lote im Mittelpunkt M von $\overline{AB}$ und in D, diese treffen den Thaleshalbkreis über $\overline{AB}$ in B' bzw. C.
Nach dem Höhensatz ist das Quadrat der Länge von $\overline{CD}$ gleich $a_1 a_2$.]

1.6 Mengen und Abbildungen

Mengen kann man auf verschiedene Arten beschreiben:

- durch explizite Auflistung, etwa $M = \{1, 2, 15, 23\}$ oder $X = \{3, 5, 7, \ldots\}$,
- durch Aussondern aus einem Universum mittels einer Aussageform, etwa $Y := \{x \in U \mid A(x)\}$. Konkretes Beispiel: $\mathbb{N}_0 = \{x \in \mathbb{Z} \mid x \geqq 0\}$.

Die zweite Variante ist präziser.

1.6.1 Definitionen. Es sei X eine Menge.

- Eine Menge M heißt *Teilmenge* von X, wenn jedes Element von M auch Element von X ist. Wir schreiben dann $M \subseteqq X$.
- Das *Komplement* von M in X ist $\complement_X(M) := \{x \in X \mid x \notin M\}$.
- Der *Schnitt* von zwei Mengen A, B ist $A \cap B := \{x \mid x \in A \wedge x \in B\}$.
- Die *Vereinigung* ist $A \cup B := \{x \mid x \in A \vee x \in B\}$.
- Die *Differenz* ist $A \setminus B := \{x \in A \mid x \notin B\} = A \cap \complement_A(B)$.

1.6.2 Gesetze von de Morgan.

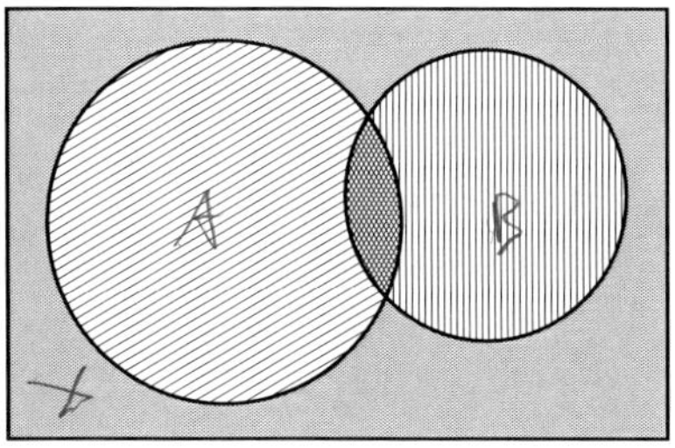

1. $\complement_X(A \cup B) = \complement_X(A) \cap \complement_X(B)$

2. $\complement_X(A \cap B) = \complement_X(A) \cup \complement_X(B)$

Beweis. Sei $x \in \complement_X(A \cup B)$. Dann gehört x weder zu A noch zu B, also gilt $x \in \complement_X(A)$ und $x \in \complement_X(B)$. Demnach gilt $x \in \complement_X(A) \cap \complement_X(B)$, und wir haben $\complement_X(A \cup B) \subseteqq \complement_X(A) \cap \complement_X(B)$ bewiesen.

Die eben gemachten Schlüsse kann man alle umkehren, man erhält damit auch $\complement_X(A \cup B) \supseteqq \complement_X(A) \cap \complement_X(B)$.

Somit ist Aussage 1 bewiesen.

Für jede Teilmenge $Y \subseteqq X$ gilt

$$\circledast \qquad \complement_X(\complement_X(Y)) = Y\,.$$

Setzt man $Y := \complement_X(A)$ und $Z := \complement_X(B)$, so liefert $\circledast$ die Identitäten $\complement_X(Y) = A$ und $\complement_X(Z) = B$. Wir setzen dies ein und benutzen Aussage 1:

$$\begin{aligned}\complement_X(A \cap B) = \complement_X(\complement_X(Y) \cap \complement_X(Z)) = \complement_X(\complement_X(Y \cup Z)) &= Y \cup Z \\ &= \complement_X(A) \cup \complement_X(B)\,.\end{aligned}$$

Damit hat man Aussage 2 auf Aussage 1 zurückgeführt. □

1.6.3 Definition. Für beliebige Mengen A und B bildet man das *kartesische Produkt* $A \times B := \{(a, b) \mid a \in A \wedge b \in B\}$, also die Menge aller *geordneten Paare*. Im Falle $A = B$ schreibt man kurz $A^2 := A \times A$.

Man kann wiederholt kartesische Produkte bilden, dabei werden $(A \times B) \times C$ und $A \times (B \times C)$ identifiziert, und man schreibt einfach $A \times B \times C$. Insbesondere ist $A^n := \underbrace{A \times \cdots \times A}_{n\text{-mal}}$ die Menge aller *Listen* mit je n Einträgen aus A.

Ein sehr wichtiges Beispiel ist die Menge $\mathbb{R}^n$.

Man beachte: Elemente in kartesischen Produkten sind genau dann gleich, wenn sie in *allen* Einträgen übereinstimmen!

$$\forall\, a_1, a_2 \in A\; \forall\, b_1, b_2 \in B: \quad (a_1, b_1) = (a_2, b_2) \iff (a_1 = a_2) \wedge (b_1 = b_2)\,.$$

1.6.4 Definition. Unter einer *Abbildung* (*Funktion*) $f : A \to B$ von einer Menge A in eine Menge B versteht man eine Vorschrift, die jedem $a \in A$ eindeutig ein $f(a) \in B$ zuordnet.

Diese „Vorschrift" muss nicht *explizit* gegeben sein.
Beispielsweise haben wir die Funktion „Fakultät" $f(n) = n!$ in 1.3.1 *rekursiv* definiert durch

$$f : \mathbb{N}_0 \to \mathbb{N}_0 : f(n) = \begin{cases} 1 & \text{falls } n = 0, \\ n \cdot f(n-1) & \text{sonst.} \end{cases}$$

Wir können diese Zuordnung grob skizzieren:

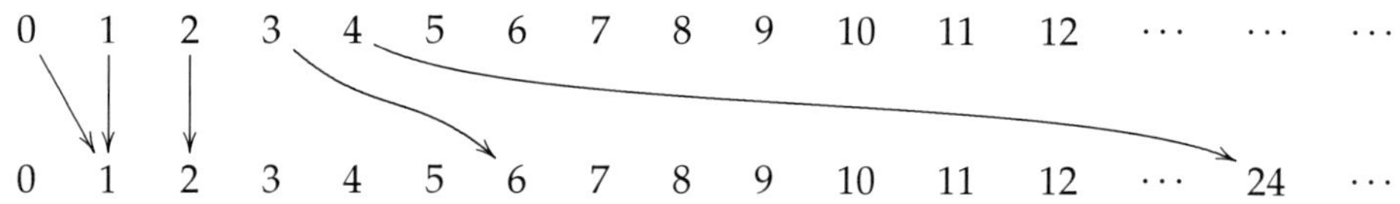

Der Wert $5! = 5 \cdot 4 \cdot 3 \cdot 2 \cdot 1 = 120$ liegt weit jenseits unserer Tabelle ...

1.6.5 Definitionen. Eine Abbildung $f : A \to Z$ heißt

- *injektiv*, falls für $a \neq b$ stets $f(a) \neq f(b)$ gilt
  $\big(\forall\, a, b \in A\colon\ a \neq b \implies f(a) \neq f(b)\big)$
- *surjektiv*, falls zu jedem $z \in Z$ ein $a \in A$ mit $f(a) = z$ existiert
  $\big(\forall\, z \in Z\, \exists\, a \in A\colon\ f(a) = z\big)$
- *bijektiv*, falls f sowohl injektiv als auch surjektiv ist. (In diesem Fall gibt es eine *Umkehrabbildung* $f^{-1}\colon Z \to A$ mit $f^{-1}(f(a)) = a$ für alle $a \in A$ *und* $f(f^{-1}(z)) = z$ für alle $z \in Z$.)

1.6.6 Beispiele.

1. Die Funktion $q : \mathbb{R} \to \mathbb{R} : q(x) = x^2$ ist weder injektiv $[q(x) = q(-x)]$ noch surjektiv $[\forall\, x \in \mathbb{R} : q(x) \neq -1]$.
2. Die Einschränkung von q zu einer Funktion $\tilde{q} : \mathbb{R}_0^+ \to \mathbb{R}_0^+$ ist bijektiv.

3. Die Funktion „Fakultät“ ist weder injektiv noch surjektiv.
[Es gilt ja $0! = 1 = 1!$ und $\forall n \in \mathbb{N}_0 : n! \neq 3$]
4. Schränkt man die Fakultät zu einer Abbildung von $\mathbb{N}$ nach $\mathbb{N}$ ein, so wird diese injektiv (aber immer noch nicht surjektiv).

1.6.7 Lemma. *Sind A und B Mengen mit je n Elementen, so gibt es genau $n!$ bijektive Abbildungen von A nach B.*

[Wir betrachten die Elemente von A als „Personen“ und die Elemente von B als „Plätze“.
Dann ist jede bijektive Abbildung von A nach B eine „Verteilung“ im in 1.3.2 betrachteten Sinn.]

1.6.8 Permutationen. Es sei X eine Menge. Dann heißt jede bijektive Abbildung von X auf sich eine *Permutation* von X. Die Menge aller Permutationen von X wird mit $\mathrm{Sym}(X)$ bezeichnet.

Für eine Menge X mit n Elementen gibt es demnach genau $n!$ Permutationen.

1.7 Der Körper $\mathbb{C}$ der komplexen Zahlen

Auch die reellen Zahlen reichen noch nicht aus. Zum Beispiel hat zwar das Polynom X^2-2 eine reelle Nullstelle (sogar zwei: die —irrationalen— Zahlen $\sqrt{2}$ und $-\sqrt{2}$) aber das Polynom X^2+1 hat noch keine Nullstellen.
Wir werden als Nächstes den Zahlenbereich so erweitern, dass *jedes* nicht konstante Polynom eine Nullstelle hat.

1.7.1 Konstruktion. Auf der Menge aller geordneten Paare reeller Zahlen setzen wir die folgenden Operationen fest:

$$\begin{aligned}(a,b)+(x,y) &:= (a+x, b+y)\\ (a,b)\cdot(x,y) &:= (ax-by, ay+bx)\,.\end{aligned}$$

Wir setzen außerdem $\mathrm{i} := (0,1)$ und identifizieren 1 mit $(1,0)$. Dies führt zur *Schreibweise* $a+b\mathrm{i}$ für (a,b). Den so gewonnenen Rechenbereich nennt man den *Körper* $\mathbb{C}$ *der komplexen Zahlen.* Für $w := a+b\mathrm{i} \in \mathbb{C}$ (mit $a,b \in \mathbb{R}$) nennt man $\mathrm{Re}\,w := a$ den *Realteil* und $\mathrm{Im}\,w := b$ den *Imaginärteil* von w.

1.7.2 Rechnen mit Real- und Imaginärteil. Es seien $a, b, x, y \in \mathbb{R}$.

1. Man kann die Elemente von $\mathbb{R}$ mit denen der Form $a + 0\mathrm{i}$ identifizieren (die Rechenregeln sind dieselben).
2. $(a + b\mathrm{i}) + (x + y\mathrm{i}) = (a + x) + (b + y)\mathrm{i}$ $\quad [(a, b) + (x, y) = (a + x, b + y)]$
3. $(a + b\mathrm{i}) \cdot (x + y\mathrm{i}) = (ax - by) + (ay + bx)\mathrm{i}$ $\quad [(a, b) \cdot (x, y) = (ax - by, ay + bx)]$
4. insbesondere: $\mathrm{i}^2 = -1$ $\quad [(0, 1) \cdot (0, 1) = (-1, 0)]$
5. $a \cdot (x + y\mathrm{i}) = ax + ay\mathrm{i}$.
6. Das spezielle Produkt $(a + b\mathrm{i})(a - b\mathrm{i}) = a^2 + b^2 + 0\mathrm{i}$ kann als reelle Zahl $a^2 + b^2$ interpretiert werden (*sogar als Element von* $\mathbb{R}_0^+$).
   Wir schreiben $\overline{a + b\mathrm{i}} := a - b\mathrm{i}$ und nennen $\bar{z}$ die zu z *komplex konjugierte Zahl*.

1.7.3 Rechenregeln für komplexe Zahlen.

- *Assoziativität von* + : $\quad \forall\, z, w, v \in \mathbb{C} : (z+w)+v = z+(w+v)$
- *Kommutativität von* + : $\quad \forall\, z, w \in \mathbb{C} : z + w = w + z$
- *Neutralelement für* + : $\quad \forall\, z \in \mathbb{C} : z + 0 = z = 0 + z$
- *Inverse für* + : $\quad \forall\, z \in \mathbb{C}\ \exists -z \in \mathbb{C} : z+(-z) = 0 = (-z)+z$
- *Assoziativität von* · : $\quad \forall\, z, w, v \in \mathbb{C} : (z \cdot w) \cdot v = z \cdot (w \cdot v)$
- *Kommutativität von* · : $\quad \forall\, z, w \in \mathbb{C} : z \cdot w = w \cdot z$
- *Neutralelement für* · : $\quad \forall\, z \in \mathbb{C} : z \cdot 1 = 1 \cdot z$
- *Distributivität:* $\quad \forall\, z, w, v \in \mathbb{C} : \begin{aligned} z \cdot (w + v) &= (z \cdot w) + (z \cdot v) \\ (w + v) \cdot z &= (w \cdot z) + (v \cdot z) \end{aligned}$

Damit ist geklärt, dass man auch im Rechenbereich $(\mathbb{C}, +, \cdot)$ nach denselben (wohlvertrauten) Regeln rechnet wie etwa im Rechenbereich $(\mathbb{Z}, +, \cdot)$. Jeder Rechenbereich, in dem diese Regeln gelten, heißt ein *kommutativer Ring* (vgl. 1.7.5).

Die Multiplikation mit einer von Null verschiedenen komplexen Zahl kann man wieder rückgängig machen (vgl. 1.7.4):

- *Inverse für* · : $\quad \forall\, z \in \mathbb{C} \setminus \{0\}\ \exists z^{-1} \in \mathbb{C} : z \cdot z^{-1} = 1 = z^{-1} \cdot z$

Ein kommutativer Ring $(R, +, \cdot)$, in dem jedes von Null verschiedene Element ein multiplikatives Inverses hat, heißt *Körper*.

Wir haben jetzt also behauptet: Der Rechenbereich $(\mathbb{C}, +, \cdot)$ ist ein Körper.

Um diese Behauptung zu rechtfertigen, muss man alle neun Regeln nachprüfen. Bis auf die letzte geht das einfach durch Einsetzen der Definitionen und Ausnutzen der entsprechenden Eigenschaften im Rechenbereich $(\mathbb{R}, +, \cdot)$.

In der Tat ist bereits $(\mathbb{R}, +, \cdot)$ ein Körper. Dies nachzuweisen überlassen wir den Mathematikern, weil wir hier nur mit einem intuitiven Verständnis, aber keiner formalen Definition der Menge $\mathbb{R}$ hantieren und der Operationen $+$ und $\cdot$ hantieren. In 1.5.6 haben wir gesehen, dass sich die Körper-Operationen in $\mathbb{R}$ mit der Anordnung vertragen: Man nennt deswegen $\mathbb{R}$ einen *angeordneten Körper*.

Die letzte Regel (Existenz der multiplikativen Inversen in $\mathbb{C} \setminus \{0\}$) überprüfen wir, indem wir die Inverse angeben:

1.7.4 Kehrwerte komplexer Zahlen.

Es sei $z = a + bi \in \mathbb{C} \setminus \{0\}$. Dann gilt $a^2 + b^2 > 0$, und die komplexe Zahl $z^{-1} := \frac{1}{a^2+b^2}\bar{z} = \frac{a}{a^2+b^2} - \frac{b}{a^2+b^2}\mathrm{i}$ erfüllt $z \cdot z^{-1} = 1 = z^{-1} \cdot z$.

1.7.5 Axiome für Gruppen, Ringe und Körper.

Wir werden auch die Struktur brauchen, die etwa der Addition in Ringen zu Grunde liegt; hier betrachten wir natürlich nur die Regeln, die sich auf die Addition allein beziehen:

Eine Menge G mit einer Operation $*$ heißt eine *Gruppe*, wenn die folgenden Bedingungen erfüllt sind:

- *Assoziativität von* $*$: $\forall a, b, c \in G\colon\ (a * b) * c = a * (b * c)$
- *Neutralelement für* $*$: $\exists N \in G\, \forall a \in G\colon\ a * N = a = N * a$
- *Inverse für* $*$: $\forall a \in G\, \exists \hat{a} \in G\colon\ a * \hat{a} = N = \hat{a} * a$

Eine Gruppe $(G, *)$ heißt *kommutative* oder *abelsche Gruppe*, wenn außerdem gilt:

- *Kommutativität von* $*$: $\forall a, b \in G\colon\ a * b = b * a$

Abelsche Gruppen werden meist additiv geschrieben (also mit $+$ statt $*$, mit $-a$ statt $\hat{a}$ und 0 statt N).

In dieser Schreibweise werden aus den Axiomen für eine abelsche Gruppe die ersten vier Axiome für einen Ring:

Eine Menge R mit zwei Operationen $+$ und $\cdot$ heißt ein *Ring*, wenn die folgenden sieben Bedingungen erfüllt sind:

- *Assoziativität von* $+$: $\forall a,b,c \in R\colon\ (a+b)+c = a+(b+c)$
- *Kommutativität von* $+$: $\forall a,b \in R\colon\ a+b = b+a$
- *Neutralelement für* $+$: $\exists 0 \in R\ \forall a \in R\colon\ a+0 = a \quad \big(=0+a\big)$
- *Inverse für* $+$: $\forall a \in R\ \exists -a \in R\colon\ a+(-a) = 0 \quad \big(=(-a)+a\big)$

Kurz zusammengefasst: Die Struktur $(R,+)$ ist eine abelsche Gruppe.

- *Assoziativität von* $\cdot$: $\forall a,b,c \in R\colon\ (a\cdot b)\cdot c = a\cdot(b\cdot c)$
- *Neutralelement für* $\cdot$: $\exists 1 \in R\ \forall a \in R\colon\ a\cdot 1 = a = 1\cdot a$
- *Distributivität:* $\forall a,b,c \in R\colon\ \begin{aligned} a\cdot(b+c) &= (a\cdot b)+(a\cdot c) \\ (b+c)\cdot a &= (b\cdot a)+(c\cdot a) \end{aligned}$

Ein Ring $(R,+,\cdot)$ heißt *Körper*, wenn außerdem gilt:

- *Kommutativität von* $\cdot$: $\forall a,b \in R\colon\ a\cdot b = b\cdot a$
- *Inverse für* $\cdot$: $\forall a \in R\setminus\{0\}\ \exists a^{-1} \in R\colon\ a\cdot a^{-1} = 1 = a^{-1}\cdot a$

Diese Axiome beschreiben die Grundregeln, nach denen wir algebraische Terme umformen können. Jede kompliziertere Umformung muss sich auf diese Axiome zurückführen lassen.

Diese Grundregeln gelten auch in vielen anderen Bereichen (in denen man also „wie mit Zahlen rechnen“ kann). Wir geben einige Beispiele, weitere (etwa gewisse Mengen von Matrizen) lernt man im Fortgang der linearen Algebra kennen:

1.7.6 Beispiele.

1. Für jeden Ring $(R,+,\cdot)$ ist $(R,+)$ eine abelsche Gruppe.
2. Bei jedem Körper $(K,+,\cdot)$ ist $(K\setminus\{0\},\cdot)$ eine abelsche Gruppe, aber nicht $(K,\cdot)$ [weil 0 kein multiplikatives Inverses hat].
3. $(\mathbb{N},+)$ ist keine Gruppe [Inverse fehlen].

4. $(\mathbb{Z}, -)$ ist keine Gruppe
[nicht assoziativ: i. A. gilt $(a-b)-c \neq a-(b-c)$].

5. Für jede Menge X ist $(\mathrm{Sym}(X), \circ)$ eine Gruppe: Die Verknüpfung $\circ$ ist die Komposition (Hintereinanderausführung) von Abbildungen. Man nennt $(\mathrm{Sym}(X), \circ)$ die Gruppe aller *Permutationen* oder die *symmetrische Gruppe* zu X.

1.7.7 Beispiele.

1. $(\mathbb{Z}, +, \cdot)$ ist ein Ring.
2. $(\mathbb{Q}, +, \cdot)$ ist ein Körper.
3. $(\mathbb{R}, +, \cdot)$ ist ein Körper.
4. $(\mathbb{C}, +, \cdot)$ ist ein Körper.
5. Die Menge Pol $\mathbb{R}$ aller Polynome mit Koeffizienten aus $\mathbb{R}$ ist ein Ring.
6. Die Menge Pol $\mathbb{C}$ (Polynome mit Koeffizienten aus $\mathbb{C}$) ist ein Ring.
7. Die Menge Pol $\mathbb{Z}$ (Polynome mit Koeffizienten aus $\mathbb{Z}$) ist ein Ring.
8. Die Menge $C^0(\mathbb{R})$ aller stetigen Funktionen von $\mathbb{R}$ nach $\mathbb{R}$ bildet einen Ring bezüglich der durch $(f+g)(x) := f(x)+g(x)$ und $(f\cdot g)(x) := f(x)\cdot g(x)$ definierten Operationen.

Mit Hilfe konjugiert komplexer Zahlen können wir *Beträge* von komplexen Zahlen definieren und berechnen:

1.7.8 komplexe Konjugation, Betrag.

Für $z = a + bi \in \mathbb{C}$ mit $a, b \in \mathbb{R}$ gilt

1. $\bar{z} := \overline{(a+bi)} := a - bi$
2. $|z| := \sqrt{z\bar{z}} = \sqrt{a^2+b^2}$

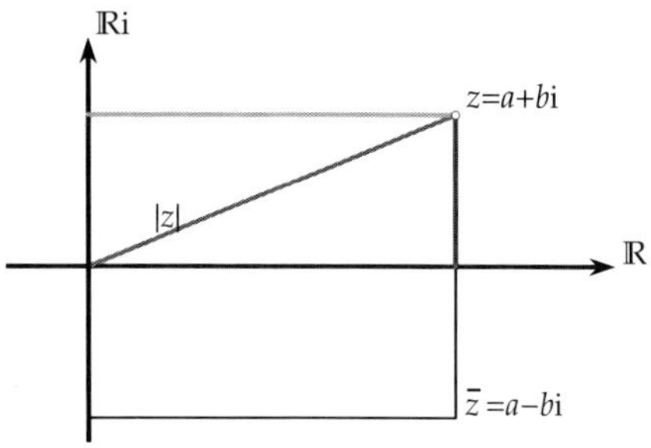

Auch in $\mathbb{C}$ kann man den Betrag wieder interpretieren als *Abstand*: Offenbar misst $|z|$ den euklidischen Abstand zwischen z und 0 [nach Pythagoras], und $|z-w|$ liefert den Abstand zwischen komplexen Zahlen z und w.

1.7.9 Mehr Eigenschaften der komplexen Zahlen. Seien $z, w \in \mathbb{C}$.

1. $z \in \mathbb{R} \iff \bar{z} = z$
2. $\overline{z+w} = \bar{z} + \bar{w}\,, \qquad \overline{z \cdot w} = \bar{z} \cdot \bar{w}\,.$
3. $|\bar{z}| = |z|, \qquad z \cdot \bar{z} = |z|^2$
4. $\overline{\left(\frac{1}{z}\right)} = \frac{1}{\bar{z}} = \frac{z}{|z|^2}$ (falls $z \neq 0$)
5. $|z \cdot w| = |z| \cdot |w|, \qquad \left|\frac{z}{w}\right| = \frac{|z|}{|w|}$ (falls $w \neq 0$)
6. $|z + w| \leqq |z| + |w|$ *(Dreiecksungleichung)*

$|z \cdot w| = \sqrt{(zw)(\overline{zw})}$
$= \sqrt{z(w\bar{z})\bar{w}}$
$= \sqrt{(z\bar{z})(w\bar{w})}$

Beweis der Dreiecksungleichung. Wir schreiben $z = a + bi$, $w = x + yi$ mit $a, b, x, y \in \mathbb{R}$. Dann gilt

$$\begin{aligned} |z+w|^2 = (a+x)^2 + (b+y)^2 &= a^2 + 2\,ax + x^2 + b^2 + 2\,by + y^2 \\ &= |z|^2 + |w|^2 + 2\,(ax + by)\,. \end{aligned}$$

Mit $(a^2 + b^2)(x^2 + y^2) - (ax + by)^2 = (ay - bx)^2 \geqq 0$ [nachrechnen!] erhalten wir $(a^2 + b^2)(x^2 + y^2) \geqq (ax + by)^2$, daraus

$$\sqrt{a^2 + b^2}\,\sqrt{x^2 + y^2} \geqq |ax + by| \geqq ax + by$$

und damit

$$\begin{aligned} |z+w|^2 &\leqq |z|^2 + |w|^2 + 2\,\sqrt{a^2 + b^2}\,\sqrt{x^2 + y^2} \\ &= |z|^2 + |w|^2 + 2\,|z|\,|w| \\ &= (|z| + |w|)^2\,. \end{aligned}$$

Wegen der Monotonie des Quadrierens 1.5.7 erhalten wir daraus $|z + w| \leqq |z| + |w|$, wie behauptet. □

1.7.10 Konsequenz aus der Dreiecksungleichung. Es seien $z_1, z_2 \in \mathbb{C}$. Aus $|z_1| = |z_1 + z_2 - z_2| \leqq |z_1 + z_2| + |-z_2|$ ergibt sich

$$\big||z_1| - |z_2|\big| \leqq |z_1 + z_2|\,.$$

1.8 Polarkoordinaten komplexer Zahlen

Neben der Darstellung durch Paare reeller Zahlen, die für die Addition am günstigsten ist, benötigen wir eine Darstellung, die für Multiplikationen (und vor allem für die Beschreibung rotationssymmetrischer Objekte oder Prozesse) Vorteile bietet.

1.8.1 Definition.
Für jede komplexe Zahl $z \neq 0$ gibt es ein $\varphi \in \mathbb{R}$ so, dass gilt:

$$\begin{aligned} z &= |z|\,(\cos\varphi + \mathrm{i}\sin\varphi) \\ &= |z|\,\cos\varphi + \mathrm{i}\,|z|\,\sin\varphi \end{aligned}$$

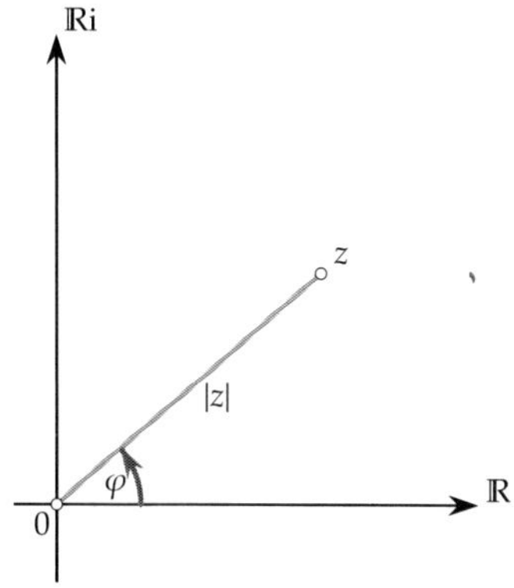

Wegen der Periodizität der Winkelfunktionen ist φ nur bis auf Addition eines ganzzahligen Vielfachen von 2π festgelegt (wir verwenden das Bogenmaß zur Angabe des Winkels).

Um Eindeutigkeit zu erreichen, verlangt man $0 \leqq \varphi < 2\pi$.
Ist dies erfüllt, nennt man $\arg z := \varphi$ das *Argument* von z.

1.8.2 Rechenregeln in Polarkoordinaten.
Es seien $z = |z|\,(\cos\varphi + \mathrm{i}\sin\varphi)$
und $z' = |z'|\,(\cos\psi + \mathrm{i}\sin\psi)$.
Dann gilt:

1. $$\begin{aligned} \bar{z} &= |z|\,(\cos\varphi - \mathrm{i}\sin\varphi) \\ &= |z|\,(\cos(-\varphi) + \mathrm{i}\sin(-\varphi)) \end{aligned}$$

2. $$\begin{aligned} \frac{1}{z} &= \frac{\bar{z}}{|z|^2} = \frac{1}{|z|}\,(\cos\varphi - \mathrm{i}\sin\varphi) \\ &= \frac{1}{|z|}\,(\cos(-\varphi) + \mathrm{i}\sin(-\varphi)) \end{aligned}$$

3. $z \cdot z' =$
$$|z| \cdot |z'| \cdot \Big(\cos(\varphi + \psi) + \mathrm{i}\sin(\varphi + \psi)\Big)$$

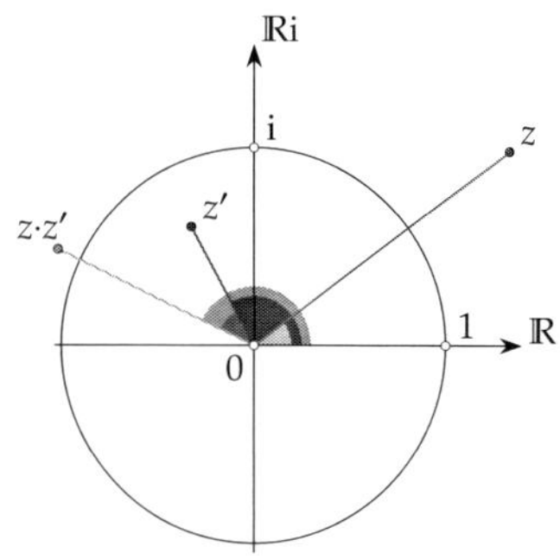

Man multipliziert also komplexe Zahlen, indem man ihre Beträge multipliziert und ihre Argumente addiert.

www.mathematik.uni-stuttgart.de/studium/infomat/HM-Stroppel

Falls man (der Eindeutigkeit wegen) im Ergebnis der Rechnung nur Winkel zwischen 0 und 2π benutzen möchte, kann man auch zunächst hemmungslos mit den Winkeln rechnen und ganz am Schluss durch Addition geeigneter Vielfacher von 2π diese Bedingung erfüllen.

Beweis der Rechenregel für die Multiplikation.

$$\begin{aligned} z \cdot z' &= |z|(\cos\varphi + \mathrm{i}\sin\varphi) \cdot |z'|(\cos\psi + \mathrm{i}\sin\psi) \\ &= |z| \cdot |z'| \Big(\underbrace{\cos\varphi\cos\psi - \sin\varphi\sin\psi}_{\cos(\varphi+\psi)} + \underbrace{\mathrm{i}\sin\varphi\cos\psi + \mathrm{i}\cos\varphi\sin\psi}_{\mathrm{i}\sin(\varphi+\psi)} \Big) \\ &= |z| \cdot |z'| \Big(\cos(\varphi+\psi) + \mathrm{i}\sin(\varphi+\psi) \Big) . \end{aligned}$$

□

Im Beweis wurde das *Additionstheorem für* cos *und* sin angewandt:

1.8.3 Additionstheorem. *Für* $s, t \in \mathbb{R}$ *gilt*

1. $\cos(s+t) = \cos s \, \cos t - \sin s \, \sin t$
2. $\sin(s+t) = \sin s \, \cos t + \cos s \, \sin t$

[Den Beweis führt man elementargeometrisch, mit Hilfe der Differentialrechnung, oder mit der *Formel von Euler und de Moivre,* die man in der Analysis beweist.]

1.8.4 Wurzelziehen bei komplexen Zahlen.
Es sei $n \in \mathbb{N}$ und $z = r(\cos\beta + \mathrm{i}\sin\beta) \in \mathbb{C} \setminus \{0\}$.
Gesucht ist eine n-te Wurzel aus z, also $w = s(\cos\varphi + \mathrm{i}\sin\varphi) \in \mathbb{C}$ mit $w^n = z$.

Ansatz: $\quad w^n = z \iff s^n \Big(\cos(n\varphi) + \mathrm{i}\sin(n\varphi)\Big) = r(\cos\beta + \mathrm{i}\sin\beta)$.

Durch Vergleich von Real- und Imaginärteilen ergibt sich $s = \sqrt[n]{r}$ und $n\varphi = \beta + 2\pi\ell$ mit $\ell \in \mathbb{Z}$ [wg. der Periodizität von cos und sin], also

$$\varphi \in \left\{ \frac{\beta}{n} + \ell\frac{2\pi}{n} \;\middle|\; \ell \in \mathbb{Z} \right\} .$$

Wegen der Periodizität der Winkelfunktionen kann man sich auf Werte von ℓ im Intervall $[0, n-1]$ beschränken.

[für $\ell = 0, \pm n, \pm 2n, \ldots$ erhält man stets dieselbe Wurzel, weil sich φ nur um Vielfache von 2π ändert.]

Man erhält also n verschiedene n-te Wurzeln von z, nämlich

$$w_\ell := \sqrt[n]{|z|}\Big(\cos\big(\tfrac{\beta}{n} + \ell\tfrac{2\pi}{n}\big) + \mathrm{i}\sin\big(\tfrac{\beta}{n} + \ell\tfrac{2\pi}{n}\big)\Big) \qquad \text{für } \ell \in \{0, \ldots, n-1\} .$$

$\sqrt[n]{|z|} \cdot e^{i\frac{\beta+2\pi l}{n}}$

In 1.8.4 haben wir gesehen, dass Polynome der Form $X^n - z$ mit $z \in \mathbb{C} \setminus \{0\}$ stets n verschiedene Nullstellen in $\mathbb{C}$ haben.

Der folgende Satz ist viel allgemeiner, sein Beweis liegt aber tief und würde uns hier zu weit führen:

1.8.5 Fundamentalsatz der Algebra.

Jedes Polynom $p(X) = X^n + a_{n-1}X^{n-1} + \cdots + a_1 X^1 + a_0 X^0$ mit $a_0, \ldots, a_{n-1} \in \mathbb{C}$ und $n \geqq 1$ besitzt *mindestens eine Nullstelle in* $\mathbb{C}$.

1.8.6 Bemerkung. Der Fundamentalsatz besagt, dass *jedes* Polynom $p(X) = a_n X^n + \cdots + a_0$ mit komplexen Koeffizienten wenigstens eine Nullstelle hat — so lange der Grad des Polynoms größer als 0 (also die Polynomfunktion p nicht konstant) ist : Man kann durch Division durch den *Leitkoeffizienten* a_n stets die in 1.8.5 verlangte Form erreichen.

1.8.7 Faktorisierung von Polynomen.

Ist x_0 eine Nullstelle von $p(X) = X^n + a_{n-1}X^{n-1} + \cdots + a_1 X + a_0$, so gibt es ein Polynom $q(X)$ mit $p(X) = q(X)(X - x_0)$.

[Wir wenden (Polynom-) Division mit Rest an:

$$\begin{aligned} p(X) &= p(X) - x_0 X^{n-1} + x_0 X^{n-1} \\ &= (X - x_0)\, X^{n-1} + \underbrace{(a_{n-1} + x_0)\, X^{n-1} + a_{n-2}\, X^{n-2} + \cdots + a_0}_{r(X)} \end{aligned}$$

wobei $r(X)$ ein Polynom von kleinerem Grad als $p(X)$ ist. Weil x_0 Nullstelle von $p(X)$ ist, gilt

$$0 = p(x_0) = (x_0 - x_0)\, x_0^{n-1} + r(x_0) = r(x_0)\,.$$

Daher ist x_0 auch eine Nullstelle von $r(X)$.
Induktiv folgt, dass $r(X)$ die Gestalt $r(X) = (X - x_0)\, s(X)$ besitzt.
Also gilt $p(X) = (X - x_0)\, X^{n-1} + (X - x_0)\, s(X) = (X - x_0) \underbrace{\left(X^{n-1} + s(X)\right)}_{q(X).}$]

1.8.8 Linearfaktoren. Aus dem Fundamentalsatz 1.8.5 folgt, dass sich jedes Polynom

$$p(X) = X^n + a_{n-1}X^{n-1} + \cdots + a_1 X + a_0$$

darstellen lässt als

$$p(X) = (X - z_1) \cdot (X - z_2) \cdots (X - z_n)\,.$$

Dabei können manche der z_j gleich sein: die Anzahl der Faktoren $(X - z_j)$ nennt man die *Vielfachheit* der Nullstelle z_j in $p(X)$. Die Faktoren $(X - z_j)$ heißen *Linearfaktoren*.

1.8.9 Beispiel. $p(X) = X^3 + 2X^2 + 2X + 4$ soll in Linearfaktoren zerlegt werden. Durch „Raten" findet man die Nullstelle $z_1 = -2$, also den Linearfaktor $X - (-2) = X + 2$. Polynomdivision liefert

$$\begin{array}{l} (\,X^3 + 2X^2 + 2X + 4\,) : (X+2) = X^2 + 2 \\ \underline{X^3 + 2X^2} \\ \qquad\qquad 0 + 2X + 4 \\ \qquad\qquad\quad \underline{2X + 4} \\ \qquad\qquad\qquad\quad 0 \end{array}$$

woraus sich die folgende Zerlegung ergibt:

$$X^3 + 2X^2 + 2X + 4 = (X+2)\cdot(X^2+2) = (X+2)\cdot\left(X + \mathrm{i}\sqrt{2}\right)\cdot\left(X - \mathrm{i}\sqrt{2}\right).$$

1.8.10 Erraten ganzzahliger Nullstellen.
Ist $p(X) = a_n X^n + a_{n-1} X^{n-1} + \cdots + a_1 X + a_0 \in \operatorname{Pol}\mathbb{Z}$ ein Polynom mit *ganzzahligen* Koeffizienten (also $a_n, \ldots, a_0 \in \mathbb{Z}$), so ist jede ganzzahlige Nullstelle ein Teiler von a_0.

[Für jede Nullstelle x_0 von $p(X)$ gilt

$$0 = p(x_0) = \overbrace{a_n\,x_0^n + a_{n-1}\,x_0^{n-1} + \cdots + a_1\,x_0}^{=:\,z} + a_0$$

Ist x_0 ganz, so ist auch z ganz, und durch x_0 teilbar. Also ist auch $a_0 = -z$ durch x_0 teilbar.]

Im Fall $a_0 \neq 0$ besitzt a_0 nur endlich viele Teiler, man kann also *algorithmisch* alle ganzzahligen Nullstellen von $p(X)$ bestimmen.

Es kann allerdings vorkommen, dass es außer den so gefundenen ganzzahligen Nullstellen noch weitere gibt — es könnte sogar nur solche geben, wie z. B. bei $X^2 - 2 = \left(X - \sqrt{2}\right)\left(X + \sqrt{2}\right)$.

1.8.11 Definition. Ist R ein kommutativer Ring (z. B. $R = \mathbb{Z}$ oder $R = \mathbb{R}$) und $p(X) = a_n X^n + \cdots + a_0$ ein Polynom im Polynomring $R[X]$ mit $a_n \neq 0$, so nennt man n den *Grad* und a_n den *Leitkoeffizient* von $p(X)$.

2 Der Vektorraum $\mathbb{R}^n$

Der Anschauungsraum wird durch $\mathbb{R}^3$ modelliert, Ebenen darin durch $\mathbb{R}^2$. Viele Probleme der Ingenieurmathematik werden in Funktionenräumen oder durch Diskretisierung gelöst, dabei werden auch Räume $\mathbb{R}^n$ mit $n > 3$ benötigt!

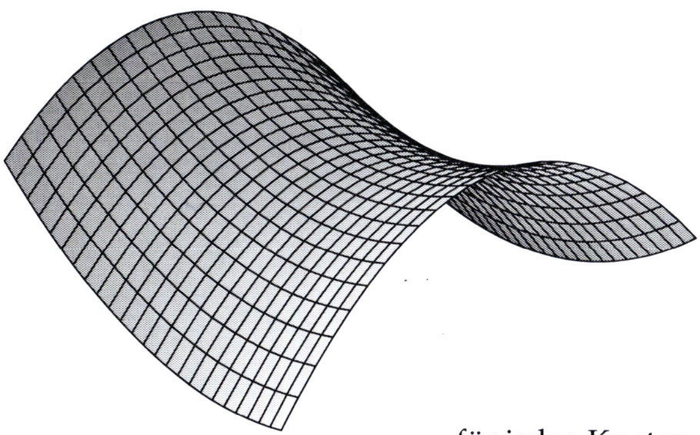

für jeden Knoten eine Variable ...
... hier etwa $n = 25 \cdot 25 = 625$

2.1 Kartesische Koordinatensysteme

2.1.1 Definition. Ein *kartesisches Koordinatensystem* des $\mathbb{R}^n$ ist geometrisch gegeben durch

- einen Punkt O (*Ursprung*)
- und n paarweise aufeinander senkrecht stehende Geraden $g_1, \ldots, g_n$ (*Koordinatenachsen*) mit gleicher Teilung (bezüglich einer Standardlängeneinheit).

Es genügt, jeweils den Einheitspunkt E_j auf g_j anzugeben; oder den Vektor e_j, der vom Ursprung auf E_j zeigt (siehe 2.2.1). Wir schreiben $\mathbb{O} := (O; \mathrm{e}_1, \ldots, \mathrm{e}_n)$.

Für $n = 2$ oder $n = 3$ kann man sich das noch anschaulich vorstellen, der tatsächliche Umgang mit dem mathematischen Modell bedeutet, dass wir die Anschauung in formale Regeln übersetzen.

Für größere Werte von n werden wir die Anschauung komplett ersetzen durch die formalen Regeln. Was Mathematiker dann „anschaulich" nennen, ist eher die Vorstellung, wie Rechnungen sich entwickeln und zu welchen Ergebnissen diese führen können.

2.1.2 Definition. Die *Koordinaten* eines Punktes $P \in \mathbb{R}^n$ bezüglich eines bestimmten Koordinatensystems entsprechen den Projektionen von P auf die Achsen dieses Koordinatensystems.

Auch die Koordinaten werden als (geordnete) n-Tupel geschrieben — um Verwirrung zu vermeiden, kann man das Koordinatensystem mit angeben: Wir schreiben ${}_{\mathbb{O}}(x_1, \ldots, x_n) \leftrightarrow P$, wenn der Punkt P bezüglich $\mathbb{O}$ die Koordinaten $(x_1, \ldots, x_n)$ hat.

Im Allgemeinen ändern sich die Koordinaten eines festen Punktes, wenn man das Koordinatensystem ändert.

2.2 Vektoren im Anschauungsraum

Seien P und Q zwei verschiedene Punkte des Raums. Die Strecke $\overline{PQ}$ erhält eine *Richtung*, indem man P als Anfangspunkt und Q als Endpunkt festlegt. Eine weitere Strecke $\overline{AB}$ hat die gleiche Richtung wie $\overline{PQ}$, wenn man die Gerade, die A mit B verbindet, durch Parallelverschiebung in die Verbindungsgerade von P und Q überführen kann — und zwar so, dass dabei A auf P und B in der gleichen Halbgeraden wie Q landet.

Diese anschauliche, aber schwerfällige Beschreibung ersetzt man durch rechnerisch leicht zu handhabende Koordinatenbeschreibungen:

2.2.1 Definition. Das durch die Länge der Strecke $\overline{PQ}$ und deren Richtung festgelegte Paar nennt man den *Vektor* von P nach Q. Man schreibt $\overrightarrow{PQ}$.

Ist ein Koordinatensystem gewählt, so bezeichnet man den Vektor $\overrightarrow{OP}$ als *Ortsvektor* des Punktes P. Die Koordinaten des Punktes P benutzt man dann auch als *Koordinaten des Ortsvektors* $\overrightarrow{OP}$.

2.2.2 Bemerkung. Jeder Vektor lässt sich auf genau eine Weise als Ortsvektor realisieren (anschaulich: am Ursprung „anheften", in den Ursprung schieben). Die Koordinaten dieses Ortsvektors benutzt man auch als *Koordinaten des Vektors*.

Aus Gründen der algebraischen Bequemlichkeit brauchen wir noch dringend einen ganz langweiligen Vektor:

2.2.3 Definition. Für jeden Punkt P heißt $\overrightarrow{PP}$ der *Nullvektor*, wir schreiben $\vec{0}$ (oft auch einfach 0). Insbesondere ist der Nullvektor der Ortsvektor des Ursprungs, er hat die Koordinaten $_{\mathbb{O}}(0, \ldots, 0)$ (bezüglich jedes Koordinatensystems!). Der Nullvektor hat keine wohlbestimmte Richtung!

2.2.4 Definition. Für Vektoren x, y mit Koordinaten $_{\mathbb{O}}(x_1, \ldots, x_n)$, $_{\mathbb{O}}(y_1, \ldots, y_n)$ setzt man $x + y$ als den Vektor fest, der die Koordinaten $_{\mathbb{O}}(x_1 + y_1, \ldots, x_n + y_n)$ hat. Offenbar gilt $x + y = y + x$ und $x + 0 = x$ für den Nullvektor 0 und alle Vektoren x, y.
Für jede reelle Zahl λ setzt man λx fest als den Vektor mit Koordinaten $_{\mathbb{O}}(\lambda x_1, \ldots, \lambda x_n)$. Offenbar gilt $0x = 0$ für jeden Vektor x.

Anschaulich bedeutet die Multiplikation mit einem positiven Skalar die Streckung der repräsentierenden Strecke, bei Multiplikation mit einem negativen Skalar wird zusätzlich die Richtung umgekehrt.

2.3 Vektoren und Kräfte

Zu den wichtigsten Phänomenen, die sich durch Vektoren modellieren lassen, gehören *Kräfte*:

2.3.1 mathematisches Modell für Kräfte.

- Die *Richtung* der Kraft entspricht der Richtung des Vektors.
- Die Größe (der *Betrag*) der Kraft entspricht der *Länge* des Vektors.
- Der *Angriffspunkt* der Kraft ist der Anfangspunkt einer Strecke, die den Vektor repräsentiert.
- Die *Superposition* von Kräften entspricht der *Addition* der Vektoren.

2.3.2 Beispiel. Am Punkt $(1,1,0)$ im Raum greifen die Kräfte $\overrightarrow{K_1} = (2,0,1)$, $\overrightarrow{K_2} = (0,1,1)$ sowie $\overrightarrow{K_3} = (-2,-1,1)$ an. Wir setzen den Ursprung auf den Punkt $(1,1,0)$. Die resultierende Kraft ergibt sich durch Vektoraddition:

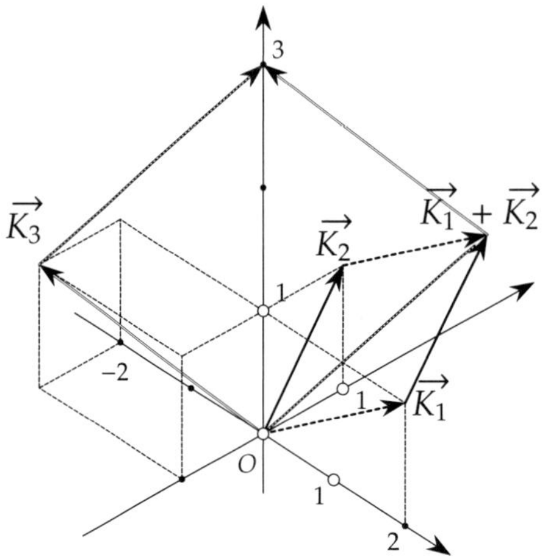

$$(2,0,1)+(0,1,1)+(-2,-1,1) = (0,0,3)\,.$$

Der Betrag der Kraft $\overrightarrow{K_1}$ ist

$$|\overrightarrow{K_1}| = \sqrt{2^2+1^2} = \sqrt{5}$$

[nach Pythagoras],

der Betrag der Kraft $\overrightarrow{K_3}$ ist

$$|\overrightarrow{K_3}| = \sqrt{(-2)^2+(-1)^2+1^2} = \sqrt{6}$$

[zweimal Pythagoras].

2.4 Vektorräume

Wir geben (auch im Blick auf ingenieurmathematische Anwendungen) eine ganz allgemeine Definition der Rechenbereiche, die den Rahmen für den Umgang mit Vektoren bilden.

2.4.1 Definition (Vektorraum-Axiome). Es sei $\mathbb{K}$ *ein Körper*, z. B. $\mathbb{R}$ (oder $\mathbb{C}$) und es sei $(V,+)$ eine abelsche Gruppe (vgl. 1.7.5). Weiter sei eine Multiplikation $\cdot$ mit Skalaren aus $\mathbb{K}$ definiert, die $s \in \mathbb{K}$ und $v \in V$ wieder einen Vektor $s \cdot v \in V$ zuordnet. Dann heißt V mit dieser Multiplikation ein $\mathbb{K}$-*Vektorraum*, wenn für alle $s,t \in \mathbb{K}$ und alle $v,w \in V$ gilt:

- $(s+t)\cdot v = s\cdot v + t\cdot v$
- $s\cdot(v+w) = s\cdot v + s\cdot w$
- $(s\cdot t)\cdot v = s\cdot(t\cdot v)$
- $1\cdot v = v$

2.4.2 Bemerkungen. Die Axiome beschreiben (wie bei Körpern und Ringen) die fundamentalen Rechenregeln.

Vektoren erkennt man daran, dass sie Elemente eines Vektorraums sind (dass man also nach den in den Axiomen beschriebenen Regeln mit ihnen rechnen kann), nicht an einem darüber gesetzten Pfeil!
Zur Verdeutlichung werden wir Pfeile malen, wenn das nützlich erscheint.

2.4.3 Beispiele.

1. $\mathbb{R}^n$ mit komponentenweiser Addition und Multiplikation mit Skalaren ist ein $\mathbb{R}$-Vektorraum.
2. $\mathbb{C}^n$ ist ein $\mathbb{C}$-Vektorraum, aber auch ein $\mathbb{R}$-Vektorraum.
3. Gegeben sei das Gleichungssystem

$$\begin{array}{ccccc} ax & + & by & = & 0 \\ cx & + & dy & = & 0 \end{array}$$

mit fest vorgegebenen $a, b, c, d \in \mathbb{R}$. Gesucht sind x und y, also ein Element (x, y) von $\mathbb{R}^2$. (Dies ist ein *homogenes lineares* Gleichungssystem.)

Die Menge aller Lösungen dieses Systems bildet einen Vektorraum, den *Lösungsraum* des homogenen Systems.

Beweis: der Lösungsraum ist ein Vektorraum. Es sei $\mathcal{L} \subsetneqq \mathbb{R}^2$ die Menge aller Lösungen des homogenen linearen Gleichungssystems aus 2.4.3, und es seien (x_1, y_1) und (x_2, y_2) Lösungen. Um zu zeigen, dass die Summe (x_1+x_2, y_1+y_2) zu $\mathcal{L}$ gehört, setzen wir ein:

$$a(x_1+x_2)+b(y_1+y_2) = \underbrace{ax_1+by_1}_{\substack{=0 \\ [(x_1,y_1)\in\mathcal{L}]}} + \underbrace{ax_2+by_2}_{\substack{=0 \\ [(x_2,y_2)\in\mathcal{L}]}} = 0$$

und genauso

$$c(x_1+x_2)+d(y_1+y_2) = \underbrace{cx_1+dy_1}_{=0} + \underbrace{cx_2+dy_2}_{=0} = 0$$

Damit ist $(x_1, y_1) + (x_2, y_2) \in \mathcal{L}$ gezeigt. Für $s \in \mathbb{R}$ und $(x, y) \in \mathcal{L}$ rechnet man

$$\begin{array}{rcccccc} a(sx) + b(sy) & = & s\,\overbrace{(ax + by)}^{=0} & = & s0 & = & 0 \\ c(sx) + d(sy) & = & s\,\underbrace{(cx + dy)}_{=0} & = & s0 & = & 0 \end{array}$$

Also gilt auch $s(x, y) \in \mathcal{L}$. □

Im eben geführten Beweis haben wir nicht die Vektorraumaxiome verifiziert [weil die im umgebenden Vektorraum $\mathbb{R}^2$ schon gelten], sondern uns nur vergewissert, dass die Operationen (Addition, Multiplikation mit Skalaren) nicht aus $\mathcal{L}$ herausführen. Dies ist ein allgemeines Prinzip:

2.4.4 Definition. Es sei V ein $\mathbb{K}$-Vektorraum. Eine Teilmenge $U \subsetneq V$ heißt *Untervektorraum* (kurz *UVR*), wenn gilt:

- Mit $u, v \in U$ liegt auch $u + v$ in U.
- Mit $u \in U$ liegt für alle $s \in \mathbb{K}$ auch $s \cdot u$ in U.
- $0 \in U$.

2.4.5 Beispiel. Der Lösungsraum des in 2.4.3 betrachteten homogenen linearen Gleichungssystems ist ein UVR von $\mathbb{R}^2$.

Der Begriff des Vektorraums ist sehr allgemein. Wir modellieren damit die Geometrie des Anschauungsraums oder physikalische Probleme wie die Superposition von Kräften oder Geschwindigkeiten und beschreiben die Lösungsräume linearer Gleichungssysteme. Weitere wichtige Anwendungen finden sich beim Rechnen mit Funktionen, insbesondere bei sogenannten Differentialgleichungen: Dabei versucht man, alle Funktionen zu finden, die bestimmte Beziehungen zu ihren Ableitungen haben.

2.4.6 Beispiel. Es sei $C^1(\mathbb{R})$ die Menge aller stetig differenzierbaren Funktionenvon $\mathbb{R}$ nach $\mathbb{R}$. Mit den üblichen Operationen für Funktionen bildet $C^1(\mathbb{R})$ einen Vektorraum.

[Weil Summen und skalare Vielfache stetig differenzierbarer Funktionen ja wieder stetig differenzierbar sind.]

Die Lösungen der *Differentialgleichung* $f' = f$ bilden einen UVR von $C^1(\mathbb{R})$.

[Man benutzt die Ableitungsregeln $(f + g)' = f' + g'$ und $(sf)' = sf'$.]

2.5 Skalarprodukt

2.5.1 Definition. Für Vektoren $v = (v_1, \dots, v_n)$ und $w = (w_1, \dots, w_n)$ in $\mathbb{R}^n$ definieren wir das *(Standard-) Skalarprodukt* $\langle v \,|\, w \rangle$ als die reelle Zahl

$$\langle v \,|\, w \rangle := \sum_{j=1}^{n} v_j \, w_j = v_1 \, w_1 + \cdots + v_n \, w_n \, .$$

Oft wird auch die Schreibweise $a \bullet b := \langle a \,|\, b \rangle$ benutzt. Wir vermeiden diese zunächst wegen der Verwechslungsgefahr mit der Multiplikation $s \cdot a$ des Vektors a mit dem Skalar s. Im Rahmen der Vektoranalysis werden wir diese Schreibweise spätestens bei Kurvenintegralen anwenden.

2.5.2 Geometrische Interpretation.

1. Offenbar ist $|v| = \sqrt{\langle v \,|\, v \rangle}$ die *Länge* des Vektors v.
2. Weiter gilt $\langle v \,|\, w \rangle = |v| \, |w| \cos \alpha$, wobei α den zwischen v und w eingeschlossenen Winkel bezeichnet.

Mit anderen Worten: Das Skalarprodukt ist die (orientierte) Länge der Projektion des einen Vektors auf den anderen, multipliziert mit dessen Betrag.

Beweis. Für $n = 2$ benutzen wir den Cosinussatz: Für $v = (v_1, v_2)$ und $w = (w_1, w_2)$ besagt dieser

$$|v - w|^2 = |v|^2 + |w|^2 - 2 \, |v| \, |w| \cos \alpha \, .$$

Einsetzen liefert

$$(v_1 - w_1)^2 + (v_2 - w_2)^2 = (v_1^2 + v_2^2) + (w_1^2 + w_2^2) - 2 \, |v| \, |w| \cos \alpha \, .$$

Umformen liefert die Behauptung.

Für $n > 2$ betrachtet man die Ebene, die von v und w in $\mathbb{R}^n$ aufgespannt wird, führt kartesische Koordinaten in dieser Ebene ein und reduziert die Aussage damit auf das schon Bewiesene. □

2.5.3 Anwendung. Es sei eine Kraft durch einen Vektor $K \in \mathbb{R}^3$ beschrieben, außerdem sei eine Richtung im Raum durch einen Richtungsvektor v der Länge 1 gegeben. Dann ist $\langle K \,|\, v \rangle$ der Betrag des Kraftanteils *in Richtung* v, diese Teilkraft erhält man als $\langle K \,|\, v \rangle\, v$.

Der Vektor $K - \langle K \,|\, v \rangle\, v$ beschreibt den Anteil der Kraft, der senkrecht zur Richtung v wirkt.

2.5.4 Physikalische Interpretation. Stellt F eine konstante Kraft und s eine geradlinige Verschiebung dar, so bezeichnet das Skalarprodukt $\langle F \,|\, s \rangle$ die *Arbeit*, die man verrichten muss, um gegen die Kraft um s zu verschieben.

2.6 Eigenschaften des Skalarprodukts

2.6.1 Satz. *Für alle* $x, y, z \in \mathbb{R}^n$ *und alle* $s \in \mathbb{R}$ *gilt:*

1. $\langle x \mid y \rangle = \langle y \mid x \rangle$
2. $\langle x \mid x \rangle \geqq 0$ *und* $\langle x \mid x \rangle = 0 \iff x = 0$ [Summe von Quadraten]
3. $\langle x \mid y + z \rangle = \langle x \mid y \rangle + \langle x \mid z \rangle$

$$\left[\begin{aligned} \langle x \mid y + z \rangle &= x_1 (y_1 + z_1) + \cdots + x_n (y_n + z_n) \\ &= \underbrace{x_1 y_1 + \cdots + x_n y_n}_{= \langle x \mid y \rangle} + \underbrace{x_1 z_1 + \cdots + x_n z_n}_{= \langle x \mid z \rangle} \\ &= \langle x \mid y \rangle + \langle x \mid z \rangle \end{aligned}\right]$$

4. $s \left\langle x \,\middle|\, y \right\rangle = \left\langle s\,x \,\middle|\, y \right\rangle = \left\langle x \,\middle|\, s\,y \right\rangle$ [Distributivgesetz]
5. $|x| = \sqrt{\langle x \mid x \rangle}$

2.6.2 Definition (allgemeines Skalarprodukt)**.** Es sei V ein $\mathbb{R}$-Vektorraum. Man nennt eine Abbildung $\langle \cdot \mid \cdot \rangle : V \times V \to \mathbb{R}$ ein *Skalarprodukt auf* V, wenn die Eigenschaften 1, 2, 3 und 4 aus 2.6.1 für alle $x, y, z \in V$ und alle $s \in \mathbb{R}$ erfüllt sind.

Eigenschaft 5 kann man dann benutzen, um die Länge von Vektoren in V zu *definieren*.

2.6.3 Beispiel. Auf dem Vektorraum $C^0([0,1])$ aller stetigen Funktionen auf dem Intervall $[0,1]$ definiert

$$\big\langle f \,\big|\, g \big\rangle := \int_0^1 f(x)\, g(x)\, \mathrm{d}\, x$$

ein Skalarprodukt. Die „Länge" $\sqrt{\big\langle f \,\big|\, f \big\rangle} = \sqrt{\int_0^1 f(x)^2\, \mathrm{d}\, x}$ nennt man die *Norm von* f. Man bezeichnet die Norm mit $\|f\|$ (um Verwechslungen mit $|f(x)|$ vorzubeugen).

Speziell für periodische Funktionen benutzt man Skalarprodukte dieser Bauart zur *Fourier-Analyse* (bei der man eine Schwingung in eine Grundfrequenz und deren ganzzahlige Vielfache zerlegt, vgl. Abschnitt Z.2).

2.6.4 Schwarzsche Ungleichung: scharfe Form.
Für $x, y \in \mathbb{R}^n$ *gilt* $\langle x \mid y \rangle^2 \leqq \langle x \mid x \rangle \, \langle y \mid y \rangle$, *wobei Gleichheit genau dann eintritt, wenn* $y = 0$ *oder* $x \in \mathbb{R}\, y := \{r\, y \mid r \in \mathbb{R}\}$ *gilt.*

Beweis. Die Ungleichung ist die Schwarzsche, vgl. 1.5.11.
Nun nehmen wir an, dass Gleichheit gilt: $\langle x \mid y \rangle^2 = \langle x \mid x \rangle \langle y \mid y \rangle$. Für $z := \langle y \mid y \rangle\, x - \langle x \mid y \rangle\, y$ gilt $\langle z \mid z \rangle = 0$ (und also $z = 0$).

$$\left[\begin{aligned}
\langle z \mid z \rangle &= \Big\langle \langle y \mid y \rangle\, x - \langle x \mid y \rangle\, y \,\Big|\, \langle y \mid y \rangle\, x - \langle x \mid y \rangle\, y \Big\rangle \\
&= \Big\langle \langle y \mid y \rangle\, x \,\Big|\, \langle y \mid y \rangle\, x - \langle x \mid y \rangle\, y \Big\rangle - \Big\langle \langle x \mid y \rangle\, y \,\Big|\, \langle y \mid y \rangle\, x - \langle x \mid y \rangle\, y \Big\rangle \\
&= \Big\langle \langle y \mid y \rangle\, x \,\Big|\, \langle y \mid y \rangle\, x \Big\rangle - \Big\langle \langle y \mid y \rangle\, x \,\Big|\, \langle x \mid y \rangle\, y \Big\rangle \\
&\qquad - \Big\langle \langle x \mid y \rangle\, y \,\Big|\, \langle y \mid y \rangle\, x \Big\rangle + \Big\langle \langle x \mid y \rangle\, y \,\Big|\, \langle x \mid y \rangle\, y \Big\rangle \\
&= \langle y \mid y \rangle^2 \langle x \mid x \rangle - 2 \Big\langle \langle y \mid y \rangle\, x \,\Big|\, \langle x \mid y \rangle\, y \Big\rangle + \langle x \mid y \rangle^2 \langle y \mid y \rangle \\
&= \langle y \mid y \rangle \Big(\langle y \mid y \rangle \langle x \mid x \rangle - 2\, \langle x \mid y \rangle \langle x \mid y \rangle + \langle x \mid y \rangle^2 \Big) \\
&= \langle y \mid y \rangle \Big(\langle y \mid y \rangle \langle x \mid x \rangle - \langle x \mid y \rangle^2 \Big) = \langle y \mid y \rangle \cdot 0 = 0
\end{aligned}\right]$$

Aus $z = 0$ folgt nun $\langle y \mid y \rangle\, x = \langle x \mid y \rangle\, y$. Falls $y = 0$ gilt, haben wir nichts weiter zu zeigen.

Für $y \neq 0$ ergibt sich $\langle y \mid y \rangle \neq 0$ und $x = \dfrac{\langle x \mid y \rangle}{\langle y \mid y \rangle}\, y \in \mathbb{R}y$, wie behauptet.

Es bleibt noch zu zeigen, dass sich aus $(y = 0 \vee x \in \mathbb{R}y)$ die Gleichheit $\langle x \mid y\rangle^2 = \langle x \mid x\rangle\langle y \mid y\rangle$ ergibt.
Für $y = 0$ gilt $\langle x \mid y\rangle = 0 = \langle y \mid y\rangle$, und die Gleichheit folgt [beide Seiten sind 0].
Aus $x = s\,y$ erhalten wir

$$\langle x \mid y\rangle = \langle s\,y \mid y\rangle = s\,\langle y \mid y\rangle \text{ und } \langle x \mid x\rangle = \langle s\,y \mid s\,y\rangle = s^2\,\langle y \mid y\rangle\,,$$

und die Gleichheit folgt auch hier $\left[\text{beide Seiten sind gleich } s^2\,\langle y \mid y\rangle^2\right]$. □

2.6.5 Dreiecksungleichung für Vektoren.
Für alle $x, y \in \mathbb{R}^n$ gilt $|x + y| \leqq |x| + |y|$.

Beweis. Wir benutzen die Beschreibung der Länge durch das Skalarprodukt: $|v| = \sqrt{\langle v \mid v\rangle}$ bzw. $|v|^2 = \langle v \mid v\rangle$. Wir rechnen

$$\begin{aligned}
|x+y|^2 &= \langle x+y \mid x+y\rangle \\
&= \langle x \mid x\rangle + \langle x \mid y\rangle + \langle y \mid x\rangle + \langle y \mid y\rangle \\
&= \langle x \mid x\rangle + 2\,\langle x \mid y\rangle + \langle y \mid y\rangle \\
&= |x|^2 + |y|^2 + 2\,\langle x \mid y\rangle \\
&\leqq |x|^2 + |y|^2 + 2\,|x|\,|y| \qquad \text{[Schwarzsche Ungleichung]} \\
&= (|x| + |y|)^2\,.
\end{aligned}$$

Hieraus folgt die Dreiecksungleichung. □

2.7 Beschreibung von Geraden und Ebenen

Wir wählen ein kartesisches Koordinatensystem, und definieren die Addition eines Punktes P mit einem Vektor v: Der Punkt $P + v$ sei der Punkt, dessen Ortsvektor gleich $\overrightarrow{OP} + v$ ist. Geometrisch heißt das: Wir „heften den Vektor v am Punkt P an".

Oft werden (nach Wahl des Koordinatensystems) die Punkte ohnehin mit ihren Ortsvektoren identifiziert, diese neue Addition ist dann nichts anderes als die Addition von Vektoren.

2.7.1 Definition. Die *Parameterdarstellung* einer Geraden g durch einen Punkt P in Richtung v lautet:

$$g: \quad x = P + \lambda\, v \quad ; \quad \lambda \in \mathbb{R}.$$

Die Gerade g ist also eine Menge von Punkten:

$$g = \{P + \lambda\, v \mid \lambda \in \mathbb{R}\}\ .$$

Manchmal schreibt man auch kurz $g = P + \mathbb{R}\, v$.

Damit wirklich eine Gerade entsteht, muss der Richtungsvektor die Bedingung $v \neq 0$ erfüllen!

2.7.2 Definition. Die *Parameterdarstellung* einer Ebene E durch einen Punkt P mit Richtungen v, w lautet:

$$E: \quad x = P + \lambda\, v + \mu\, w \quad ; \quad \lambda, \mu \in \mathbb{R}.$$

Die Ebene E ist also die Punktmenge

$$E = \{P + \lambda\, v + \mu\, w \mid \lambda, \mu \in \mathbb{R}\}\ .$$

Auch hier schreibt man kurz: $E = P + \mathbb{R}\, v + \mathbb{R}\, w$.

Damit wirklich eine Ebene entsteht, dürfen v und w nicht Vielfache voneinander sein!

2.7.3 Beispiel. Gegeben seien die Punkte $P = (1, 2)$, $Q = (4, 4)$ und die Vektoren $v = (3, 2)$, $w = (-3, -2)$. Die beiden Geraden

$$g: \quad x = P + \lambda\, v \quad ; \quad \lambda \in \mathbb{R} \qquad \text{und} \qquad h: \quad x = Q + \lambda\, w \quad ; \quad \lambda \in \mathbb{R}$$

sind identisch, denn $Q = (4, 4) = (1, 2) + (3, 2) = P + 1\, v$ liegt auf g, und die Richtung $w = -v$ ist ein Vielfaches der Richtung v.

Man kann auch direkt algebraisch sehen, dass $g = h$ gilt: Dazu muss man $P + \mathbb{R}\, v = Q + \mathbb{R}\, w$ zeigen.

[Für $X = P + \lambda\, v \in P + \mathbb{R}\, v$ sollen wir $X \in Q + \mathbb{R}\, w$ zeigen: Wir suchen also $\mu \in \mathbb{R}$ derart, dass $(1, 2) + \lambda\, (3, 2) = (4, 4) + \mu\, (-3, -2)$ erfüllt ist der Skalar $\mu := 1 - \lambda$ tut's! Dies zeigt $g \subseteq h$, umgekehrt ist es genauso leicht.]

2.7.4 Beispiel. Mit $P = (1,1)$, $v_1 = (2,1)$, $v_2 = (1,2)$ und $v_3 = (4,2)$ gilt

- $E_1: \quad x = P + \lambda\, v_1 + \mu\, v_2 \quad ; \quad \lambda, \mu \in \mathbb{R}$ ist eine Ebene $\left[E_1 = \mathbb{R}^2\right]$.
- $E_2: \quad x = P + \lambda\, v_1 + \mu\, v_3 \quad ; \quad \lambda, \mu \in \mathbb{R}$ ist *keine* Ebene [sondern eine Gerade: $E_2 = P + \mathbb{R}\, v_1 = P + \mathbb{R}\, v_3$].

Wir haben also mindestens die folgenden Probleme zu lösen:

- Entscheide, ob eine gegebene Parametrisierung tatsächlich eine Ebene beschreibt.
- Entscheide, ob zwei verschiedene Parametrisierungen dasselbe Objekt (Gerade/Ebene) beschreiben.

Zur Lösung dieser Probleme (auch in höheren Dimensionen) sind die Begriffe hilfreich, die wir im nächsten Abschnitt einführen.

2.8 Lineare Abhängigkeit und Unabhängigkeit, Basen

2.8.1 Definition. Es sei V ein $\mathbb{K}$-Vektorraum (z. B. $V = \mathbb{R}^n$ mit $\mathbb{K} = \mathbb{R}$). Vektoren $v_1, \ldots, v_\ell$ in V heißen *linear abhängig* (*l.a.*), wenn es Skalare $\alpha_1, \ldots, \alpha_\ell \in \mathbb{K}$ derart gibt, dass gilt:

- $\alpha_1\, v_1 + \cdots + \alpha_\ell\, v_\ell = 0$
- mindestens einer der Skalare ist ungleich 0.

Ist es unmöglich, solche Skalare zu wählen, heißen $v_1, \ldots, v_\ell$ *linear unabhängig* (*l.u.*).

2.8.2 Definitionen. Für Vektoren $w_1, \ldots, w_\ell$ und Skalare $\beta_1, \ldots, \beta_\ell$ nennt man

$$\sum_{j=1}^{\ell} \beta_j\, w_j = \beta_1\, w_1 + \cdots + \beta_\ell\, w_\ell$$

eine *Linearkombination* der Vektoren.

Eine Darstellung $\sum_{j=1}^{n} \alpha_j\, v_j = 0$, bei der wenigstens für ein j der Skalar α_j von 0 verschieden ist, heißt *nicht triviale Darstellung (Linearkombination) der Null*.

Die Menge aller Linearkombinationen dieser Vektoren nennt man die *lineare Hülle* oder den *Aufspann*, man schreibt $\mathrm{L}\,(w_1, \ldots, w_\ell)$.

Eine Menge E von Vektoren heißt *Erzeugendensystem* von V, wenn $V = \mathrm{L}(E)$ gilt, sich also jedes Element von V als Linearkombination von (endlich vielen) Vektoren aus E darstellen lässt.

Ein Erzeugendensystem von V heißt *Basis*, wenn es linear unabhängig ist.

2.8.3 Beispiel. $v_1 = (1,2)$, $v_2 = (1,3)$ und $v_3 = (0,-1)$ bilden ein Erzeugendensystem für $\mathbb{R}^2$, aber keine Basis [wegen $v_1 - v_2 - v_3 = 0$ sind v_1, v_2, v_3 l.a.]

2.8.4 Beispiel. In $\mathbb{R}^n$ definieren wir (für $1 \leqq j \leqq n$)

$$\mathrm{e}_j := (0,\ldots,0,\underbrace{1}_{j\text{-te Stelle}},0,\ldots,0)\,.$$

Dann ist $\mathrm{e}_1,\ldots,\mathrm{e}_n$ eine Basis von $\mathbb{R}^n$.

[Jeder Vektor $v = (v_1,\ldots,v_n) \in \mathbb{R}^n$ lässt sich schreiben als $v = \sum_{j=1}^n v_j\,\mathrm{e}_j$.
Also bildet $\mathrm{e}_1,\ldots,\mathrm{e}_n$ ein Erzeugendensystem.
Aus $\sum_{j=1}^n \alpha_j\,\mathrm{e}_j = 0$ folgt offenbar $\forall\, j : \alpha_j = 0$, und wir haben die lineare Unabhängigkeit nachgewiesen.]

Vorsicht mit den Pünktchen: Es ist $\mathrm{e}_1 = (1,0,\ldots,0)$, $\mathrm{e}_2 = (0,1,0,\ldots,0)$, $\mathrm{e}_3 = (0,0,1,0,\ldots,0)$, ... erst ab $j = 4$ haben wir mehr als zwei führende Nullen (wie durch die Schreibweise $0,\ldots,0$ suggeriert wird).

Die eben gefundene Basis $\mathrm{e}_1,\ldots,\mathrm{e}_n$ für $\mathbb{R}^n$ nennt man die *Standardbasis* (manchmal auch die natürliche oder die kanonische Basis).

Mit der Standardbasis haben wir nachgewiesen, dass $\mathbb{R}^n$ überhaupt eine Basis besitzt.

Es gibt aber auch noch (unendlich viele) andere Basen! Die geschickte Wahl der Basis kann Rechnungen erheblich vereinfachen. Dabei muss man aber darauf achten, dass man beim Wechsel zwischen Basen (oder Koordinatensystemen) die für das aktuelle Problem relevante Information verlustfrei überträgt.

2.8.5 Beispiel. Für die Vektoren $v_1 := (1,1,1)$, $v_2 := (2,0,-1)$ und $v_3 := (3,1,0)$ gilt $v_1 + v_2 - v_3 = 0$. Dies ist eine nicht triviale Darstellung der Null, also sind v_1, v_2, v_3 linear abhängig.

Sind v_1, v_2 linear unabhängig? Ansatz:

$$0 = \lambda_1\, v_1 + \lambda_2\, v_2 = (\lambda_1, \lambda_1, \lambda_1) + (2\,\lambda_2, 0, -\lambda_2) = (\lambda_1 + 2\,\lambda_2, \lambda_1, \lambda_1 - \lambda_2)$$

Diese Bedingungen bilden ein lineares Gleichungssystem:

$$\begin{array}{rcrcl} \lambda_1 & + & 2\,\lambda_2 & = & 0 \\ \lambda_1 & & & = & 0 \\ \lambda_1 & - & \lambda_2 & = & 0 \end{array}$$

Die einzige Lösung ist $\lambda_1 = 0$ und $\lambda_2 = 0$. Es gibt also *keine nicht triviale Darstellung der Null* aus v_1 und v_2: in der Tat sind v_1, v_2 linear unabhängig.

2.8.6 Beispiel. Schwingungsvorgänge werden durch periodische Funktionen beschrieben, wie etwa $\sin(x)$, $\cos(x)$, $\sin(2\,x)$, $\sin(3\,x)$, $\sin(x+3)$, ...
Bis auf kleine Fehler kann man jede Funktion der Periode $2\,\pi$ aus den Funktionen $\sin(n\,x)$, $\cos(n\,x)$ linear kombinieren (*Fourier-Analyse*). Die Doppelfolge $\sin(n\,x)$, $\cos(n\,x)$ ist *linear unabhängig*.

[Um das einzusehen, kann man ein Skalarprodukt auf dem Raum der periodischen Funktionen verwenden (vgl. Z.2.10): Die hier fragliche lineare Unabhängigkeit ergibt sich dann daraus, dass jedes Orthonormalsystem linear unabhängig ist.]

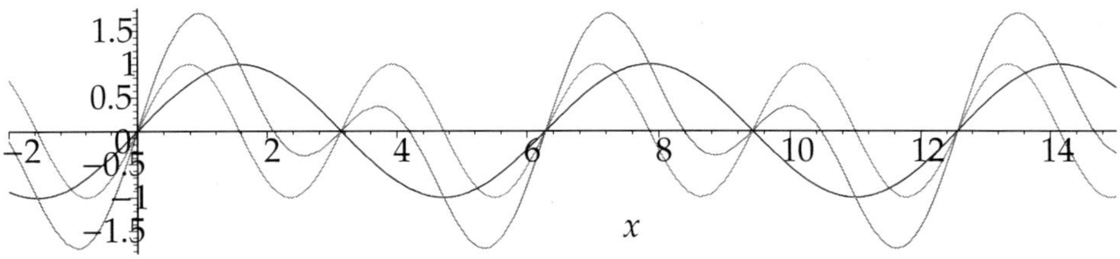

$f(x) = \sin(x) + \sin(2\,x)$

2.8.7 Beispiel. In $\mathbb{R}^2$ seien die Vektoren v_1 und v_2 gegeben. Bilden diese ein Erzeugendensystem?
Ansatz: Zu $w \in \mathbb{R}^2$ suche $\lambda_1, \lambda_2 \in \mathbb{R}$ derart, dass gilt:

$$\lambda_1\, v_1 + \lambda_2\, v_2 = w\,.$$

Mit $v_1 = (v_{11}, v_{12})$ und $v_2 = (v_{21}, v_{22})$ sowie $w = (w_1, w_2)$ ergibt sich

$$\begin{array}{ccccc} \lambda_1 v_{11} & + & \lambda_2 v_{21} & = & w_1 \\ \lambda_1 v_{12} & + & \lambda_2 v_{22} & = & w_2 \end{array}$$

Dies ist ein *inhomogenes* lineares Gleichungssystem. Unsere Frage führt also wieder direkt auf die Frage nach der Lösbarkeit eines linearen Gleichungssystems.

2.8.8 Beispiel. Wir schreiben wieder Pol $\mathbb{R}$ für die Menge aller Polynome mit reellen Koeffizienten.

Diese Menge bildet offensichtlich einen $\mathbb{R}$-Vektorraum.

Die Polynome $2X,\ X^2 - 2X,\ -X^2$ sind linear abhängig.

[Es gilt ja $1 \cdot (2X) + 1 \cdot (X^2 - 2X) + 1 \cdot (-X^2) = 0$.]

Die Polynome $f := X + 1,\ g := X^3$ sind linear unabhängig.

[Seien $c, d \in \mathbb{R}$ mit $c f + d g = 0$. Dann gilt

$$\forall x \in \mathbb{R} : c(x+1) + d x^3 = 0 .$$

Spezialisiert man $x = 0$, so folgt $c = 0$,
spezialisiert man dann $x = 1$, so folgt $0 = 2c + d = d$. Also gibt es keine nicht triviale Darstellung der Null aus f und g, und f, g sind als linear unabhängig erkannt.]

2.8.9 Kennzeichnung von Geraden.

Es seien $g : P + \lambda v \ ;\ \lambda \in \mathbb{R}$ und $h : Q + \mu w \ ;\ \mu \in \mathbb{R}$ Parameterdarstellungen von Geraden. Dann gilt:

$$g = h \iff (\ v, w \text{ l.a.} \ \wedge \ P \in h\ ).$$

2.8.10 Kennzeichnung von Ebenen.

Es seien $E_1 : P + \lambda v_1 + \mu w_1$ und $E_2 : Q + \lambda v_2 + \mu w_2 \ ;\ \lambda, \mu \in \mathbb{R}$ Parameterdarstellungen. Dann gilt:

1. E_j ist genau dann eine Ebene, wenn v_j, w_j linear unabhängig sind.
2. $E_1 = E_2 \iff \big(\ \mathrm{L}(v_1, w_1) = \mathrm{L}(v_2, w_2) \ \wedge \ P \in E_2\ \big)$

2.8.11 Parallelität. Es seien $g : P+\lambda\, v$ und $h : Q+\mu\, w$ Parameterdarstellungen von Geraden, und es seien $E_1 : P + \lambda\, v_1 + \mu\, w_1$ und $E_2 : Q + \lambda\, v_2 + \mu\, w_2$ Parameterdarstellungen von Ebenen ($\lambda, \mu \in \mathbb{R}$).

- $g \| h \quad \overset{\text{def}}{\iff} \quad v, w$ l.a. $\iff \mathrm{L}(v) = \mathrm{L}(w)$
- $E_1 \| E_2 \quad \overset{\text{def}}{\iff} \quad \mathrm{L}(v_1, w_1) = \mathrm{L}(v_2, w_2)$
- $g \| E_1 \quad \overset{\text{def}}{\iff} \quad \mathrm{L}(v) \subseteqq \mathrm{L}(v_1, w_1)$

2.8.12 Lemma. *Werden aus ℓ Elementen eines $\mathbb{K}$-Vektorraums $\ell + 1$ Linearkombinationen gebildet, so sind diese Linearkombinationen linear abhängig.*

Beweis. (IA) $\ell = 1$: Wir betrachten Linearkombinationen eines einzelnen Vektors v, also skalare Vielfache: $\lambda\, v$, $\mu\, v$ sind linear abhängig.

[$\mu\,\lambda\, v - \lambda\,\mu\, v = 0$ liefert eine nicht triviale Linearkombination — außer wenn $\lambda = 0 = \mu$, aber dann sind $\lambda\, v$ und $\mu\, v$ beide gleich 0, und man kann beliebige Skalare nehmen.]

(IS) Angenommen, die Behauptung sei schon bewiesen für $\ell - 1$.
Wir wählen ℓ Vektoren $v_1, \dots, v_\ell$ und bilden $\ell+1$ Linearkombinationen $a_j = \sum_{k=1}^{\ell} \alpha_{jk} v_k$ (mit $1 \leqq j \leqq \ell + 1$).
Falls für alle j der letzte Koeffizient $\alpha_{j\ell}$ verschwindet, sind die a_j nach Ind.-Ann. l.a. [Linearkombinationen aus $v_1, \dots, v_{\ell-1}$].
Ist dagegen etwa $\alpha_{m\ell} \neq 0$, setzen wir (für $1 \leqq j \leqq \ell + 1$, $j \neq m$)

$$b_j := a_j - \frac{\alpha_{j\ell}}{\alpha_{m\ell}}\, a_m = \sum_{k=1}^{\ell} \alpha_{jk}\, v_k - \frac{\alpha_{j\ell}}{\alpha_{m\ell}} \sum_{k=1}^{\ell} \alpha_{mk}\, v_k$$

$$= \sum_{k=1}^{\ell-1} \left(\alpha_{jk} - \frac{\alpha_{j\ell}}{\alpha_{m\ell}}\, \alpha_{mk}\right) v_k + \left(\alpha_{j\ell} - \frac{\alpha_{j\ell}}{\alpha_{m\ell}}\, \alpha_{m\ell}\right) v_\ell \in \mathrm{L}(v_1, \dots, v_{\ell-1}).$$

Nach Induktionsannahme sind diese b_j linear abhängig, also gibt es eine nicht triviale Darstellung der Null:

$$\sum_{j \neq m} \beta_j\, b_j = 0, \qquad \text{das heißt} \qquad \sum_{j \neq m} \beta_j\, a_j - \Big(\sum_{j \neq m} \beta_j\, \frac{\alpha_{j\ell}}{\alpha_{m\ell}}\Big) a_m = 0\,.$$

Weil nicht alle β_j verschwinden, haben wir hiermit eine nicht triviale Darstellung der Null aus den a_j, was zu zeigen war. □

Nach dem eben bewiesenen Lemma wissen wir:

Wenn ein Vektorraum ein Erzeugendensystem aus n Vektoren besitzt, dann hat jede linear unabhängige Menge in diesem Vektorraum höchstens n Elemente.

Damit folgt insbesondere:

2.8.13 Satz. *Besitzt ein Vektorraum V eine Basis aus n Vektoren, so hat jede Basis genau n Elemente.* □

2.8.14 Definition. Hat V eine Basis mit n Elementen, so nennen wir n die *Dimension* von V und schreiben $\dim V := n$.

Vektorräume, in denen es keine endliche Basis gibt, nennt man *unendlich-dimensional.*

2.8.15 Bemerkung. *Jeder* Vektorraum besitzt eine Basis. In unendlich-dimensionalen Vektorräumen ist eine Basis aber manchmal sehr schwer zu finden ...

2.8.16 Bemerkung. Hat V ein endliches Erzeugendensystem E, so kann man aus E eine Basis gewinnen, indem man *geeignete* Elemente von E weglässt.

Umgekehrt kann man jede linear unabhängige Menge in V zu einer Basis ergänzen.

2.8.17 Satz. *Ist* $\dim V = n$, *so bildet*

- *jede linear unabhängige Menge mit n Elementen eine Basis, und*
- *jedes Erzeugendensystem mit n Elementen eine Basis.*

[Zum Beweis verwendet man den Basisergänzungssatz, siehe Z.1.1.]

2.8.18 Beispiel. Der Vektorraum Pol $\mathbb{R}$ aller Polynome mit reellen Koeffizienten ist unendlich-dimensional:

Eine Basis ist z. B. $1, X, X^2, X^3, X^4, \dots X^j, \dots$

2.8.19 Beispiel. Der Vektorraum $C^0(\mathbb{R})$ aller *stetigen Funktionen* von $\mathbb{R}$ nach $\mathbb{R}$ ist unendlich-dimensional.

[Er enthält ja die unendliche linear unabhängige Menge, die wir eben in Pol $\mathbb{R} \subsetneqq C^0(\mathbb{R})$ gefunden haben!]

2.8.20 Beispiel. Der Vektorraum aller 2π*-periodischen Funktionen* von $\mathbb{R}$ nach $\mathbb{R}$ ist unendlich-dimensional.

[Die Menge $\left\{\sin(n\,x) \mid n \in \mathbb{N}\right\} \cup \left\{\cos(n\,x) \mid n \in \mathbb{N}\right\}$ ist linear unabhängig, aber nicht endlich.]

2.8.21 Lemma. *Ist $B = \{b_1, \dots, b_n\}$ eine Basis des Vektorraums V, so lässt sich jeder Vektor $v \in V$ eindeutig als Linearkombination $v = \sum_{j=1}^n \alpha_j\, b_j$ darstellen.*

2.8.22 Definition. Man nennt das n-Tupel $(\alpha_1, \dots, \alpha_n)$, das $v = \sum_{j=1}^n \alpha_j\, b_j$ erfüllt, die *Koordinaten* (präziser: den *Koordinatenvektor* oder das *Koordinatentupel*) von v bezüglich B. Um die Basis B auch in der Bezeichnung zu verdeutlichen, schreiben wir

$$_{B}v = (\alpha_1, \dots, \alpha_n)\,.$$

Beweis von 2.8.21. Da jede Basis insbesondere ein Erzeugendensystem ist, besitzt jeder Vektor $v \in V$ mindestens ein Koordinatentupel bezüglich B.

Es seien $(\alpha_1, \dots, \alpha_n)$ und $(\beta_1, \dots, \beta_n)$ Koordinaten für v bezüglich B. Dann gilt

$$\sum_{j=1}^{n} \alpha_j\, b_j = v = \sum_{j=1}^{n} \beta_j\, b_j\,, \quad \text{also} \quad \sum_{j=1}^{n} (\alpha_j - \beta_j)\, b_j = 0\,.$$

Da die Basis auch linear unabhängig ist, erhalten wir $\forall\, j : \alpha_j - \beta_j = 0$. Dies bedeutet aber gerade $(\alpha_1, \dots, \alpha_n) = (\beta_1, \dots, \beta_n)$. □

2.8.23 Beispiel. Es sei $V = \mathbb{R}^3$, wir betrachten die Basis B: $b_1 = (1,2,3)$, $b_2 = (0,0,1)$, $b_3 = (3,2,1)$. Der Vektor $v := (1,0,0)$ lässt sich aus diesen Basisvektoren linear kombinieren als $v = \alpha_1\, b_1 + \alpha_2\, b_2 + \alpha_3\, b_3$ mit $\alpha_1 = -\frac{1}{2}$, $\alpha_2 = 1$, $\alpha_3 = \frac{1}{2}$; es gilt also $_{B}v = (-\frac{1}{2}, 1, \frac{1}{2})$. Diese Koordinaten findet man durch Lösen eines Systems von linearen Gleichungen; hier können wir uns auf die Probe beschränken: $-\frac{1}{2}(1,2,3) + 1(0,0,1) + \frac{1}{2}(3,2,1) = (1,0,0)$.

2.8.24 Bemerkung. Streng genommen ist eine Basis nicht einfach eine Menge, sondern eine Menge mit einer vorgegebenen *Anordnung*, die uns sagt, zu welchem Basiselement der j-te Eintrag im Koordinatentupel gehört.

Die Nummerierung leistet genau diese Zuordnung.

2.8.25 Bemerkung. Den Übergang von Vektoren zu ihren Koordinaten (nach Wahl einer Basis) kann man so interpretieren: Wir ersetzen jeden Vektorraum der Dimension n durch den Koordinatenraum $\mathbb{R}^n$ (bzw. $\mathbb{K}^n$).

Die Kunst der linearen Algebra besteht allerdings darin, die Basis möglichst gut angepasst an das zu lösende Problem zu wählen (und dann noch beim Wechsel zwischen verschiedenen Basen den Überblick zu behalten!).

2.9 Orthogonalität, Winkel, Hesse-Normalform

2.9.1 Definition. Vektoren v_1, v_2 in $\mathbb{R}^n$ heißen *orthogonal*, (oder *stehen senkrecht aufeinander*) wenn $\langle v_1 \,|\, v_2 \rangle = 0$.

Gilt $v_1 \neq 0 \neq v_2$, so ist durch die Bedingungen

- $\cos\alpha = \dfrac{\langle v_1 \,|\, v_2 \rangle}{|v_1| \cdot |v_2|}$
- $0 \leqq \alpha \leqq \pi$

eine reelle Zahl α eindeutig bestimmt. Man nennt α den *Winkel* zwischen v_1 und v_2 und schreibt $\sphericalangle(v_1, v_2) := \alpha$.

Die Einschränkung ist nötig, um die Eindeutigkeit zu sichern:

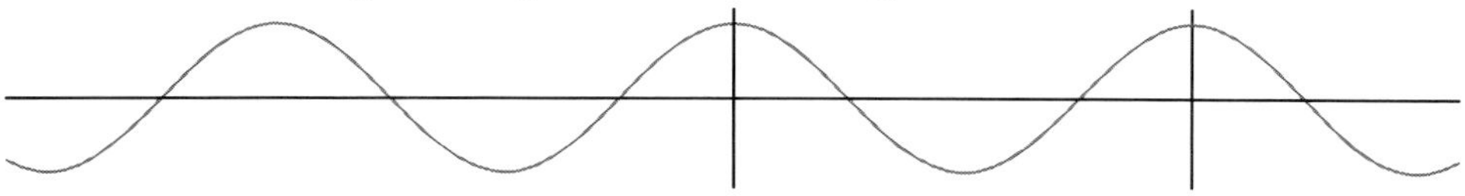

2.9.2 Definition.

Es seien $g: \; P + \lambda v \; ; \; \lambda \in \mathbb{R}$ und $h: \; Q + \mu w \; ; \; \mu \in \mathbb{R}$ Parameterdarstellungen von Geraden.

Die Geraden g und h heißen *orthogonal*, wenn ihre Richtungsvektoren v und w orthogonal sind. Allgemein nennt man den Winkel zwischen v und w auch den *Winkel zwischen g und h*.

Nach dieser Definition hängt der Winkel zwischen zwei Geraden von deren *Orientierung* ab:

Die Parameterdarstellung

$P + \lambda(-v) \quad ; \quad \lambda \in \mathbb{R}$

beschreibt ebenfalls die Gerade g, aber im Allgemeinen gilt

$$\frac{\langle v \mid w \rangle}{|v| \cdot |w|} \neq \frac{\langle -v \mid w \rangle}{|-v| \cdot |w|} = -\frac{\langle v \mid w \rangle}{|v| \cdot |w|}.$$

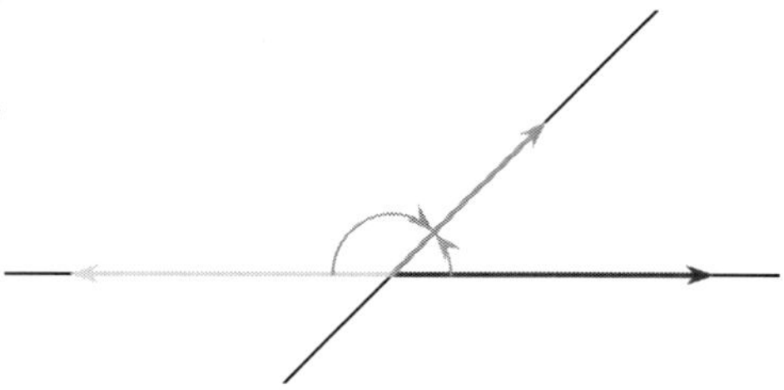

2.9.3 Definitionen. Es sei E eine Ebene in $\mathbb{R}^3$ mit Parameterdarstellung

$$E: \quad P + \lambda v + \mu w \quad ; \quad \lambda, \mu \in \mathbb{R}.$$

Man nennt einen Vektor n *Normalenvektor* von E, falls gilt:

- $\langle n \mid v \rangle = 0 = \langle n \mid w \rangle$
- $|n| = 1$

Als *Winkel zwischen Ebenen* definiert man den Winkel zwischen deren Normalenvektoren.

2.9.4 Bemerkungen.

1. Der Normalenvektor zu einer Ebene ist bis auf einen Faktor -1 eindeutig bestimmt.
2. Für den Winkel zwischen Ebenen ergibt sich wie im Fall von Geraden eine Orientierung, die von der Wahl der Normalenvektoren abhängt.

Es sei $\quad E: \quad P + \lambda v + \mu w \quad$ eine Ebene, und n ein Normalenvektor dazu. Für je zwei Punkte Q_1, Q_2 von E gilt $\left\langle n \,\middle|\, \overrightarrow{Q_1 Q_2} \right\rangle = 0$.

[Es gibt $\lambda_j, \mu_j \in \mathbb{R}$ so, dass $Q_j = P + \lambda_j v + \mu_j w$, und damit $\overrightarrow{Q_1 Q_2} = (\lambda_2 - \lambda_1) v + (\mu_2 - \mu_1) w$. Also gilt:

$$\begin{aligned} \left\langle n \,\middle|\, \overrightarrow{Q_1 Q_2} \right\rangle &= \langle n \mid (\lambda_2 - \lambda_1) v \rangle + \langle n \mid (\mu_2 - \mu_1) w \rangle \\ &= (\lambda_2 - \lambda_1) \langle n \mid v \rangle + (\mu_2 - \mu_1) \langle n \mid w \rangle = 0. \end{aligned}$$

]

Für jeden Punkt $X = P + \lambda v + \mu w$ von E liefert $\left\langle n \,\middle|\, \overrightarrow{OX} \right\rangle$ denselben Wert, nämlich

$$\begin{aligned} \left\langle n \,\middle|\, \overrightarrow{OX} \right\rangle &= \left\langle n \,\middle|\, \overrightarrow{OP} + \lambda v + \mu w \right\rangle \\ &= \left\langle n \,\middle|\, \overrightarrow{OP} \right\rangle + \lambda \langle n \,|\, v \rangle + \mu \langle n \,|\, w \rangle \\ &= \left\langle n \,\middle|\, \overrightarrow{OP} \right\rangle + \lambda\, 0 + \mu\, 0 = \left\langle n \,\middle|\, \overrightarrow{OP} \right\rangle . \end{aligned}$$

Die vorangegangene Diskussion zeigt:

2.9.5 Satz.

1. *Für jede Ebene E in $\mathbb{R}^3$ gibt es einen Vektor $n = (n_1, n_2, n_3)$ und eine reelle Zahl d so, dass gilt:*

$$E = \left\{ x \in \mathbb{R}^3 \,\middle|\, \langle n \,|\, x \rangle = d \right\} = \left\{ (x_1, x_2, x_3) \in \mathbb{R}^3 \,\middle|\, n_1 x_1 + n_2 x_2 + n_3 x_3 = d \right\} .$$

2. *Man kann n mit Länge* 1 *wählen* [Normalenvektor] *und* (notfalls durch Übergang zu $-n$) *auch $d \geqq 0$ erreichen.*
3. *Umgekehrt definiert die Gleichung $\langle n \,|\, x \rangle = d$ mit $n \in \mathbb{R}^3$, $|n| = 1$ und $d \in \mathbb{R}_0^+$ eine Ebene $E_{n,d}$ in $\mathbb{R}^3$.*

2.9.6 Definition. Die Darstellung wie in 2.9.5.3 heißt *Hessesche Normalform* der Ebene $E_{n,d}$. Wenn der Normalenvektor n nicht die Länge 1 hat oder die Zahl d negativ ist, liegt *keine Hessesche Normalform* vor (man kann diese aber durch einfaches Nachbessern erreichen).

2.9.7 Bemerkungen.

1. Die Hessesche Normalform einer Ebene ist eindeutig bestimmt, falls $d \neq 0$ [für $d = 0$ kann man beide Normalen nehmen].
2. Die Zahl d in der Hesseschen Normalform gibt den Abstand des Ursprungs von der Ebene an.

2.9.8 Definition. Es sei $B = \{b_1, \ldots, b_\ell\} \subseteqq \mathbb{R}^n$.

1. Wir nennen B ein *Orthonormalsystem*, wenn für $j \neq k$ stets $\langle b_j \mid b_k \rangle = 0$ und für alle j auch $|b_j| = 1$ gilt.
2. Wir nennen B eine *Orthonormalbasis* (ONB), wenn B ein Orthonormalsystem und eine Basis ist.

2.9.9 Bemerkungen.

1. Orthonormalbasen korrespondieren (nach Wahl eines Ursprungs) zu kartesischen Koordinatensystemen.
2. Orthonormalsysteme sind stets linear unabhängig. Man erhält also eine Orthonormalbasis, wenn man ein Orthonormalsystem konstruiert, das auch ein Erzeugendensystem ist.
3. Aus einem System paarweise orthogonaler, von Null verschiedener Vektoren $v_1, \ldots, v_\ell$ in $\mathbb{R}^n$ gewinnt man ein Orthonormalsystem, indem man die Vektoren *normiert*, also v_j durch $\frac{1}{|v_j|} v_j$ ersetzt.

2.9.10 Definition.

1. In $\mathbb{R}^2$ heißt eine Orthonormalbasis b_1, b_2 ein *Rechtssystem*, wenn b_2 aus b_1 durch eine Vierteldrehung im *mathematisch positiven Sinn* (gegen den Uhrzeigersinn) hervorgeht.
2. In $\mathbb{R}^3$ heißt eine Orthonormalbasis $\{b_1, b_2, b_3\}$ ein *Rechtssystem*, wenn das Orthonormalsystem durch *Drehung* aus der „Standardbasis" hervorgeht. („Rechte-Hand-Regel")

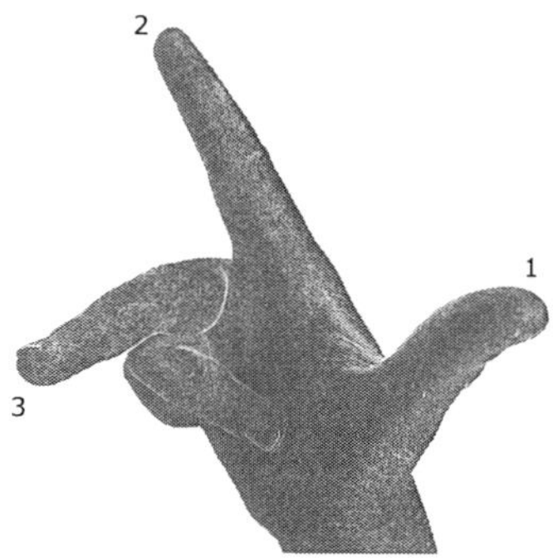

Alle anderen Orthonormalbasen von $\mathbb{R}^2$ oder $\mathbb{R}^3$ heißen *Linkssysteme*.

Mit Hilfe von Determinanten werden wir später (in 4.6.18) Rechtssysteme rein algebraisch (und für beliebige Dimensionen) definieren können.

2.10 Vektorprodukt

2.10.1 Definition. Für $a = (a_1, a_2, a_3)$, $b = (b_1, b_2, b_3) \in \mathbb{R}^3$ definieren wir das *Vektorprodukt* als den Vektor

$$a \times b := \left(a_2 b_3 - a_3 b_2,\ a_3 b_1 - a_1 b_3,\ a_1 b_2 - a_2 b_1\right).$$

2.10.2 Bemerkungen.

1. Im Gegensatz zum Skalarprodukt liefert das Vektorprodukt wieder einen Vektor: Wir haben eine Abbildung
$$\times\colon \mathbb{R}^3 \times \mathbb{R}^3 \to \mathbb{R}^3\colon (a,b) \mapsto a \times b$$
definiert.
2. Diese Konstruktion ist allein auf den dreidimensionalen Vektorraum beschränkt, für andere Dimensionen erhält man nichts Analoges!

2.10.3 Eigenschaften des Vektorprodukts. Es seien $a, b, c \in \mathbb{R}^3$ und $s \in \mathbb{R}$.

1. $b \times a = -a \times b$
2. $\langle a \,|\, a \times b \rangle = 0$
3. $\langle b \,|\, a \times b \rangle = 0$
4. $|a \times b| = |a|\,|b| \sin\sphericalangle(a,b)$, mit anderen Worten: die Länge von $a \times b$ ist gleich der Fläche des von a und b aufgespannten Parallelogramms.
5. Stehen a und b aufeinander senkrecht und gilt $|a| = 1 = |b|$, so ist a, b, $a \times b$ ein Rechtssystem (in dieser Reihenfolge!)
6. $a \times b = 0 \iff a, b$ l.a.
7. Das Vektorprodukt ist *linear in jedem Argument*: $a \times (b + c) = (a \times b) + (a \times c)$ bzw. $(b + c) \times a = (b \times a) + (c \times a)$ und $a \times (s\,b) = s\,(a \times b) = (s\,a) \times b$.

Beweis. Mit $a = (a_1, a_2, a_3)$ und $b = (b_1, b_2, b_3)$ rechnet man:

1. $$\begin{aligned} b \times a &= \big(b_2\,a_3 - b_3\,a_2\,, \quad b_3\,a_1 - b_1\,a_3\,, \quad b_1\,a_2 - b_2\,a_1 \big) \\ &= \big(-a_2\,b_3 + a_3\,b_2\,, \quad -a_3\,b_1 + a_1\,b_3\,, \quad -a_1\,b_2 + a_2\,b_1 \big) \\ &= -a \times b\,. \end{aligned}$$
2. $\langle a \,|\, a \times b \rangle = \langle (a_1, a_2, a_3) \,|\, (a_2\,b_3 - a_3\,b_2, a_3\,b_1 - a_1\,b_3, a_1\,b_2 - a_2\,b_1) \rangle$
$= a_1\,a_2\,b_3 - a_1\,a_3\,b_2 + a_2\,a_3\,b_1 - a_2\,a_1\,b_3 + a_3\,a_1\,b_2 - a_3\,a_2\,b_1 = 0.$
3. ergibt sich aus Aussage 1 und 2.
5. werden wir später (mit Hilfe von Determinanten) beweisen.
6. folgt direkt aus 4.
7. ergibt sich durch Einsetzen und Nachrechnen. Dabei kann man von der Eigenschaft 1 profitieren.

Es bleibt also noch 4 zu verifizieren.

4. Der Flächeninhalt F des von a und b aufgespannten Parallelogramms berechnet sich zu $F = |a| \cdot h = |a|\,|b| \sin\alpha$ für $\alpha := \sphericalangle(a,b)$.
Nun errechnet man

$$|a \times b|^2 \stackrel{*}{=} |a|^2\,|b|^2 - \langle a \mid b\rangle^2 = |a|^2\,|b|^2 \left(1 - (\cos\alpha)^2\right) = |a|^2\,|b|^2\,(\sin\alpha)^2 .$$

Wir rechnen die Gleichung $*$ nach: Einerseits gilt

$$\begin{aligned} |a \times b|^2 &= (a_2b_3 - a_3b_2)^2 + (a_3b_1 - a_1b_3)^2 + (a_1b_2 - a_2b_1)^2 \\ &= a_2^2b_3^2 + a_3^2b_2^2 \; + \; a_3^2b_1^2 + a_1^2b_3^2 \; + \; a_1^2b_2^2 + a_2^2b_1^2 \\ &\quad -2\,(a_2a_3b_2b_3 + a_3a_1b_3b_1 + a_1a_2b_1b_2), \end{aligned}$$

andererseits erhalten wir

$$\begin{aligned} |a|^2\,|b|^2 - \langle a \mid b\rangle^2 &= (a_1^2 + a_2^2 + a_3^2)(b_1^2 + b_2^2 + b_3^2) - (a_1b_1 + a_2b_2 + a_3b_3)^2 \\ &= a_1^2b_1^2 + a_1^2b_2^2 + a_1^2b_3^2 \quad - a_1^2b_1^2 \\ &\quad a_2^2b_1^2 + a_2^2b_2^2 + a_2^2b_3^2 \qquad - a_2^2b_2^2 \\ &\quad a_3^2b_1^2 + a_3^2b_2^2 + a_3^2b_3^2 \qquad - a_3^2b_3^2 \\ &\quad - 2(a_2a_3b_2b_3 + a_1a_3b_1b_3 + a_1a_2b_1b_2). \end{aligned}$$

Daraus ergibt sich die behauptete Gleichheit.

2.10.4 Bemerkungen.

1. Das Vektorprodukt kann man verwenden zur Konstruktion von Orthonormalbasen in $\mathbb{R}^3$; dies führt oft schneller zum Ziel als das später zu besprechende Schmidtsche Orthonormierungsverfahren (siehe 4.5.10). Im Unterschied zum Schmidtschen Verfahren funktioniert das Vektorprodukt aber leider nur im $\mathbb{R}^3$ und nicht in Räumen höherer Dimension.
2. Physikalisch spielt das Vektorprodukt eine Rolle bei der Rotation von Geschwindigkeitsfeldern, für die Berechnung von Wirbellinien und die Frage nach Wirbelfreiheit.
3. Mathematisch braucht man das Vektorprodukt in der Vektoranalysis und in der Integrationstheorie.

3 Lineare Gleichungssysteme

3.1 Homogene und inhomogene Systeme

3.1.1 Definition. Unter einem *linearen Gleichungssystem* (*LGS*) über einem Körper $\mathbb{K}$ mit z Gleichungen und s Unbekannten versteht man ein System

$$\begin{array}{ccccccc} a_{11}\,x_1 & + & \cdots & + & a_{1s}\,x_s & = & b_1 \\ \vdots & & \vdots & & \vdots & & \vdots \\ a_{z1}\,x_1 & + & \cdots & + & a_{zs}\,x_s & = & b_z \end{array}$$

mit *Koeffizienten* $a_{j\ell} \in \mathbb{K}$ und *rechter Seite* $(b_1, \ldots, b_z) \in \mathbb{K}^z$. Die *Unbestimmten* $x_1, \ldots, x_s$ dürfen Werte in $\mathbb{K}$ annehmen.

3.1.2 Definition. Ein LGS heißt *homogen*, wenn die rechte Seite der Nullvektor ist, also $\forall\, j : b_j = 0$.
In allen anderen Fällen heißt das LGS *inhomogen*.

3.1.3 Definition. Ein Vektor $(v_1, \ldots, v_s) \in \mathbb{K}^s$ heißt *Lösung* des LGS

$$\begin{array}{ccccccc} a_{11}\,x_1 & + & \cdots & + & a_{1s}\,x_s & = & b_1 \\ \vdots & & \vdots & & \vdots & & \vdots \\ a_{z1}\,x_1 & + & \cdots & + & a_{zs}\,x_s & = & b_z \end{array}$$

wenn für alle j mit $1 \leqq j \leqq z$ gilt:

$$a_{j1}\,v_1 \quad + \quad \cdots \quad + \quad a_{js}\,v_s \quad = \quad b_j\,.$$

In kurzer, symbolischer Schreibweise:

$$\sum_{\ell=1}^{s} a_{j\ell}\, v_\ell = b_j\,.$$

3.1.4 Beispiele.

1. Jedes homogene LGS besitzt auf jeden Fall die *triviale Lösung* $(0,\ldots,0)$.
2. Ein homogenes LGS kann mehr als eine Lösung besitzen: Z. B. hat das LGS
$$\begin{array}{rcrcl} x_1 & + & 2x_2 & = & 0 \\ -3x_1 & - & 6x_2 & = & 0 \end{array}$$
die Lösung $(x_1,x_2) = (2,-1)$ — neben vielen anderen!
3. Nicht jedes inhomogene LGS besitzt eine Lösung: Z. B. würde jede Lösung des Systems
$$\begin{array}{rcrcl} x_1 & + & 2x_2 & = & 5 \\ -3x_1 & - & 6x_2 & = & 2 \end{array}$$
auf $\quad 0x_1 + 0x_2 = 17 \quad$ führen.

3.2 Matrizen

3.2.1 Definition. Es sei $\mathbb{K}$ ein Körper, und es seien $z,s \in \mathbb{N}$. Unter einer $(z\times s)$-Matrix über $\mathbb{K}$ versteht man ein rechteckiges Schema folgender Gestalt:

$$A = \begin{pmatrix} a_{11} & a_{12} & a_{13} & \cdots & a_{1s} \\ \vdots & \vdots & \vdots & & \vdots \\ a_{j1} & a_{j2} & a_{j3} & \cdots & a_{js} \\ \vdots & \vdots & \vdots & & \vdots \\ a_{z1} & a_{z2} & a_{z3} & \cdots & a_{zs} \end{pmatrix}, \qquad \text{mit } a_{j\ell} \in \mathbb{K}.$$

Kurzschreibweise: $A = (a_{j\ell})_{1\leqq j\leqq z, 1\leqq \ell\leqq s}$.
$(a_{j1}, a_{j2}, a_{j3}, \ldots, a_{js})$ heißt j*-ter Zeilenvektor* (j-te Zeile) von A.
$(a_{1\ell}, a_{2\ell}, \ldots, a_{z\ell})$ heißt ℓ*-ter Spaltenvektor* (ℓ-te Spalte) von A.

Merkregel: Zeilen zuerst, Spalten später.

3.2.2 Definition. Die Gesamtheit aller $(z\times s)$-Matrizen über $\mathbb{K}$ wird mit $\mathbb{K}^{z\times s}$ bezeichnet.

3.2.3 Definition. Die *Transponierte* A^{T} einer Matrix A erhält man durch Vertauschen von Zeilen und Spalten: Aus $A = (a_{j\ell})_{1 \leqq j \leqq z, 1 \leqq \ell \leqq s}$ erhält man $A^{\mathsf{T}} = (b_{\ell j})_{1 \leqq \ell \leqq s, 1 \leqq j \leqq z}$ mit $b_{\ell j} = a_{j\ell}$.

3.2.4 Beispiel.

$$A = \begin{pmatrix} 2 & \pi & e \\ -1 & 0 & \frac{1}{2} \end{pmatrix} \in \mathbb{R}^{2\times 3} \qquad \text{liefert} \qquad A^{\mathsf{T}} = \begin{pmatrix} 2 & -1 \\ \pi & 0 \\ e & \frac{1}{2} \end{pmatrix} \in \mathbb{R}^{3\times 2}.$$

3.2.5 Definition. Die $m \times m$-*Einheitsmatrix* ist

$$E_m = (\delta_{j\ell})_{1 \leqq j,\ell \leqq m} \quad \text{mit} \quad \delta_{j\ell} = \begin{cases} 1 & \text{falls } j = \ell \\ 0 & \text{sonst} \end{cases} \qquad (\textit{Kronecker} - \textit{Delta})$$

Die $z \times s$-*Nullmatrix* $\mathbf{0}$ hat lauter Nullen als Einträge: also $\mathbf{0} = (a_{j\ell})_{1 \leqq j \leqq z, 1 \leqq \ell \leqq s}$ mit $\forall j, \ell : a_{j\ell} = 0$.

$$E_m = \begin{pmatrix} 1 & 0 & \cdots & 0 \\ 0 & \ddots & \ddots & \vdots \\ \vdots & \ddots & \ddots & 0 \\ 0 & \cdots & 0 & 1 \end{pmatrix}, \qquad \mathbf{0} = \begin{pmatrix} 0 & 0 & \cdots & 0 \\ 0 & \ddots & \ddots & \vdots \\ \vdots & \ddots & \ddots & 0 \\ 0 & \cdots & 0 & 0 \end{pmatrix}$$

3.2.6 Definitionen. Es sei $A = (a_{j\ell})_{1 \leqq j \leqq z, 1 \leqq \ell \leqq s}$ eine $z \times s$-Matrix. Die Skalare a_{jj} heißen *Diagonalelemente* von A. Ist A quadratisch (also $z = s$), so heißt der Vektor $(a_{11}, a_{22}, \ldots, a_{zz})$ die *Hauptdiagonale*.

3.2.7 Anwendung: Matrixbeschreibung eines LGS. Das LGS

$$\begin{array}{ccccccc} a_{11}\,x_1 & + & \cdots & + & a_{1s}\,x_s & = & b_1 \\ \vdots & & \vdots & & \vdots & & \vdots \\ a_{z1}\,x_1 & + & \cdots & + & a_{zs}\,x_s & = & b_z \end{array}$$

liefert in natürlicher Weise eine $z \times s$-Matrix

$$A = (a_{j\ell})_{1 \leqq j \leqq z, 1 \leqq \ell \leqq s} = \begin{pmatrix} a_{11} & \cdots & a_{1s} \\ \vdots & \ddots & \vdots \\ a_{z1} & \cdots & a_{zs} \end{pmatrix},$$

die *Koeffizientenmatrix*.

Man fasst sowohl die Liste der Variablen $(x_1, \dots, x_s)^\top$ als auch die rechte Seite $b := (b_1, \dots, b_z)^\top$ als Spaltenvektoren auf. Die Matrix $[A\|b]$, die entsteht, indem man an A rechts die Spalte b anfügt, heißt *erweiterte Koeffizientenmatrix*.

3.3 Rechnen mit Matrizen

3.3.1 Definition (Addition von Matrizen).
Matrizen gleicher Größe addiert man komponentenweise:
Für $A = (a_{j\ell})_{1 \leqq j \leqq z, 1 \leqq \ell \leqq s}$ und $B = (b_{j\ell})_{1 \leqq j \leqq z, 1 \leqq \ell \leqq s}$ setzt man

$$A + B := (a_{j\ell} + b_{j\ell})_{1 \leqq j \leqq z, 1 \leqq \ell \leqq s} .$$

3.3.2 Definition (Multiplikation von Matrizen).
Für $A = (a_{j\ell})_{1 \leqq j \leqq z, 1 \leqq \ell \leqq s} \in \mathbb{K}^{z \times s}$ und $B = (b_{\ell k})_{1 \leqq \ell \leqq s, 1 \leqq k \leqq t} \in \mathbb{K}^{s \times t}$ definiert man das *Produkt* $A\,B := (c_{jk})_{1 \leqq j \leqq z, 1 \leqq k \leqq t}$ durch

$$c_{jk} := \sum_{\ell=1}^{s} a_{j\ell}\, b_{\ell k} .$$

Das Produkt $A\,B$ ist *nur dann* definiert, wenn die Zahl der Spalten von A gleich der Zahl der Zeilen von B ist!
Wenn dies der Klarheit dient, werden wir das Produkt von Matrizen auch mit einem Punkt bezeichnen, also $A \cdot B$ statt $A\,B$ schreiben.

3.3.3 Interpretation. Man kann das Produkt der Matrizen A und B deuten als die Matrix, die als (j,k)-Koeffizient das Skalarprodukt $c_{jk} := \sum_{\ell=1}^{s} a_{j\ell}\, b_{\ell k}$ der j-ten Zeile von A mit der k-ten Spalte von B aufweist:

$$\begin{pmatrix} a_{11} & \cdots & a_{1\ell} & \cdots & a_{1s} \\ a_{j1} & \cdots & a_{j\ell} & \cdots & a_{js} \\ a_{z1} & \cdots & a_{z\ell} & \cdots & a_{zs} \end{pmatrix} \begin{pmatrix} b_{11} & b_{1k} & b_{1t} \\ \vdots & \vdots & \vdots \\ b_{\ell 1} & b_{\ell k} & b_{\ell t} \\ \vdots & \vdots & \vdots \\ b_{s1} & b_{sk} & b_{st} \end{pmatrix} = \begin{pmatrix} * & * & * \\ * & c_{jk} & * \\ * & * & * \end{pmatrix}$$

3.3.4 Beispiel. Die Matrizenmultiplikation ist im Allgemeinen *nicht kommutativ*:

$$\begin{pmatrix} 2 & 1 \\ 2 & 0 \end{pmatrix} \begin{pmatrix} 1 & 0 \\ 1 & 1 \end{pmatrix} = \begin{pmatrix} 3 & 1 \\ 2 & 0 \end{pmatrix}$$

$$\begin{pmatrix} 1 & 0 \\ 1 & 1 \end{pmatrix} \begin{pmatrix} 2 & 1 \\ 2 & 0 \end{pmatrix} = \begin{pmatrix} 2 & 1 \\ 4 & 1 \end{pmatrix}$$

3.3.5 Beispiel. Das Produkt von zwei Matrizen kann **0** liefern, obwohl keiner der Faktoren **0** ist:

$$\begin{pmatrix} 1 & 1 \\ 3 & 3 \end{pmatrix} \begin{pmatrix} 1 & -2 \\ -1 & 2 \end{pmatrix} = \begin{pmatrix} 0 & 0 \\ 0 & 0 \end{pmatrix}$$

3.4 Rechenregeln für Matrizen

3.4.1 Lemma. *Für Matrizen A, B, C passender Größe gilt:*

1. $(A + B) + C = A + (B + C)$
2. $A\,(B + C) = (A\,B) + (A\,C)$

   [Wir schreiben $A = (a_{j\ell})$, $B = (b_{\ell k})$ und $C = (c_{\ell k})$; außerdem $D = (d_{jk}) := A\,(B + C)$, $E = (e_{jk}) := A\,B$ sowie $F = (f_{jk}) := A\,C$. Dann gilt $e_{jk} = \sum_{\ell=1}^{s} a_{j\ell}\, b_{\ell k}$ und $f_{jk} = \sum_{\ell=1}^{s} a_{j\ell}\, c_{\ell k}$, also

   $$d_{jk} = \sum_{\ell=1}^{s} a_{j\ell}\,(b_{\ell k} + c_{\ell k}) = \sum_{\ell=1}^{s} a_{j\ell}\, b_{\ell k} + \sum_{\ell=1}^{s} a_{j\ell}\, c_{\ell k} = e_{jk} + f_{jk}\,,$$

   und damit $D = E + F$, wie behauptet.]

3. $(A\,B)\,C = A\,(B\,C)$ $\quad \left[\sum_{k=1}^{t}\Bigl(\sum_{\ell=1}^{s} a_{j\ell}\, b_{\ell k}\Bigr) c_{km} = \sum_{\ell=1}^{s} a_{j\ell}\Bigl(\sum_{k=1}^{t} b_{\ell k}\, c_{km}\Bigr)\right]$

3.4.2 Lemma. *Für $M \in \mathbb{K}^{z \times s}$ gilt:*

1. $E_z\, M = M = M\, E_s$
2. $\mathbf{0} + M = M = M + \mathbf{0}$

3.4.3 Definition. Für $\alpha \in \mathbb{K}$ und $A = (a_{j\ell})_{1 \leqq j \leqq z, 1 \leqq \ell \leqq s} \in \mathbb{K}^{z \times s}$ setzen wir $\alpha A := (\alpha\, a_{j\ell})_{1 \leqq j \leqq z, 1 \leqq \ell \leqq s}$.

3.4.4 Lemma. *Mit der eben definierten Multiplikation mit Skalaren und der Addition von Matrizen wird die Menge $\mathbb{K}^{z \times s}$ zu einem $\mathbb{K}$-Vektorraum, insbesondere gilt:*

1. $(\alpha + \beta) A = \alpha A + \beta A$
2. $1 \cdot A = A$
3. $0 \cdot A = \mathbf{0}$
4. $\alpha (A B) = (\alpha A) B = A (\alpha B)$

3.4.5 Bemerkung. Die Menge $\mathbb{K}^{n \times n}$ aller *quadratischen* Matrizen fester Größe (n Spalten) bildet auch einen *Ring*.

3.5 Anwendung auf lineare Gleichungssysteme

Jedes LGS lässt sich mit Hilfe seiner Koeffizientenmatrix $A = (a_{j\ell})_{1 \leqq j \leqq z, 1 \leqq \ell \leqq s}$, dem Spaltenvektor $x = (x_1, \ldots, x_s)^{\mathsf{T}}$ der Variablen und der rechten Seite $b = (b_1, \ldots, b_z)^{\mathsf{T}}$ als Gleichung in Matrizen schreiben:

$$A x = b\,.$$

3.5.1 Beispiel.

$$\begin{array}{rcrcrcl} x_1 & + & 7x_2 & - & 3x_3 & = & 0 \\ 2x_1 & - & x_2 & + & x_3 & = & 1 \\ 3x_1 & & & + & 2x_3 & = & 1 \end{array}$$

$$\text{wird zu} \quad \begin{pmatrix} 1 & 7 & -3 \\ 2 & -1 & 1 \\ 3 & 0 & 2 \end{pmatrix} \begin{pmatrix} x_1 \\ x_2 \\ x_3 \end{pmatrix} = \begin{pmatrix} 0 \\ 1 \\ 1 \end{pmatrix}.$$

3.5.2 Lemma. *Sind v und w Lösungen des homogenen LGS $A x = \mathbf{0}$, so ist auch jede Linearkombination von v und w eine Lösung.*

Beweis. Für $\lambda, \mu \in \mathbb{K}$ rechnen wir

$$A(\lambda v + \mu w) = A(\lambda v) + A(\mu w) = \lambda A v + \mu A w = \lambda \mathbf{0} + \mu \mathbf{0} = \mathbf{0}.$$

Also ist $\lambda v + \mu w$ eine Lösung von $A x = \mathbf{0}$. □

Auf jeden Fall hat jedes homogene LGS die triviale Lösung $\mathbf{0}$. Wir erhalten:

3.5.3 Satz. *Die Lösungen eines homogenen LGS $A x = \mathbf{0}$ mit $A \in \mathbb{K}^{z \times s}$ bilden einen Untervektorraum von $\mathbb{K}^s$.* □

Es sei $S: \quad A x = b$ ein LGS mit $A \in \mathbb{K}^{z \times s}$ und $S_H: \quad A x = \mathbf{0}$ das zugehörige homogene LGS. Dann ist $\mathcal{L}(S) := \{v \in \mathbb{K}^s \mid A v = b\}$ die *Lösungsmenge* von S, und $\mathcal{L}(S_H) := \{v \in \mathbb{K}^s \mid A v = \mathbf{0}\}$ die Lösungsmenge von S_H.

3.5.4 Satz. *Ist die Lösungsmenge $\mathcal{L}(S)$ von S nicht leer, so gilt für jede Lösung v_{sp} von S:* $\mathcal{L}(S) = v_{\text{sp}} + \mathcal{L}(S_H) = \{v_{\text{sp}} + v \mid v \in \mathcal{L}(S_H)\}$.

(Man nennt v_{sp} eine *spezielle Lösung* von S.)

Beweis. $\mathcal{L}(S) \subseteqq v_{\text{sp}} + \mathcal{L}(S_H)$.

[Sei $w \in \mathcal{L}(S)$. Dann gilt $A(w - v_{\text{sp}}) = A w - A v_{\text{sp}} = b - b = \mathbf{0}$. Also gilt $v := w - v_{\text{sp}} \in \mathcal{L}(S_H)$, und $w = v_{\text{sp}} + v \in v_{\text{sp}} + \mathcal{L}(S_H)$.]

$v_{\text{sp}} + \mathcal{L}(S_H) \subseteqq \mathcal{L}(S)$.

[Für $w \in v_{\text{sp}} + \mathcal{L}(S_H)$ gibt es $v \in \mathcal{L}(S_H)$ mit $w = v_{\text{sp}} + v$, und wir rechnen $A w = A(v_{\text{sp}} + v) = A v_{\text{sp}} + A v = b + \mathbf{0} = b$.]

Damit haben wir insgesamt die behauptete Gleichheit bewiesen. □

3.6 Geometrische Interpretation

Es sei wieder $S: \quad A x = b$ ein LGS mit $A \in \mathbb{K}^{m \times n}$, $S_H: \quad A x = \mathbf{0}$ das zugehörige homogene LGS, und $\mathcal{L}(S)$ bzw. $\mathcal{L}(S_H)$ die zugehörigen Lösungsmengen. Wir wählen eine Basis $u_1, \ldots, u_\ell$ für $\mathcal{L}(S_H)$. Dann kann man jede Lösung des homogenen Systems als Linearkombination der u_j schreiben.

Wenn $\mathcal{L}(S)$ nicht leer ist, wählen wir irgendeine spezielle Lösung $v_{\text{sp}} \in \mathcal{L}(S)$. Jede andere Lösung von S können wir dann schreiben als $v_{\text{sp}} + u$ mit $u \in \mathcal{L}(S_H)$, also in der Form

$$v = v_{\text{sp}} + \underbrace{\lambda_1 u_1 + \cdots + \lambda_\ell u_\ell}_{u}$$

Wir können v_{sp} als Ortsvektor eines Punktes P auffassen. Dann interpretieren wir $\mathcal{L}(S)$ als die Teilmenge des Raumes, die entsteht, wenn man an P alle Vektoren aus $\mathcal{L}(S_H)$ anheftet.

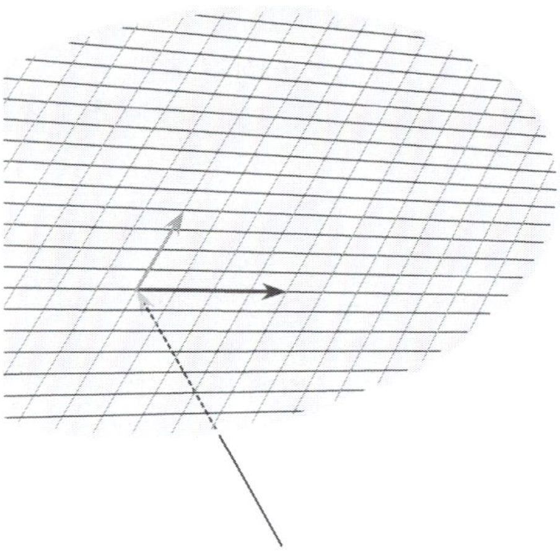

3.6.1 Definition. Teilmengen des Raumes $\mathbb{K}^n$, die (wie $\mathcal{L}(S)$) entstehen, indem man an einen festen Punkt alle Vektoren eines Untervektorraums anheftet, nennt man *affine Teilräume* oder *affine Unterräume*.

verschiebbar

3.6.2 Beispiele.

1. Jeder affine Teilraum hat die Form $v+U$ mit einem Untervektorraum U.
2. Ist U nulldimensional (also $U = \{\mathbf{0}\}$), so besteht $v + U = \{v\}$ aus genau einem Punkt.
3. Ist U eindimensional, so ist $v + U$ eine Gerade.
4. Ist U zweidimensional, so ist $v + U$ eine Ebene.

3.6.3 Definition. Man nennt $\dim U$ auch die *Dimension des affinen Teilraums* $v + U$.

Affine Unterräume von $\mathbb{K}^n$, deren Dimension gerade $n - 1$ beträgt, heißen *Hyperebenen*.

3.6.4 Zusammenfassung.

1. *Der Lösungsraum eines homogenen LGS ist stets ein Untervektorraum.*
2. *Der Lösungsraum eines inhomogenen LGS ist entweder leer, oder ein affiner Teilraum parallel zum Lösungsraum des zugehörigen homogenen Systems, und von derselben Dimension.*

Affine Teilräume von $\mathbb{R}^3$ kann man sich im Anschauungsraum vorstellen. Beim Lösen linearer Gleichungssysteme treten aber schnell auch Räume höherer Dimension auf — etwa bei Systemen, die durch Diskretisierung nichtlinearer Probleme entstehen. Wenn uns die Anschauung verlässt, hilft nur noch:

- Rechnen,
- systematisches Verständnis der algebraischen Methoden,
- Einsatz von Computern: *Algorithmisierung*!

3.7 Gauß-Algorithmus

Folgende Umformungen ändern die Lösungsmenge eines LGS nicht:

3.7.1 Elementare Umformungen.

(VZ) Vertauschen von Gleichungen (also Vertauschen von Zeilen der erweiterten Koeffizientenmatrix $[A\|b]$).

(mZ) Multiplizieren einer Gleichung mit einem Skalar $s \neq 0$ (also Multiplizieren einer Zeile von $[A\|b]$ mit $s \neq 0$).

(aZ) Addition eines Vielfachen einer Gleichung zu einer anderen(also Addition eines Vielfachen einer Zeile von $[A\|b]$ zu einer anderen).

(VS) Vertauschen von Unbestimmten (also Vertauschen von Spalten in A — nicht in $[A\|b]$!).

Mindestens die Schritte vom Typ (VS) muss man genau protokollieren, da sich die Reihenfolge der Variablen ändert. Auch bei den anderen Schritten ist eine Dokumentation sinnvoll (insbesondere zur Fehlersuche!)

3.7.2 Satz. *Mit Hilfe elementarer Umformungen kann man jedes LGS der Form* $A\,x = b$ *mit* $A \in \mathbb{K}^{z \times s}$ *transformieren auf ein LGS der Gestalt* $\tilde{A}\,\tilde{x} = \tilde{b}$*, wobei*

$$\tilde{A} = \left(\begin{array}{c|c} \overbrace{\begin{matrix}1&0&\cdots&0\\0&\ddots&\ddots&\vdots\\\vdots&\ddots&\ddots&0\\0&\cdots&0&1\end{matrix}}^{r \text{ Spalten}} & \overbrace{\qquad C \qquad}^{s-r \text{ Spalten}} \\ \hline 0 & 0 \end{array}\right) \qquad \tilde{b} = \left(\begin{array}{c} \tilde{b}_1\\ \tilde{b}_2\\ \vdots \\ \tilde{b}_r \\ \hline \tilde{b}_{r+1}\\ \vdots\\ \tilde{b}_z\end{array}\right)$$

mit $C \in \mathbb{K}^{r \times (s-r)}$*. Der Vektor* $\tilde{x}$ *entsteht aus* x *durch Vertauschung von Variablen. Das LGS* $\tilde{A}\,\tilde{x} = \tilde{b}$ *ist genau dann lösbar, wenn für alle* $j > r$ *gilt:* $\tilde{b}_j = 0$.

Den Beweis führen wir, indem wir den *Gauß-Algorithmus* beschreiben und dabei verifizieren, dass dieser stets das behauptete Endergebnis liefert:

3.7.3 Gauß-Algorithmus. Wir starten mit $A_0 := A$. Nach einer geeigneten Reihe elementarer Umformungen sei die folgende Gestalt entstanden:

$$A_k = \left(\begin{array}{c|c} \overbrace{\begin{matrix}1&0&\cdots&0\\0&\ddots&\ddots&\vdots\\\vdots&\ddots&\ddots&0\\0&\cdots&0&1\end{matrix}}^{k \text{ Spalten}} & \overbrace{\qquad C' \qquad}^{s-k \text{ Spalten}} \\ \hline 0 & A' \end{array}\right)$$

Falls $A' = \mathbf{0}$, so ist die gewünschte Endform erzielt. Falls $A' \neq \mathbf{0}$, so kann man durch Zeilen- und Spaltentausch erreichen, dass der Koeffizient in der linken oberen Ecke von A' nicht Null ist. Multiplikation der $k+1$-ten Zeile mit dem Inversen dieses Koeffizienten liefert die folgende Form[1]:

$$
A_k^* = \left(\begin{array}{c|c}
\overbrace{\begin{matrix} 1 & 0 & \cdots & 0 \\ 0 & \ddots & \ddots & \vdots \\ \vdots & \ddots & \ddots & 0 \\ 0 & \cdots & 0 & 1 \end{matrix}}^{k \text{ Spalten}} & \overbrace{\qquad\quad C'' \qquad\quad}^{s-k \text{ Spalten}} \\ \hline
\begin{matrix} 0 & \cdots & \cdots & 0 \end{matrix} & \begin{matrix} 1 & d_1 & \cdots & d_{s-(k+1)} \end{matrix} \\ \hline
\mathbf{0} & A''
\end{array}\right)
$$

Durch Subtraktion von Vielfachen der $k+1$-ten Zeile von den anderen kann man erreichen, dass in der $k+1$-ten Spalte nur Nullen stehen (außer in der $k+1$-ten Zeile).

Nun hat die Koeffizientenmatrix die folgende Gestalt[2]:

$$
A_{k+1} = \left(\begin{array}{c|c|c}
\overbrace{\begin{matrix} 1 & 0 & \cdots & 0 \\ 0 & \ddots & \ddots & \vdots \\ \vdots & \ddots & \ddots & 0 \\ 0 & \cdots & 0 & 1 \end{matrix}}^{k \text{ Spalten}} & \begin{matrix} 0 \\ \vdots \\ \vdots \\ 0 \end{matrix} & \overbrace{\qquad\quad C''' \qquad\quad}^{s-k-1 \text{ Spalten}} \\ \hline
\begin{matrix} 0 & \cdots & \cdots & 0 \end{matrix} & 1 & \begin{matrix} d_1 & \cdots & d_{s-(k+1)} \end{matrix} \\ \hline
\mathbf{0} & \begin{matrix} 0 \\ \vdots \\ 0 \end{matrix} & A'''
\end{array}\right)
$$

Wir haben uns der gewünschten Endform damit um einen weiteren Schritt genähert. Da wir nur endlich viele Spalten haben, bricht der beschriebene Algorithmus nach endlich vielen Schritten ab. □

[1] Hier hat A'' eine Zeile weniger als A'.

[2] Die Matrizen C''' und A''' haben jeweils eine Spalte weniger als C'' und A''.

3.7.4 Beispiel. Das LGS

$$\begin{array}{rcrcrcr} 2\,x_1 & - & x_2 & + & 5\,x_3 & = & 124 \\ 3\,x_1 & - & x_2 & & & = & 93 \\ & & 2\,x_2 & + & x_3 & = & -124 \end{array}$$

führt auf die erweiterte Koeffizientenmatrix

$$[A\|b] = \left[\begin{array}{rrr||r} 2 & -1 & 5 & 124 \\ 3 & -1 & 0 & 93 \\ 0 & 2 & 1 & -124 \end{array}\right]$$

$$\begin{array}{r} Z_1 - Z_2: \\ \\ \\ \end{array} \left[\begin{array}{rrr||r} -1 & 0 & 5 & 31 \\ 3 & -1 & 0 & 93 \\ 0 & 2 & 1 & -124 \end{array}\right]$$

$$\begin{array}{r} \\ Z_2 + 3\,Z_1: \\ \\ \end{array} \left[\begin{array}{rrr||r} -1 & 0 & 5 & 31 \\ 0 & -1 & 15 & 186 \\ 0 & 2 & 1 & -124 \end{array}\right]$$

$$\begin{array}{r} \\ \\ Z_3 + 2\,Z_2: \end{array} \left[\begin{array}{rrr||r} -1 & 0 & 5 & 31 \\ 0 & -1 & 15 & 186 \\ 0 & 0 & 31 & 248 \end{array}\right]$$

$$\begin{array}{r} \\ \\ \frac{1}{31}\cdot Z_3: \end{array} \left[\begin{array}{rrr||r} -1 & 0 & 5 & 31 \\ 0 & -1 & 15 & 186 \\ 0 & 0 & 1 & 8 \end{array}\right]$$

$$\begin{array}{r} Z_1 - 5\,Z_3: \\ Z_2 - 15\,Z_3: \\ \\ \end{array} \left[\begin{array}{rrr||r} -1 & 0 & 0 & -9 \\ 0 & -1 & 0 & 66 \\ 0 & 0 & 1 & 8 \end{array}\right]$$

$$\begin{array}{r} -1\cdot Z_1: \\ -1\cdot Z_2: \\ \\ \end{array} \left[\begin{array}{rrr||r} 1 & 0 & 0 & 9 \\ 0 & 1 & 0 & -66 \\ 0 & 0 & 1 & 8 \end{array}\right]$$

Die (einzige) Lösung ist $x = (x_1, x_2, x_3)^{\mathsf{T}} = (9, -66, 8)^{\mathsf{T}}$, der Lösungsraum also $\mathcal{L} = \{(9, -66, 8)^{\mathsf{T}}\}$.

Weil wir Spaltenoperationen vermieden haben, erhalten wir die Einträge im Lösungsvektor in der richtigen Reihenfolge.

Eine *Probe* empfiehlt sich!

3.7.5 Beispiel. Wir starten mit der erweiterten Koeffizientenmatrix

$$[A\|b] = \left[\begin{array}{cccc||c} 0 & 1 & 0 & 1 & 0 \\ 2 & 4 & 0 & 8 & 16 \\ 3 & 0 & 1 & 1 & 1 \\ 15 & 2 & 2 & 2 & 2 \end{array}\right]$$

Als Erstes müssen wir Zeilen vertauschen:

$$Z_1 \leftrightarrow Z_2 : \left[\begin{array}{cccc||c} 2 & 4 & 0 & 8 & 16 \\ 0 & 1 & 0 & 1 & 0 \\ 3 & 0 & 1 & 1 & 1 \\ 15 & 2 & 2 & 2 & 2 \end{array}\right]$$

$$\tfrac{1}{2} \cdot Z_1 : \left[\begin{array}{cccc||c} 1 & 2 & 0 & 4 & 8 \\ 0 & 1 & 0 & 1 & 0 \\ 3 & 0 & 1 & 1 & 1 \\ 15 & 2 & 2 & 2 & 2 \end{array}\right]$$

$$Z_1 - 2\,Z_2 : \left[\begin{array}{cccc||c} 1 & 0 & 0 & 2 & 8 \\ 0 & 1 & 0 & 1 & 0 \\ 3 & 0 & 1 & 1 & 1 \\ 15 & 2 & 2 & 2 & 2 \end{array}\right]$$

$$\begin{array}{r} \\ \\ Z_3 - 3\,Z_1 : \\ Z_4 - 15\,Z_1 : \end{array} \left[\begin{array}{cccc||c} 1 & 0 & 0 & 2 & 8 \\ 0 & 1 & 0 & 1 & 0 \\ 0 & 0 & 1 & -5 & -23 \\ 0 & 2 & 2 & -28 & -118 \end{array}\right]$$

$$\begin{array}{r} \\ \\ \\ Z_4 - 2\,Z_2 : \end{array} \left[\begin{array}{cccc||c} 1 & 0 & 0 & 2 & 8 \\ 0 & 1 & 0 & 1 & 0 \\ 0 & 0 & 1 & -5 & -23 \\ 0 & 0 & 2 & -30 & -118 \end{array}\right]$$

$$\begin{array}{r} \\ \\ \\ Z_4 - 2\,Z_3 : \end{array} \left[\begin{array}{cccc||c} 1 & 0 & 0 & 2 & 8 \\ 0 & 1 & 0 & 1 & 0 \\ 0 & 0 & 1 & -5 & -23 \\ 0 & 0 & 0 & -20 & -72 \end{array}\right]$$

$$
\begin{array}{r}
\\ \\ \\ -\frac{1}{20}\cdot Z_4 :
\end{array}
\left[\begin{array}{cccc||c}
1 & 0 & 0 & 2 & 8 \\
0 & 1 & 0 & 1 & 0 \\
0 & 0 & 1 & -5 & -23 \\
0 & 0 & 0 & 1 & \frac{18}{5}
\end{array}\right]
$$

$$
\begin{array}{r}
Z_1 - 2\,Z_4 : \\ Z_2 - 1\,Z_4 : \\ Z_3 + 5\,Z_4 : \\ \\
\end{array}
\left[\begin{array}{cccc||c}
1 & 0 & 0 & 0 & \frac{4}{5} \\
0 & 1 & 0 & 0 & -\frac{18}{5} \\
0 & 0 & 1 & 0 & -5 \\
0 & 0 & 0 & 1 & \frac{18}{5}
\end{array}\right]
$$

Damit erhalten wir als *eindeutige* Lösung: $v = \frac{1}{5}(4, -18, -25, 18)^{\mathsf{T}}$.

Probe:

$$
A\,v = \begin{pmatrix} 0 & 1 & 0 & 1 \\ 2 & 4 & 0 & 8 \\ 3 & 0 & 1 & 1 \\ 15 & 2 & 2 & 2 \end{pmatrix} \frac{1}{5} \begin{pmatrix} 4 \\ -18 \\ -25 \\ 18 \end{pmatrix} = \frac{1}{5} \begin{pmatrix} 0 \\ 80 \\ 5 \\ 10 \end{pmatrix} = b\,.
$$

3.7.6 Satz. *Führt der Gauß-Algorithmus für das LGS* $A\,x = b$ *auf* $\tilde{A}\,\tilde{x} = \tilde{b}$ *mit*

$$
\tilde{A} = \left(\begin{array}{c|c} E_r & C \\ \hline \mathbf{0} & \mathbf{0} \end{array}\right), \qquad C = (c_{jk})_{1 \leqq j \leqq r,\, r+1 \leqq k \leqq s}\,,
$$

so hat der Lösungsraum des zugehörigen homogenen Systems die Dimension $s - r$. *Wenn keine Spalten vertauscht wurden, erhält man eine Basis für den Lösungsraum dieses homogenen Systems aus*

$$
h_1 := \begin{pmatrix} -c_{1\,r+1} \\ \vdots \\ -c_{r\,r+1} \\ 1 \\ 0 \\ \vdots \\ \vdots \\ 0 \\ \vdots \\ 0 \end{pmatrix}, \quad \cdots \quad, \ h_j := \begin{pmatrix} -c_{1\,r+j} \\ \vdots \\ -c_{r\,r+j} \\ 0 \\ \vdots \\ 0 \\ 1 \\ 0 \\ \vdots \\ 0 \end{pmatrix} \begin{matrix} \\ \\ \\ \\ \\ \\ \longleftarrow (r+j)\text{-te Zeile} \\ \\ \\ \\ \end{matrix} , \quad \cdots \quad, \ h_{s-r} := \begin{pmatrix} -c_{1\,s} \\ \vdots \\ -c_{r\,s} \\ 0 \\ \vdots \\ 0 \\ \vdots \\ \vdots \\ 0 \\ 1 \end{pmatrix}.
$$

Hat $\tilde{A}\,\tilde{x} = \tilde{b}$ (und damit auch $A\,x = b$) eine Lösung, so erhält man für *jede* Belegung der $s-r$ Variablen $\tilde{x}_{r+1},\dots,\tilde{x}_s$ *genau eine Lösung*

$$\tilde{x} = (\tilde{x}_1,\dots,\tilde{x}_r,\tilde{x}_{r+1},\dots,\tilde{x}_s)^{\mathsf{T}}$$

des inhomogenen Systems

[für die Variablen $\tilde{x}_j$ mit $1 \leqq j \leqq r$ erhalten wir

$$1 \cdot \tilde{x}_j = \tilde{b}_j - \sum_{\ell=r+1}^{s} c_{j\ell}\,\tilde{x}_\ell$$

aus der j-ten Gleichung — dabei sind $\tilde{x}_{r+1},\dots,\tilde{x}_s$ *frei wählbar*!]

Am einfachsten wählt man (meistens) $\tilde{x}_{r+1} = 0 = \tilde{x}_{r+2} = \cdots = \tilde{x}_s$.

Zur Bestimmung *aller* Lösungen des inhomogenen Systems genügt es, *irgendeine* spezielle Lösung v_{sp} zu bestimmen: Dann hat der Lösungsraum die Parameterdarstellung

$$v_{\mathrm{sp}} + \lambda_1\,h_1 + \cdots + \lambda_j\,h_j + \cdots + \lambda_{s-r}\,h_{s-r} \quad (\lambda_1,\dots,\lambda_{s-r} \in \mathbb{K}).$$

3.7.7 Beispiel. Nach elementaren Umformungen sei die folgende erweiterte Koeffizientenmatrix entstanden:

$$\left[\tilde{A}\,\middle\|\,\tilde{b}\right] = \left[\begin{array}{cc|ccc||c} 1 & 0 & 1 & 1 & -1 & t \\ 0 & 1 & 2 & 0 & 3 & 1 \\ \hline 0 & 0 & 0 & 0 & 0 & t+t^2 \end{array}\right].$$

Dieses System ist dann und nur dann lösbar, wenn $t + t^2 = 0$ gilt, d. h. wenn $t = -1$ oder $t = 0$ erfüllt ist.

Wir betrachten also die beiden inhomogenen Systeme

$$S_{-1}: \quad \tilde{A}\,x = \tilde{b}_{-1} \quad \text{und} \quad S_0: \quad \tilde{A}\,x = \tilde{b}_0$$

mit

$$\tilde{b}_{-1} := \begin{pmatrix} -1 \\ 1 \\ 0 \end{pmatrix} \quad \text{und} \quad \tilde{b}_0 := \begin{pmatrix} 0 \\ 1 \\ 0 \end{pmatrix}.$$

Für den Fall $t = -1$ ergibt sich

$$\left[\begin{array}{cc|ccc||c} 1 & 0 & 1 & 1 & -1 & -1 \\ 0 & 1 & 2 & 0 & 3 & 1 \\ \hline 0 & 0 & 0 & 0 & 0 & 0 \end{array}\right].$$

Unser Satz liefert folgende Basis für den Lösungsraum des homogenen Systems:

$$\begin{pmatrix} -1 \\ -2 \\ 1 \\ 0 \\ 0 \end{pmatrix}, \begin{pmatrix} -1 \\ 0 \\ 0 \\ 1 \\ 0 \end{pmatrix}, \begin{pmatrix} 1 \\ -3 \\ 0 \\ 0 \\ 1 \end{pmatrix}.$$

Eine spezielle Lösung v_{sp} des inhomogenen Systems S_{-1} erhält man nach der Wahl $(v_{sp})_3 = 0 = (v_{sp})_4 = (v_{sp})_5$ als $v_{sp} = (-1, 1, 0, 0, 0)^{\top}$.
Wir geben eine Parameterdarstellung der allgemeinen Lösung an:

$$\begin{pmatrix} -1 \\ 1 \\ 0 \\ 0 \\ 0 \end{pmatrix} + \lambda_1 \begin{pmatrix} -1 \\ -2 \\ 1 \\ 0 \\ 0 \end{pmatrix} + \lambda_2 \begin{pmatrix} -1 \\ 0 \\ 0 \\ 1 \\ 0 \end{pmatrix} + \lambda_3 \begin{pmatrix} 1 \\ -3 \\ 0 \\ 0 \\ 1 \end{pmatrix} \qquad (\lambda_1, \lambda_2, \lambda_3 \in \mathbb{K}).$$

Der Lösungsraum ist damit

$$\begin{aligned} \mathcal{L}(S_{-1}) &= \left\{ \left(\begin{pmatrix} -1 \\ 1 \\ 0 \\ 0 \\ 0 \end{pmatrix} + \lambda_1 \begin{pmatrix} -1 \\ -2 \\ 1 \\ 0 \\ 0 \end{pmatrix} + \lambda_2 \begin{pmatrix} -1 \\ 0 \\ 0 \\ 1 \\ 0 \end{pmatrix} + \lambda_3 \begin{pmatrix} 1 \\ -3 \\ 0 \\ 0 \\ 1 \end{pmatrix} \right) \middle| \; \lambda_1, \lambda_2, \lambda_3 \in \mathbb{K} \right\} \\ &= \left\{ \begin{pmatrix} -1 - \lambda_1 - \lambda_2 + \lambda_3 \\ 1 - 2\lambda_1 - 3\lambda_3 \\ \lambda_1 \\ \lambda_2 \\ \lambda_3 \end{pmatrix} \middle| \; \lambda_1, \lambda_2, \lambda_3 \in \mathbb{K} \right\}. \end{aligned}$$

Für den Fall $t = 0$ ergibt sich

$$\left[\begin{array}{cc|ccc||c} 1 & 0 & 1 & 1 & -1 & 0 \\ 0 & 1 & 2 & 0 & 3 & 1 \\ \hline 0 & 0 & 0 & 0 & 0 & 0 \end{array}\right],$$

Eine spezielle Lösung v_{sp} dieses inhomogenen Systems S_0 erhält man wieder nach der Wahl $(v_{sp})_3 = 0 = (v_{sp})_4 = (v_{sp})_5$ als $v_{sp} = (0,1,0,0,0)^{\mathsf{T}}$. Der Lösungsraum für das homogene System bleibt natürlich der gleiche. Wir geben auch für diesen Fall eine Parameterdarstellung der allgemeinen Lösung an:

$$\begin{pmatrix} 0 \\ 1 \\ 0 \\ 0 \\ 0 \end{pmatrix} + \lambda_1 \begin{pmatrix} -1 \\ -2 \\ 1 \\ 0 \\ 0 \end{pmatrix} + \lambda_2 \begin{pmatrix} -1 \\ 0 \\ 0 \\ 1 \\ 0 \end{pmatrix} + \lambda_3 \begin{pmatrix} 1 \\ -3 \\ 0 \\ 0 \\ 1 \end{pmatrix} \qquad (\lambda_1, \lambda_2, \lambda_3 \in \mathbb{K}).$$

Der Lösungsraum ist damit

$$\mathcal{L}(S_0) = \left\{ \left(\begin{pmatrix} 0 \\ 1 \\ 0 \\ 0 \\ 0 \end{pmatrix} + \lambda_1 \begin{pmatrix} -1 \\ -2 \\ 1 \\ 0 \\ 0 \end{pmatrix} + \lambda_2 \begin{pmatrix} -1 \\ 0 \\ 0 \\ 1 \\ 0 \end{pmatrix} + \lambda_3 \begin{pmatrix} 1 \\ -3 \\ 0 \\ 0 \\ 1 \end{pmatrix} \right) \middle| \; \lambda_1, \lambda_2, \lambda_3 \in \mathbb{K} \right\}$$

$$= \left\{ \begin{pmatrix} -\lambda_1 - \lambda_2 + \lambda_3 \\ 1 - 2\lambda_1 - 3\lambda_3 \\ \lambda_1 \\ \lambda_2 \\ \lambda_3 \end{pmatrix} \middle| \; \lambda_1, \lambda_2, \lambda_3 \in \mathbb{K} \right\}.$$

3.8 Lineare Abbildungen

3.8.1 Definition. Es seien V und W Vektorräume über $\mathbb{K}$. Eine Abbildung $\alpha\colon V \to W$ heißt *linear*, wenn für alle Vektoren $u, v \in V$ und alle Skalare $k \in \mathbb{K}$ gilt:

1. $\alpha(u+v) = \alpha(u) + \alpha(v)$ (die Abbildung α ist *additiv*),
2. $\alpha(k\,v) = k\,\alpha(v)$ (die Abbildung α ist *homogen*).

3.8.2 Bemerkung. Jede lineare Abbildung φ *verträgt sich mit Linearkombinationen*: Es gilt

$$\varphi\left(\sum_{j=1}^{n} \lambda_j v_j\right) = \sum_{j=1}^{n} \varphi(\lambda_j v_j) = \sum_{j=1}^{n} \lambda_j \varphi(v_j)\,.$$

[Man wendet Additivität und Homogenität wiederholt an.]

3.8.3 Beispiel. Es sei V ein $\mathbb{K}$-Vektorraum der Dimension n, und es sei $B = (b_1, \ldots, b_n)$ eine Basis von V. Die Abbildung

$${}^{B}\mathrm{koord}\colon V \to \mathbb{K}^n\colon v \mapsto {}_{B}v\,,$$

die jedem Vektor das Koordinatentupel bezüglich B zuordnet, ist linear.

[Für $v = \sum_{j=1}^{n} v_j b_j$ und $w = \sum_{j=1}^{n} w_j b_j$ gilt ${}_{B}v = (v_1, \ldots, v_n)$ und ${}_{B}w = (w_1, \ldots, w_n)$. Wegen $v + w = \sum_{j=1}^{n} (v_j + w_j) b_j$ gilt dann

$$\begin{aligned} {}^{B}\mathrm{koord}(v+w) &= {}_{B}(v+w) \\ &= (v_1 + w_1, \ldots, v_n + w_n) = (v_1, \ldots, v_n) + (w_1, \ldots, w_n) \\ &= {}_{B}v + {}_{B}w = {}^{B}\mathrm{koord}(v) + {}^{B}\mathrm{koord}(w)\,. \end{aligned}$$

Also ist die Abbildung ${}^{B}\mathrm{koord}$ additiv.
Wegen ${}^{B}\mathrm{koord}(k\,v) = (k\,v_1, \ldots, k\,v_n) = k\,(v_1, \ldots, v_n) = k\,{}^{B}\mathrm{koord}(v)$ ist ${}^{B}\mathrm{koord}$ auch homogen.]

3.8.4 Fundamentales Beispiel. Sei $V = \mathbb{K}^s$, $W = \mathbb{K}^z$ (aufgefasst als Spaltenräume) und $A \in \mathbb{K}^{z\times s}$. Dann ist die Abbildung

$$\alpha\colon \mathbb{K}^s \to \mathbb{K}^z\colon x \mapsto A\,x$$

linear.

Beweis. Mit den Rechenregeln für Matrizen ergibt sich:

1. $\alpha(u+v) = A\,(u+v) = A\,u + A\,v = \alpha(u) + \alpha(v)$.

2. $\alpha(k\,v) = A\,(k\,v) = k\,A\,v = k\,\alpha(v)$. □

3.8.5 Beispiel.
Wir betrachten die Abbildung

$$\alpha\colon \mathbb{R}^2 \to \mathbb{R}^2\colon \begin{pmatrix} x \\ y \end{pmatrix} \mapsto \begin{pmatrix} 1 & 1 \\ 0 & 0 \end{pmatrix} \begin{pmatrix} x \\ y \end{pmatrix} = \begin{pmatrix} x+y \\ 0 \end{pmatrix}$$

Diese Abbildung ist linear.

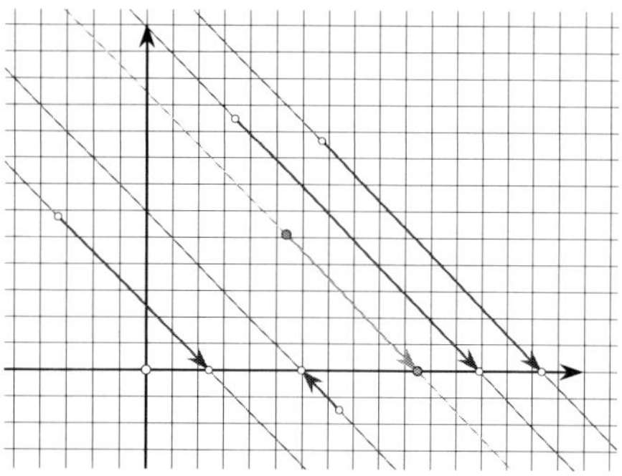

Geometrische Interpretation:

Parallelprojektion entlang der zweiten Winkelhalbierenden auf die x-Achse.

3.8.6 Satz. *Jede lineare Abbildung $\varphi\colon V \to W$ ist bereits eindeutig festgelegt durch die Bilder der Elemente einer Basis.*
Umgekehrt kann man lineare Abbildungen definieren, indem man die Werte auf einer Basis vorgibt und dann linear fortsetzt.

[Für $v \in V$ gibt es eine *eindeutige* Darstellung $v = \sum \lambda_j b_j$ (mit Basiselementen b_j). Weil sich φ mit Linearkombinationen verträgt, erhalten wir

$$\varphi(v) = \varphi\left(\sum \lambda_j b_j\right) = \sum \lambda_j \varphi(b_j).$$

Damit ist $\varphi(v)$ bestimmt.]

3.8.7 Beispiel. Wir definieren eine lineare Abbildung $\alpha\colon \mathbb{R}^3 \to \mathbb{R}^3$ durch Vorgabe auf den Elementen e_1, e_2, e_3 der Standardbasis:

$$\alpha\begin{pmatrix}1\\0\\0\end{pmatrix} := \begin{pmatrix}0\\1\\0\end{pmatrix}, \qquad \alpha\begin{pmatrix}0\\1\\0\end{pmatrix} := \begin{pmatrix}-1\\0\\0\end{pmatrix}, \qquad \alpha\begin{pmatrix}0\\0\\1\end{pmatrix} := \begin{pmatrix}0\\0\\-1\end{pmatrix}.$$

Für einen beliebigen Vektor $(x_1, x_2, x_3)^\top \in \mathbb{R}^3$ errechnen wir

$$\begin{aligned}\alpha\begin{pmatrix}x_1\\x_2\\x_3\end{pmatrix} &= \alpha\left(x_1\begin{pmatrix}1\\0\\0\end{pmatrix} + x_2\begin{pmatrix}0\\1\\0\end{pmatrix} + x_3\begin{pmatrix}0\\0\\1\end{pmatrix}\right)\\ &= x_1\begin{pmatrix}0\\1\\0\end{pmatrix} + x_2\begin{pmatrix}-1\\0\\0\end{pmatrix} + x_3\begin{pmatrix}0\\0\\-1\end{pmatrix} = \begin{pmatrix}-x_2\\x_1\\-x_3\end{pmatrix}.\end{aligned}$$

Man kann diese Abbildung auch durch Multiplikation mit einer Matrix beschreiben:

$$\alpha\begin{pmatrix}x_1\\x_2\\x_3\end{pmatrix} = \begin{pmatrix}0 & -1 & 0\\1 & 0 & 0\\0 & 0 & -1\end{pmatrix}\begin{pmatrix}x_1\\x_2\\x_3\end{pmatrix} = \begin{pmatrix}-x_2\\x_1\\-x_3\end{pmatrix}.$$

Wir wollen uns als Nächstes vergewissern, dass das immer geht.

Zur Erinnerung:
Nach Wahl einer Basis $B\colon b_1, \ldots, b_n$ in einem n-dimensionalen Vektorraum V über $\mathbb{K}$ ordnet man jedem Vektor $v \in V$ dessen Koordinatentupel ${}_Bv = (\lambda_1, \ldots, \lambda_n)$ zu: Es gilt dann $v = \sum_{j=1}^{n} \lambda_j b_j$.
Nun sei W ein k-dimensionaler $\mathbb{K}$-Vektorraum, mit Basis $C\colon c_1, \ldots, c_k$. Dann wird jeder Vektor $w \in W$ durch ein Koordinatentupel ${}_Cw$ bezüglich C beschrieben.

3.8.8 Satz. *Jede lineare Abbildung $\varphi\colon V \to W$ wird bezüglich der Basen B und C beschrieben durch eine Matrix ${}_C\varphi_B$:*

$${}_C\big(\varphi(v)\big) = {}_C\varphi_B\ {}_Bv\,.$$

Die Spalten der Matrix ${}_C\varphi_B$ sind die Koordinatenvektoren bezüglich C der Bilder der Basisvektoren aus B unter φ:

$${}_C\varphi_B = \Big({}_C\big(\varphi(b_1)\big) \cdots {}_C\big(\varphi(b_n)\big)\Big)\,.$$

Beweis. Für $v = \sum_{j=1}^{n} \lambda_j b_j$ gibt es Skalare μ_j derart, dass gilt: $\varphi(v) = \sum_{j=1}^{k} \mu_j c_j$,

also $_Bv = \begin{pmatrix} \lambda_1 \\ \vdots \\ \lambda_n \end{pmatrix}$, $\quad {}_C\big(\varphi(v)\big) = \begin{pmatrix} \mu_1 \\ \vdots \\ \mu_k \end{pmatrix}$.

Für $1 \leqq j \leqq n$ sei $\varphi(b_j) = \sum_{\ell=1}^{k} a_{\ell j} c_\ell$, also $_C\big(\varphi(b_j)\big) = \begin{pmatrix} a_{1j} \\ \vdots \\ a_{kj} \end{pmatrix}$.

Da φ linear ist, errechnen wir $\varphi(v) = \varphi\big(\sum_{j=1}^{n} \lambda_j b_j\big) = \sum_{j=1}^{n} \lambda_j \varphi(b_j)$, und erhalten $_C\big(\varphi(v)\big) = {}_C\Big(\sum_{j=1}^{n} \lambda_j \varphi(b_j)\Big) = \sum_{j=1}^{n} \lambda_j \, {}_C\big(\varphi(b_j)\big)$, also

$$\begin{aligned}
\begin{pmatrix} \mu_1 \\ \vdots \\ \mu_k \end{pmatrix} &= {}_C\big(\varphi(v)\big) \\
&= \sum_{j=1}^{n} \lambda_j \begin{pmatrix} a_{1j} \\ \vdots \\ a_{kj} \end{pmatrix} = \begin{pmatrix} \sum_{j=1}^{n} \lambda_j a_{1j} \\ \vdots \\ \sum_{j=1}^{n} \lambda_j a_{kj} \end{pmatrix} \\
&= \begin{pmatrix} \sum_{j=1}^{n} a_{1j} \lambda_j \\ \vdots \\ \sum_{j=1}^{n} a_{kj} \lambda_j \end{pmatrix} = \begin{pmatrix} a_{11} & \cdots & a_{1n} \\ \vdots & \ddots & \vdots \\ a_{k1} & \cdots & a_{kn} \end{pmatrix} \begin{pmatrix} \lambda_1 \\ \vdots \\ \lambda_n \end{pmatrix} \\
&= \qquad {}_C\varphi_B \qquad {}_Bv\,.
\end{aligned}$$

□

Der Salto, den wir eben im Beweis schlagen mussten (Vertauschung der Faktoren λ_j und $a_{\ell j}$) kommt daher, dass man traditionellerweise die Skalare *links* von den Vektoren und auch die Matrizen *links* von den Spalten schreibt, auf die sie jeweils angewandt werden.

Die Formeln würden gefälliger werden, wenn man entweder alle Skalare nach rechts schriebe oder alle Matrizen nach rechts schriebe — aber eben auch gänzlich ungewohnt!

Wir übernehmen die etablierte Schreibweise, damit wir die Literatur und unsere Kollegen uns verstehen.

3.8.9 Beispiel. Bezüglich der Standardbasis $B = (e_1, e_2, e_3)$ (sowohl für den Definitions- wie für den Bildbereich) lautet die Matrixbeschreibung für die Abbildung α aus 3.8.7:

$$\alpha\begin{pmatrix} x_1 \\ x_2 \\ x_3 \end{pmatrix} = \underbrace{\begin{pmatrix} {}_B\alpha(e_1) & {}_B\alpha(e_2) & {}_B\alpha(e_3) \\ 0 & -1 & 0 \\ 1 & 0 & 0 \\ 0 & 0 & -1 \end{pmatrix}}_{{}_B\alpha_B} \begin{pmatrix} x_1 \\ x_2 \\ x_3 \end{pmatrix} = \begin{pmatrix} -x_2 \\ x_1 \\ -x_3 \end{pmatrix}.$$

Geometrische Interpretation: Drehung um die x_3-Achse um $\frac{\pi}{2}$, gefolgt von der Spiegelung an der x_1, x_2-Ebene.

3.8.10 Definition. Es seien $\alpha\colon X \to Y$ und $\beta\colon Y \to Z$ Abbildungen. Die *Komposition* (*Hintereinanderausführung*) von β *nach* α ist

$$\beta \circ \alpha\colon X \to Z\colon x \mapsto \beta(\alpha(x)).$$

3.8.11 Lemma. *Kompositionen linearer Abbildungen sind wieder linear.*

[Es seien $\alpha\colon V \to W$ und $\beta\colon W \to Z$ linear. Für $v, w \in V$ und $k \in \mathbb{K}$ ergibt sich

$$\begin{aligned} (\beta \circ \alpha)(v + w) = \beta\big(\alpha(v + w)\big) &= \beta(\alpha(v) + \alpha(w)) \\ &= \beta(\alpha(v)) + \beta(\alpha(w)) \\ &= (\beta \circ \alpha)(v) + (\beta \circ \alpha)(w), \end{aligned}$$

$$\text{und} \quad \begin{aligned} (\beta \circ \alpha)(kv) = \beta\big(\alpha(kv)\big) &= \beta\big(k\alpha(v)\big) \\ &= k\beta\big(\alpha(v)\big) = k(\beta \circ \alpha)(v). \end{aligned}$$
]

3.8.12 Satz. *Es seien V, W und Z Vektorräume mit Basen E, F bzw. G, und es seien $\alpha\colon V \to W$ und $\beta\colon W \to Z$ lineare Abbildungen. Dann ist die Matrixbeschreibung der Komposition $\beta \circ \alpha$ bezüglich der Basen E, G gegeben als Matrixprodukt ${}_G(\beta \circ \alpha)_E = {}_G\beta_F\, {}_F\alpha_E$.*

Beweis. Es sei $A := {}_F\alpha_E = (a_{k\ell})$ und $B := {}_G\beta_F = (b_{jk})$. Für $\vec{e_\ell}$ in E rechnen wir

$$\beta\left(\alpha\left(\vec{e_\ell}\right)\right) = \beta\left(\sum_{k=1}^{\dim W} a_{k\ell}\,\vec{f_k}\right) = \sum_{k=1}^{\dim W} a_{k\ell}\,\beta\left(\vec{f_k}\right) = \sum_{k=1}^{\dim W} a_{k\ell} \sum_{j=1}^{\dim Z} b_{jk}\,\vec{g_j}$$

$$= \sum_{j=1}^{\dim Z}\left(\sum_{k=1}^{\dim W} a_{k\ell}\,b_{jk}\right)\vec{g_j} = \sum_{j=1}^{\dim Z}\underbrace{\left(\sum_{k=1}^{\dim W} b_{jk}\,a_{k\ell}\right)}_{c_{j\ell}}\vec{g_j}\,.$$

Damit ist der (j,ℓ)-Koeffizient $c_{j\ell}$ der Matrix ${}_G(\beta\circ\alpha)_E$ bestimmt.
Da $\sum_{k=1}^{\dim W} b_{jk}\,a_{k\ell}$ auch der (j,ℓ)-Koeffizient der Produktmatrix $B\,A = {}_G\beta_F\;{}_F\alpha_E$ ist, folgt ${}_G(\beta\circ\alpha)_E = {}_G\beta_F\;{}_F\alpha_E$. □

3.8.13 Beispiel. Es sei $\mathrm{Pol}_n\,\mathbb{R}$ der Vektorraum aller reellen Polynome vom Grad höchstens n . Dies ist ein $\mathbb{R}$-Vektorraum der Dimension $n+1$, als Basis wollen wir M_n: $1, X, X^2, X^3, \ldots, X^n$ nehmen.

Die folgenden Abbildungen sind linear:

- Ableiten (als Abbildung α: $\mathrm{Pol}_3\,\mathbb{R} \to \mathrm{Pol}_2\,\mathbb{R}$):
  $f(X) = f_3\,X^3 + f_2\,X^2 + f_1\,X + f_0 \mapsto f'(X) = 3\,f_3\,X^2 + 2\,f_2\,X + f_1$.
- Integrieren (als Abbildung β: $\mathrm{Pol}_2\,\mathbb{R} \to \mathrm{Pol}_3\,\mathbb{R}$):
  $g(X) = g_2\,X^2 + g_1\,X + g_0 \mapsto G(X) := \frac{1}{3}\,g_2\,X^3 + \frac{1}{2}\,g_1\,X^2 + g_0\,X$.
  (Hier ist das *bestimmte Integral* gemeint: $G(X) = \int_0^X g(t)\,\mathrm{d}\,t$
  — nicht eine beliebige Stammfunktion!)

Bezüglich der Basen M_2 und M_3 erhalten wir:

$${}_{M_2}\alpha_{M_3} = \begin{pmatrix} \overset{{}_{M_2}\alpha(1)}{0} & \overset{{}_{M_2}\alpha(X)}{1} & \overset{{}_{M_2}\alpha(X^2)}{0} & \overset{{}_{M_2}\alpha(X^3)}{0} \\ 0 & 0 & 2 & 0 \\ 0 & 0 & 0 & 3 \end{pmatrix}, \quad {}_{M_3}\beta_{M_2} = \begin{pmatrix} \overset{{}_{M_3}\beta(1)}{0} & \overset{{}_{M_3}\beta(X)}{0} & \overset{{}_{M_3}\beta(X^2)}{0} \\ 1 & 0 & 0 \\ 0 & \frac{1}{2} & 0 \\ 0 & 0 & \frac{1}{3} \end{pmatrix}.$$

Für die Kompositionen erhalten wir:

$$ {}_{M_2}(\alpha\circ\beta)_{M_2} = {}_{M_2}\alpha_{M_3}\ \ {}_{M_3}\beta_{M_2} = \begin{pmatrix} 0 & 1 & 0 & 0 \\ 0 & 0 & 2 & 0 \\ 0 & 0 & 0 & 3 \end{pmatrix} \begin{pmatrix} 0 & 0 & 0 \\ 1 & 0 & 0 \\ 0 & \frac{1}{2} & 0 \\ 0 & 0 & \frac{1}{3} \end{pmatrix} = \begin{pmatrix} 1 & 0 & 0 \\ 0 & 1 & 0 \\ 0 & 0 & 1 \end{pmatrix} $$

$$ {}_{M_3}(\beta\circ\alpha)_{M_3} = {}_{M_3}\beta_{M_2}\ \ {}_{M_2}\alpha_{M_3} = \begin{pmatrix} 0 & 0 & 0 \\ 1 & 0 & 0 \\ 0 & \frac{1}{2} & 0 \\ 0 & 0 & \frac{1}{3} \end{pmatrix} \begin{pmatrix} 0 & 1 & 0 & 0 \\ 0 & 0 & 2 & 0 \\ 0 & 0 & 0 & 3 \end{pmatrix} = \begin{pmatrix} 0 & 0 & 0 & 0 \\ 0 & 1 & 0 & 0 \\ 0 & 0 & 1 & 0 \\ 0 & 0 & 0 & 1 \end{pmatrix} $$

Diese Matrizen beschreiben die Abbildungen

$$ \begin{aligned} \alpha\circ\beta\colon \mathrm{Pol}_2\,\mathbb{R} \to \mathrm{Pol}_2\,\mathbb{R}\colon g(X) &\mapsto G'(X) = g(X)\,, \\ \beta\circ\alpha\colon \mathrm{Pol}_3\,\mathbb{R} \to \mathrm{Pol}_3\,\mathbb{R}\colon f(X) &= f_3\,X^3 + f_2\,X^2 + f_1\,X + f_0 \\ &\mapsto f_3\,X^3 + f_2\,X^2 + f_1\,X\,. \end{aligned} $$

3.8.14 Bemerkung. Die Komposition von Abbildungen ist assoziativ.

$$ \left[\ \begin{aligned} \big((\gamma\circ\beta)\circ\alpha\big)(x) &= (\gamma\circ\beta)\big(\alpha(x)\big) = \gamma\left(\beta\left(\alpha(x)\right)\right) \\ &= \gamma\big((\beta\circ\alpha)(x)\big) = \big(\gamma\circ(\beta\circ\alpha)\big)(x) \end{aligned}\ \right] $$

Insbesondere ist die Komposition linearer Abbildungen assoziativ, und damit auch die Multiplikation von Matrizen. Dieses Argument wäre eine Alternative zur Rechnung in 3.4.1.

3.8.15 Definition. Es sei $\alpha\colon V \to W$ eine lineare Abbildung.

- $\mathrm{Kern}\,(\alpha) := \{v \in V \mid \alpha(v) = \mathbf{0}\}$ heißt der *Kern* von α.
- $\mathrm{Bild}\,(\alpha) := \{\alpha(v) \mid v \in V\}$ heißt das *Bild* von α.

3.8.16 Bemerkungen.

- Sowohl $\mathrm{Kern}\,(\alpha)$ als auch $\mathrm{Bild}\,(\alpha)$ sind Untervektorräume.
- Sind B und C Basen für V bzw. W, so gilt $\mathrm{Kern}\,(\alpha) = \{v \in V \mid {}_C\alpha_B\,{}_Bv = \mathbf{0}\}$.
- Die Abbildung α ist genau dann *injektiv*, wenn $\mathrm{Kern}\,(\alpha) = \{\mathbf{0}\}$ gilt.

3.8.17 Dimensionsformel. *Es sei* $\alpha\colon V \to W$ *eine lineare Abbildung. Hat* V *endliche Dimension, so gilt* $\dim V = \dim \mathrm{Kern}\,(\alpha) + \dim \mathrm{Bild}\,(\alpha)$.

dim V = dim Kern(φ) + dim Bild(φ)

3.8.18 Kriterien für Injektivität und Surjektivität.
Sei $A \in \mathbb{K}^{z\times s}$ *und* $\alpha\colon \mathbb{K}^s \to \mathbb{K}^z\colon x \mapsto Ax$.

1. *Die Abbildung* α *ist injektiv genau dann, wenn* $\dim \mathrm{Kern}\,(\alpha) = 0$.
   In diesem Fall gilt $s \leqq z$.
2. *Die Abbildung* α *ist surjektiv genau dann, wenn* $z = s - \dim \mathrm{Kern}\,(\alpha)$.
   [Das folgt direkt aus der Dimensionsformel 3.8.17.]
3. *Die Abbildung* α *ist bijektiv genau dann, wenn* $z = s$ *und* $\mathrm{Kern}\,(\alpha) = \{0\}$.

3.8.19 Bemerkung. Es ist $\mathrm{Kern}\,(\alpha)$ der Lösungsraum des homogenen LGS $Ax = 0$.

Der Untervektorraum $\mathrm{Bild}\,(\alpha)$ von $\mathbb{K}^z$ wird aufgespannt von den Bildern der Standardbasis von $\mathbb{K}^s$: diese Bilder sind gerade die Spalten von A.

Die Zahl $s - \dim \mathrm{Kern}\,(\alpha) = \dim \mathrm{Bild}\,(\alpha)$ ist offenbar relevant für das Lösungsverhalten der Gleichung $Ax = b$, wir werden diese Zahl im nächsten Abschnitt als *Rang* von A genauer untersuchen.

3.9 Rang einer Matrix

3.9.1 Definition. Es sei $A \in \mathbb{K}^{z\times s}$.

1. Unter dem *Zeilenrang* von A versteht man die Dimension des von den Zeilen von A aufgespannten Teilraums von $\mathbb{K}^s$.
2. Unter dem *Spaltenrang* von A versteht man die Dimension des von den Spalten von A aufgespannten Teilraums von $\mathbb{K}^z$.

3.9.2 Bemerkung. Der Zeilenrang ist die Maximalzahl linear unabhängiger Zeilen von A, entsprechend ist der Spaltenrang die Maximalzahl linear unabhängiger Spalten.

Insbesondere ist der Spaltenrang gleich der Dimension des Bildes der linearen Abbildung $\alpha\colon \mathbb{K}^z \to \mathbb{K}^s\colon v \mapsto Av$.
[Es ist ja $\mathrm{Bild}\,(\alpha)$ gleich dem Aufspann der Spalten von A, vgl. 3.8.19.]

3.9.3 Beispiel. $A = \begin{pmatrix} 1 & 2 & 3 & 4 \\ 1 & 1 & 1 & 1 \end{pmatrix}$ hat offenbar den Zeilenrang 2, auch der Spaltenrang ist 2.

[Die Dimension des von den Spalten erzeugten Teilraums von $\mathbb{K}^2$ kann ja höchstens 2 sein, andererseits sind etwa die ersten beiden Spalten linear unabhängig.]

Die Gleichheit von Zeilen- und Spaltenrang im Beispiel ist kein Zufall, es gilt ein allgemeiner Satz:

3.9.4 Satz. *Bei jeder Matrix sind Zeilen- und Spaltenrang gleich.*

Beweis. Zu einer Matrix $A \in \mathbb{K}^{z \times s}$ betrachten wir das homogene LGS $A\,x = \mathbf{0}$. Bei elementaren Zeilenumformungen ändert sich der Zeilenrang nicht, wir können diesen also an der durch den Gaußalgorithmus erzeugten Matrix

$$\tilde{A} = \left(\begin{array}{c|c} E_r & B \\ \hline \mathbf{0} & \mathbf{0} \end{array} \right)$$

ablesen: Offenbar hat $\tilde{A}$ den *Zeilenrang* r.

Auch den Spaltenrang von $\tilde{A}$ erkennt man leicht: dieser ist ebenfalls r. Es könnte aber noch sein, dass sich beim Übergang von A zu $\tilde{A}$ der Spaltenrang ändert. Um zu sehen, dass dies nicht passiert, betrachten wir die lineare Abbildung $\alpha\colon \mathbb{K}^s \to \mathbb{K}^z : x \mapsto A\,x$. Nach 3.7.6 gilt $\dim \operatorname{Kern}(\alpha) = s - r$. Die Dimensionsformel 3.8.17 liefert $s = \dim \operatorname{Kern}(\alpha) + \dim \operatorname{Bild}(\alpha) = s - r + \dim \operatorname{Bild}(\alpha)$ und damit $\dim \operatorname{Bild}(\alpha) = r$. Nun ist jedes Element des Bildes Linearkombination der Bilder eines beliebigen Erzeugendensytems von $\mathbb{K}^s$, die Bilder der Standardbasis werden durch die Spalten von A beschrieben: also ist $\dim \operatorname{Bild}(\alpha)$ gleich dem *Spaltenrang* von A. □

3.9.5 Definition. Mit $\operatorname{Rg} A$ bezeichnet man den (Zeilen- oder Spalten-) *Rang* von A. Offenbar gilt $\operatorname{Rg} A = \operatorname{Rg} A^\mathsf{T}$.

3.9.6 Lemma. *Für jede* $(z \times s)$*-Matrix* A *gilt* $\operatorname{Rg} A \leqq \min\{z, s\}$.

Beweis. Offenbar ist der Zeilenrang höchstens so groß wie die Anzahl z der Zeilen, und der Spaltenrang höchstens so groß wie die Anzahl s der Spalten. Da Spalten- und Zeilenrang gleich sind, folgt die Behauptung. □

3.9.7 Lemma (Bestimmung des Rangs). *Bei elementaren Zeilenumformungen* (VZ), (mZ) *und* (aZ), *vgl. 3.7.1, ändert sich der (Zeilen-) Rang einer Matrix nicht. Analog ändert sich der (Spalten-) Rang nicht bei den folgenden elementaren Spaltenumformungen:*

(VS) *Vertauschen von Spalten*

(mS) *Multiplizieren einer Spalte mit einem Skalar* $s \neq 0$,

(aS) *Addition eines Vielfachen einer Spalte zu einer anderen.*

Mit Hilfe von elementaren Zeilen- und Spaltenumformungen kann man jede Matrix auf die Gestalt $\left(\begin{array}{c|c} E_r & B \\ \hline \mathbf{0} & \mathbf{0} \end{array}\right)$ *bringen und daran den Rang r ablesen.*

Man könnte mit solchen Umformungen sogar die folgende Gestalt erreichen:

$$\left(\begin{array}{c|c} E_r & \mathbf{0} \\ \hline \mathbf{0} & \mathbf{0} \end{array}\right).$$

Für das Lösen von Gleichungen bringen diese zusätzlichen Schritte aber gar nichts! Meist genügt es, eine Vorform dieser Gestalt zu erzeugen, um den Rang abzulesen. Oft ist es vorteilhaft, sich auf Zeilenumformungen zu beschränken — vor allem, wenn es um das Lösen eines Gleichungssystems geht.

3.9.8 Rangkriterium für lineare Gleichungssysteme. *Das LGS* $Ax = b$ *ist genau dann lösbar, wenn der Rang von* A *und der Rang der erweiterten Koeffizientenmatrix* $[A\|b]$ *übereinstimmen, wenn also* $\mathrm{Rg}(A) = \mathrm{Rg}[A\|b]$ *gilt.*

Beweis. Der Rang von A ist der Spaltenrang, siehe 3.9.4. Dies ist die Dimension des Aufspanns der Spalten von A, also die Dimension des Bilds der linearen Abbildung $\alpha\colon x \mapsto Ax$. Nun bedeutet $\mathrm{Rg}(A) = \mathrm{Rg}[A\|b]$, dass sich der Spaltenrang durch Hinzunahme von b nicht vergrößert, dass also b im Bild von α liegt. Andererseits liegt b genau dann im Bild von α, wenn das lineare Gleichungssystem eine Lösung besitzt. □

3.9.9 Beispiel. Gegeben sei die Matrix

$$A = \begin{pmatrix} 2 & 4 & 7 & 1 \\ 1 & 5 & 0 & t \\ 3 & 3 & 2 & 1 \\ 1 & 0 & 0 & -1 \end{pmatrix}$$

$$Z_1 \leftrightarrow Z_4: \begin{pmatrix} 1 & 0 & 0 & -1 \\ 1 & 5 & 0 & t \\ 3 & 3 & 2 & 1 \\ 2 & 4 & 7 & 1 \end{pmatrix}$$

$$\begin{matrix} \\ Z_2 - Z_1: \\ Z_3 - 3Z_1: \\ Z_4 - 2Z_1: \end{matrix} \begin{pmatrix} 1 & 0 & 0 & -1 \\ 0 & 5 & 0 & t+1 \\ 0 & 3 & 2 & 4 \\ 0 & 4 & 7 & 3 \end{pmatrix}$$

$$\begin{matrix} \\ Z_2 - Z_4: \\ \\ \\ \end{matrix} \begin{pmatrix} 1 & 0 & 0 & -1 \\ 0 & 1 & -7 & t-2 \\ 0 & 3 & 2 & 4 \\ 0 & 4 & 7 & 3 \end{pmatrix}$$

$$\begin{matrix} \\ \\ Z_3 - 3Z_2: \\ Z_4 - 4Z_2: \end{matrix} \begin{pmatrix} 1 & 0 & 0 & -1 \\ 0 & 1 & -7 & t-2 \\ 0 & 0 & 23 & 10-3t \\ 0 & 0 & 35 & 11-4t \end{pmatrix}$$

$$\begin{matrix} \\ \\ \frac{1}{23} \cdot Z_3: \\ \\ \end{matrix} \begin{pmatrix} 1 & 0 & 0 & -1 \\ 0 & 1 & -7 & t-2 \\ 0 & 0 & 1 & \frac{10}{23} - \frac{3}{23}t \\ 0 & 0 & 35 & 11-4t \end{pmatrix}$$

$$\begin{matrix} \\ \\ \\ Z_4 - 35Z_3: \end{matrix} \begin{pmatrix} 1 & 0 & 0 & -1 \\ 0 & 1 & -7 & t-2 \\ 0 & 0 & 1 & \frac{10}{23} - \frac{3}{23}t \\ 0 & 0 & 0 & \frac{13}{23}t - \frac{97}{23} \end{pmatrix}$$

$$\begin{matrix} \\ \\ \\ 23 \cdot Z_4: \end{matrix} \begin{pmatrix} 1 & 0 & 0 & \clubsuit \\ 0 & 1 & \clubsuit & \clubsuit \\ 0 & 0 & 1 & \clubsuit \\ 0 & 0 & 0 & 13t-97 \end{pmatrix}$$

Die mit ♣ gekennzeichneten Einträge sind zwar nicht 0, wir könnten das durch Zeilen- oder Spaltenumformungen aber erreichen. Um den Rang abzulesen, sind diese Schritte gar nicht nötig! Um jetzt noch weiter zu kommen, müssen wir zwei Fälle unterscheiden:

1. Falls $t = \frac{97}{13}$:

$$\begin{pmatrix} 1 & 0 & 0 & \clubsuit \\ 0 & 1 & \clubsuit & \clubsuit \\ 0 & 0 & 1 & \clubsuit \\ 0 & 0 & 0 & 0 \end{pmatrix}$$

Wir erhalten $\operatorname{Rg} A = 3$.

2. Falls $t \neq \frac{97}{13}$:

$$\begin{matrix} \\ \\ \\ \frac{1}{13t-97} \cdot Z_4 : \end{matrix} \begin{pmatrix} 1 & 0 & 0 & \clubsuit \\ 0 & 1 & \clubsuit & \clubsuit \\ 0 & 0 & 1 & \clubsuit \\ 0 & 0 & 0 & 1 \end{pmatrix}$$

Wir erhalten in diesem Fall $\operatorname{Rg} A = 4$.

3.10 Reguläre Matrizen

3.10.1 Definitionen. Es sei A eine $(z \times s)$-Matrix über $\mathbb{K}$.

- Eine Matrix B heißt *Linksinverse* zu A, wenn $BA = E_s$.
- Eine Matrix C heißt *Rechtsinverse* zu A, wenn $AC = E_z$.
- Eine Matrix heißt *Inverse* zu A, wenn sie sowohl Links- als auch Rechtsinverse zu A ist.
- A heißt *invertierbar*, wenn eine Inverse zu A existiert. Diese nennt man dann A^{-1}.
- A heißt *regulär*, wenn A quadratisch ist und vollen Rang hat (d. h. $\operatorname{Rg} A = z = s$).
- A heißt *singulär*, wenn A quadratisch ist und *nicht* vollen Rang hat (d. h. $\operatorname{Rg} A < z = s$).

3.10.2 Bemerkung. Natürlich müssen Links- oder Rechtsinverse die passende Größe haben: Jede Links- oder Rechtsinverse zu einer $(z \times s)$-Matrix muss eine $(s \times z)$-Matrix sein.

3.10.3 Beispiel.

1. Die Matrix $A = \begin{pmatrix} 0 & 1 & 0 & 0 \\ 0 & 0 & 2 & 0 \\ 0 & 0 & 0 & 3 \end{pmatrix}$ hat mehrere Rechtsinverse, aber keine Linksinverse.

   [Zum Beispiel sind $C := \begin{pmatrix} 0 & 0 & 0 \\ 1 & 0 & 0 \\ 0 & \frac{1}{2} & 0 \\ 0 & 0 & \frac{1}{3} \end{pmatrix}$ und $D := \begin{pmatrix} 2 & 5 & 17 \\ 1 & 0 & 0 \\ 0 & \frac{1}{2} & 0 \\ 0 & 0 & \frac{1}{3} \end{pmatrix}$ Rechtsinverse.]

2. Umgekehrt hat die eben angegebene Matrix C mehrere Linksinverse, aber keine Rechtsinverse.

3.10.4 Lemma.

1. *Hat A eine Links- und eine Rechtsinverse, so sind diese gleich (und A ist invertierbar).*
2. *Ist A invertierbar, so ist die Inverse eindeutig bestimmt.*
3. *Ist A invertierbar, so gilt $(A^{-1})^{-1} = A$.*

Beweis. Es seien B und C Links- bzw. Rechtsinverse zu A: Es gelte also $B\,A = E_s$ und $A\,C = E_z$. Wir nutzen das Assoziativgesetz für die Multiplikation von Matrizen:

$$B = B\,E_z = B\,(A\,C) = (B\,A)\,C = E_s\,C = C\,.$$

Jetzt sei A invertierbar, und X, Y seien Inverse. Dann ist z. B. X Linksinverse und Y Rechtsinverse, und die eben bewiesene Aussage liefert $X = Y$. □

Wir wollen als Nächstes zeigen, dass „regulär“ und „invertierbar“ äquivalente Begriffe sind. Dies erfordert ein paar Vorbereitungen (die von eigenem Interesse sind):

3.10.5 Lemma. *Für je zwei Matrizen X und Y (passender Größe) gilt:*

$$(X+Y)^\mathsf{T} = X^\mathsf{T} + Y^\mathsf{T} \quad \textit{und} \quad (XY)^\mathsf{T} = Y^\mathsf{T} X^\mathsf{T}.$$

(Die Reihenfolge der Multiplikation dreht sich um!)

Beweis. Es sei $X = (x_{jk})$ und $Y = (y_{k\ell})$. Wir schreiben $XY = (z_{j\ell})$, $X^\mathsf{T} = (a_{kj})$, $Y^\mathsf{T} = (b_{\ell k})$ sowie $Y^\mathsf{T} X^\mathsf{T} = (c_{\ell j})$.

Offensichtlich gilt $(X+Y)^\mathsf{T} = X^\mathsf{T} + Y^\mathsf{T}$.

Es gilt $z_{j\ell} = \sum_k x_{jk} y_{k\ell}$, $a_{kj} = x_{jk}$ und $b_{\ell k} = y_{k\ell}$, also $c_{\ell j} = \sum_k b_{\ell k} a_{kj} = \sum_k y_{k\ell} x_{jk} = \sum_k x_{jk} y_{k\ell} = z_{j\ell}$. Dies zeigt, dass das Produkt $Y^\mathsf{T} X^\mathsf{T}$ mit der Transponierten $(XY)^\mathsf{T}$ übereinstimmt. □

3.10.6 Lemma. *Es sei $A \in \mathbb{K}^{z \times s}$.*

1. *A hat eine Linksinverse $\iff$ $\operatorname{Rg} A = s$*
2. *A hat eine Rechtsinverse $\iff$ $\operatorname{Rg} A = z$*
3. *Insbesondere ist jede invertierbare Matrix quadratisch (d. h. es gilt $z = s$).*

Wir betrachten die lineare Abbildung $\alpha\colon \mathbb{K}^s \to \mathbb{K}^z : v \mapsto Av$.

4. *Die Matrix A hat genau dann eine Linksinverse, wenn α injektiv ist.*
5. *Die Matrix A hat genau dann eine Rechtsinverse, wenn α surjektiv ist.*

Beweis. Wir nehmen zuerst an, dass die Matrix A eine Linksinverse B hat, und betrachten $\beta\colon \mathbb{K}^z \to \mathbb{K}^s : v \mapsto Bv$.

Es ist $\operatorname{Rg} A = \dim \operatorname{Bild}(\alpha) \geqq \dim \operatorname{Bild}(\beta \circ \alpha) = \operatorname{Rg}(BA) = \operatorname{Rg} E_s = s$ [beachte $\operatorname{Bild}(\beta \circ \alpha) = \beta(\operatorname{Bild}(\alpha))$ und benutze die Dimensionsformel]. Wegen $\operatorname{Rg} A \leqq s$ (vgl. 3.9.6) folgt $\operatorname{Rg} A = s$.

Jetzt werde angenommen, dass A eine Rechtsinverse C hat.
Dann hat A^T eine Linksinverse [nämlich C^T], und wir erhalten aus dem eben Bewiesenen, dass $\operatorname{Rg} A^\mathsf{T}$ gleich der Anzahl z der Spalten von A^T ist. Da beim Transponieren Spalten- und Zeilenrang miteinander vertauscht werden (und diese gleich sind), erhalten wir $\operatorname{Rg} A = z$, wie behauptet.

Umgekehrt nehmen wir $\operatorname{Rg} A = z$ an. Dann erzeugen die Spalten von A einen z-dimensionalen Unterraum von $\mathbb{K}^z$ — also ganz $\mathbb{K}^z$. Damit enthält Bild (α) die Standardbasis $e_1, \ldots, e_z$ von $\mathbb{K}^z$. Es gibt demnach für jedes $j \leqq z$ einen Vektor $v_j \in \mathbb{K}^s$ mit $\alpha(v_j) = e_j$. Wir definieren eine lineare Abbildung $\gamma\colon \mathbb{K}^z \to \mathbb{K}^s$ durch lineare Fortsetzung von $\gamma(e_j) = v_j$ (mit anderen Worten: bezüglich der Standardbasen hat γ die Matrix $C = (v_1 \cdots v_z)$). Nun bildet $\alpha \circ \gamma$ jeden Basisvektor e_j auf sich selbst ab, wird also durch die Einheitsmatrix E_z beschrieben. Damit gilt $AC = E_z$, und A hat eine Rechtsinverse.

Die Existenz einer Linksinversen im Fall $\operatorname{Rg} A = s$ führen wir wieder durch Transponieren auf den eben behandelten Fall zurück.

Damit sind die ersten beiden Aussagen bewiesen. Die dritte folgt aus diesen, weil A^{-1} dann Links- und Rechtsinverse ist. Es bleiben die letzten beiden:

Wenn A eine Linksinverse B hat, folgt aus $\alpha(v) = \alpha(w)$ und $BA = E_s$ die Gleichheit $v = E_s v = (BA)v = B(Av) = B\alpha(v) = B\alpha(w) = B(Aw) = (BA)w = E_s w = w$. Damit ist α als injektiv erkannt.

Wenn umgekehrt α injektiv ist, so folgt für jede Linearkombination $\sum_{j=1}^{s} \lambda_j A e_j$ der Spalten $Ae_1, \ldots, Ae_s$ aus $0 = \sum_{j=1}^{s} \lambda_j A e_j = A \sum_{j=1}^{s} \lambda_j e_j = \alpha(\sum_{j=1}^{s} \lambda_j e_j)$ auch $0 = \sum_{j=1}^{s} \lambda_j e_j = (\lambda_1, \ldots, \lambda_s)^{\mathsf{T}}$ [weil ja schon $\alpha(0) = 0$ gilt].

Mit anderen Worten: Jede Linearkombination der 0 aus den Spalten von A ist trivial, also sind die Spalten $Ae_1, \ldots, Ae_s$ linear unabhängig und $\operatorname{Rg} A = s$.

Nun betrachten wir noch einmal den Fall, dass A eine Rechtsinverse C hat. Um die Surjektivität von α nachzuweisen, müssen wir für jedes $y \in \mathbb{K}^z$ ein $x \in \mathbb{K}^s$ mit $\alpha(x) = y$ finden. Wir setzen $x := Cy$, dann gilt $\alpha(x) = Ax = ACy = E_z y = y$, wie verlangt.

Schließlich nehmen wir an, dass α surjektiv ist. Dann lässt sich jedes $y \in \mathbb{K}^z$ darstellen als $y = \alpha(x) = Ax = A(\sum_{j=1}^{s} x_j e_j) = \sum_{j=1}^{s} x_j A e_j$. Also erzeugen die Spalten ganz $\mathbb{K}^z$, damit gilt $\operatorname{Rg} A = z$ und hat A hat nach der bereits bewiesenen zweiten Aussage eine Rechtsinverse. □

3.10.7 Kennzeichnung invertierbarer Matrizen.

Für eine quadratische Matrix $A \in \mathbb{K}^{n \times n}$ *sind äquivalent:*

1. *A hat eine Linksinverse.*
2. *A hat eine Rechtsinverse.*
3. *A ist regulär.*
4. *A ist invertierbar.*

$A \in K^{n\times n}$ mit $BA = E_n$ gg. Dann $BA = E_n \Rightarrow A$ regulär $\Rightarrow$

$\Rightarrow \exists\, C \in K^{n\times n}$ mit $AC = E_n \overset{3.10.5}{\Longrightarrow} B = C$

$\Rightarrow AB = E_n$

Beweis. Wir haben in 3.10.6 bereits gezeigt:

A hat eine Linksinverse $\iff$ A hat (Zeilen-)Rang n.
A hat eine Rechtsinverse $\iff$ A hat (Spalten-)Rang n.

Also ist die Existenz einer einseitigen Inversen (egal von welcher Seite) hier äquivalent dazu, dass A regulär ist. Die Existenz von Links- und Rechtsinversen impliziert nach 3.10.4, dass diese gleich (und dann echte Inverse) sind. □

3.10.8 Bemerkungen. Es sei $A \in \mathbb{K}^{n \times n}$.

1. Das LGS $\quad A\,x = b \quad$ ist genau dann für *alle* rechten Seiten b eindeutig lösbar, wenn A invertierbar ist.

[Wenn A invertierbar ist, ist $A^{-1}\,b$ die (einzige) Lösung. Wenn A nicht (Spalten-)Rang n hat, gibt es rechte Seiten, die nicht als $A\,x$ erhalten werden (also Fälle, in denen es *keine* Lösung gibt). Wenn A nicht (Zeilen-)Rang n hat, gibt es $v \neq w$ mit $A\,v = A\,w$ (also Fälle, in denen die Lösung *nicht eindeutig* ist).]

2. Man kann den Gaußalgorithmus simultan mit verschiedenen rechten Seiten $b_1, \ldots, b_k$ durchführen, da die linearen Gleichungssysteme $A\,x = b_1, \; \ldots, \; A\,x = b_k$ alle dieselbe Koeffizientenmatrix haben.
Insbesondere kann man auf diese Weise die Inverse einer Matrix bestimmen.

3.10.9 Beispiel. Wir betrachten $A = \begin{pmatrix} 1 & 2 & 0 \\ 2 & -4 & 3 \\ 0 & 3 & 1 \end{pmatrix}$.

Um zu prüfen, ob A invertierbar ist, reicht eine Rangbestimmung.
Wir wollen die Inverse explizit bestimmen, dazu lösen wir

$$A\,x_1 = \begin{pmatrix} 1 \\ 0 \\ 0 \end{pmatrix}, \qquad A\,x_2 = \begin{pmatrix} 0 \\ 1 \\ 0 \end{pmatrix}, \qquad A\,x_3 = \begin{pmatrix} 0 \\ 0 \\ 1 \end{pmatrix},$$

dann sind x_1, x_2, x_3 die Spalten von A^{-1}. Wir vermeiden Spaltenoperationen.

$$\left[\begin{array}{rrr|rrr} 1 & 2 & 0 & 1 & 0 & 0 \\ 2 & -4 & 3 & 0 & 1 & 0 \\ 0 & 3 & 1 & 0 & 0 & 1 \end{array}\right]$$

$$Z_2 - 2\,Z_1: \quad \left[\begin{array}{rrr|rrr} 1 & 2 & 0 & 1 & 0 & 0 \\ 0 & -8 & 3 & -2 & 1 & 0 \\ 0 & 3 & 1 & 0 & 0 & 1 \end{array}\right]$$

$$Z_2 + 3\,Z_3: \quad \left[\begin{array}{rrr|rrr} 1 & 2 & 0 & 1 & 0 & 0 \\ 0 & 1 & 6 & -2 & 1 & 3 \\ 0 & 3 & 1 & 0 & 0 & 1 \end{array}\right]$$

$$\begin{array}{r} Z_1 - 2\,Z_2: \\ \\ Z_3 - 3\,Z_2: \end{array} \quad \left[\begin{array}{rrr|rrr} 1 & 0 & -12 & 5 & -2 & -6 \\ 0 & 1 & 6 & -2 & 1 & 3 \\ 0 & 0 & -17 & 6 & -3 & -8 \end{array}\right]$$

$$\begin{array}{r} \\ \\ -\frac{1}{17}\cdot Z_3: \end{array} \quad \left[\begin{array}{rrr|rrr} 1 & 0 & -12 & 5 & -2 & -6 \\ 0 & 1 & 6 & -2 & 1 & 3 \\ 0 & 0 & 1 & -\frac{6}{17} & \frac{3}{17} & \frac{8}{17} \end{array}\right]$$

$$\begin{array}{r} Z_1 + 12\,Z_3: \\ Z_2 - 6\,Z_3: \\ \\ \end{array} \quad \left[\begin{array}{rrr|rrr} 1 & 0 & 0 & \frac{13}{17} & \frac{2}{17} & -\frac{6}{17} \\ 0 & 1 & 0 & \frac{2}{17} & -\frac{1}{17} & \frac{3}{17} \\ 0 & 0 & 1 & -\frac{6}{17} & \frac{3}{17} & \frac{8}{17} \end{array}\right]$$

Wir erhalten also

$$A^{-1} = \frac{1}{17}\begin{pmatrix} 13 & 2 & -6 \\ 2 & -1 & 3 \\ -6 & 3 & 8 \end{pmatrix}.$$

Eine *Probe* empfiehlt sich … man berechne $A\,(x_1, x_2, x_3)$!

3.10.10 Beispiel (weniger schwachsinnig als man glaubt).
Es sei V ein Vektorraum der Dimension n, und es seien $B\colon b_1, \ldots, b_n$ bzw. $C\colon c_1, \ldots, c_n$ Basen von V.
Wir wollen die *identische Abbildung* $\mathrm{id}\colon V \to V\colon v \mapsto v$ beschreiben.
In der Matrix ${}_C\mathrm{id}_B$ stehen als Spalten die Koordinatentupel ${}_C(\mathrm{id}(b_j)) = {}_C(b_j)$ der Elemente von B. Offenbar gilt ${}_B\mathrm{id}_B = E_n$, aber für $B \neq C$ ist ${}_C\mathrm{id}_B \neq E_n$.

Weiter gilt für $v \in V$: ${}_C\mathrm{id}_B\,{}_Bv = {}_C(\mathrm{id}(v)) = {}_Cv$. Mit anderen Worten: Wir haben hier gerade das Koordinatentupel bezüglich B in das Koordinatentupel bezüglich C umgerechnet!

Um in die andere Richtung umzurechnen, könnten wir die inverse Matrix benutzen: Es gilt ${}_Bv = E_n\,{}_Bv = ({}_C\mathrm{id}_B)^{-1}\,{}_C\mathrm{id}_B\,{}_Bv = ({}_C\mathrm{id}_B)^{-1}\,{}_Cv$.

Um diese Inverse zu bestimmen, rechnen wir [mit Hilfe von 3.8.12]

$$ {}_B\mathrm{id}_C\,{}_C\mathrm{id}_B = {}_B(\mathrm{id} \circ \mathrm{id})_B = {}_B\mathrm{id}_B = E_n $$

und genauso ${}_C\mathrm{id}_B\,{}_B\mathrm{id}_C = E_n$. Also ist ${}_B\mathrm{id}_C$ die Inverse von ${}_C\mathrm{id}_B$.

3.10.11 Satz. *Es seien B und C Basen für V.*

1. ${}_B\mathrm{id}_B = E_{\dim V}$.
2. ${}_C\mathrm{id}_B$ *ist invertierbar, es gilt* ${}_B\mathrm{id}_C = ({}_C\mathrm{id}_B)^{-1}$.
3. *Man kann mit Hilfe von Matrizen für die identische Abbildung Koordinaten auf andere Basen umrechnen: Für $v \in V$ gilt* ${}_C\mathrm{id}_B\,{}_Bv = {}_Cv$.
4. *Man kann sogar die Matrixbeschreibung einer beliebigen linearen Abbildung $\varphi\colon V \to W$ bequem auf andere Basen umrechnen:*

$$ {}_E\mathrm{id}_D\,{}_D\varphi_C\,{}_C\mathrm{id}_B = {}_E\varphi_B $$

(hier sind D und E Basen für W).

Um ${}_C\mathrm{id}_B$ zu bestimmen, muss man im Allgemeinen ein LGS für mehrere rechte Seiten simultan lösen.

3.10.12 Beispiel. Es sei $E\colon e_1 = \begin{pmatrix}1\\0\end{pmatrix}, e_2 = \begin{pmatrix}0\\1\end{pmatrix}$ und $B\colon b_1 = \begin{pmatrix}1\\2\end{pmatrix}, b_2 = \begin{pmatrix}-2\\1\end{pmatrix}$.

Die Matrix ${}_E\mathrm{id}_B$ erhält man ganz leicht:

Die Spalten sind gerade b_1 und b_2 [weil E die Standardbasis ist], also ${}_E\mathrm{id}_B = \begin{pmatrix}1 & -2\\2 & 1\end{pmatrix}$. Die Einträge von ${}_B\mathrm{id}_E = \begin{pmatrix}{}_B(e_1) & {}_B(e_2)\end{pmatrix} = \begin{pmatrix}a_{11} & a_{12}\\a_{21} & a_{22}\end{pmatrix}$ erhält man aus den Bedingungen $a_{1j}\,b_1 + a_{2j}\,b_2 = e_j$, d. h. als Lösungen $(a_{1j}, a_{2j})^{\mathsf{T}}$ von

$$ \begin{array}{rcrcl} x_1 & - & 2x_2 & = & u_{1j} \\ 2x_1 & + & x_2 & = & u_{2j} \end{array} \quad \text{mit rechten Seiten } u_j = \begin{pmatrix}u_{1j}\\u_{2j}\end{pmatrix} = e_j\,. $$

$$
\begin{array}{r}
\\
\\
Z_2 - 2Z_1 : \\
\\
\tfrac{1}{5} \cdot Z_2 : \\
Z_1 + 2Z_2 :
\end{array}
\quad
\begin{array}{l}
\left[\begin{array}{rr||rr} 1 & -2 & 1 & 0 \\ 2 & 1 & 0 & 1 \end{array}\right] \\
\left[\begin{array}{rr||rr} 1 & -2 & 1 & 0 \\ 0 & 5 & -2 & 1 \end{array}\right] \\
\left[\begin{array}{rr||rr} 1 & -2 & 1 & 0 \\ 0 & 1 & -\frac{2}{5} & \frac{1}{5} \end{array}\right] \\
\left[\begin{array}{rr||rr} 1 & 0 & \frac{1}{5} & \frac{2}{5} \\ 0 & 1 & -\frac{2}{5} & \frac{1}{5} \end{array}\right]
\end{array}
$$

Also ${}_B\mathrm{id}_E = \frac{1}{5}\begin{pmatrix} 1 & 2 \\ -2 & 1 \end{pmatrix}$.

Man hätte auch ${}_B\mathrm{id}_E = ({}_E\mathrm{id}_B)^{-1}$ ausnutzen können — das hätte zu derselben Rechnung geführt!

3.10.13 Beispiel. Gegeben sei die lineare Abbildung

$$\varphi\colon \mathbb{R}^2 \to \mathbb{R}^2 \colon (x, y) \mapsto (-3x + 4y, 4x + 3y)\,.$$

Wir wollen die Matrizen ${}_E\varphi_E$ und ${}_B\varphi_B$ aufstellen, und zwar bezüglich der Standardbasis E und der vorhin bereits betrachteten Basis

$$B\colon b_1 = \begin{pmatrix} 1 \\ 2 \end{pmatrix}, b_2 = \begin{pmatrix} -2 \\ 1 \end{pmatrix}.$$

Für ${}_E\varphi_E$ brauchen wir ${}_E(\varphi(e_1)) = \begin{pmatrix} -3 \\ 4 \end{pmatrix}$ und ${}_E(\varphi(e_2)) = \begin{pmatrix} 4 \\ 3 \end{pmatrix}$, es ergibt sich

$${}_E\varphi_E = \begin{pmatrix} -3 & 4 \\ 4 & 3 \end{pmatrix}.$$

Die Matrix ${}_B\varphi_B$ erhalten wir als

$${}_B\varphi_B = {}_B\mathrm{id}_E\, {}_E\varphi_E\, {}_E\mathrm{id}_B = \frac{1}{5}\begin{pmatrix} 1 & 2 \\ -2 & 1 \end{pmatrix}\begin{pmatrix} -3 & 4 \\ 4 & 3 \end{pmatrix}\begin{pmatrix} 1 & -2 \\ 2 & 1 \end{pmatrix} = \begin{pmatrix} 5 & 0 \\ 0 & -5 \end{pmatrix}.$$

Offenbar lohnt sich der Basiswechsel …

3.11 Volumen und Determinanten

3.11.1 Berechnung von Flächeninhalten. Der *Flächeninhalt* des von $\tilde{x} = (x_1, x_2)$ und $\tilde{y} = (y_1, y_2)$ in $\mathbb{R}^2$ aufgespannten Parallelogramms ergibt sich als

$$|x_1\, y_2 - x_2\, y_1|\,.$$

[Man interpretiert $\tilde{x}$ und $\tilde{y}$ durch Anhängen einer Null als Elemente $x = (x_1, x_2, 0)$, $y = (y_1, y_2, 0)$ von $\mathbb{R}^3$ und benutzt das Vektorprodukt:

$$|x \times y| = \left|(x_1, x_2, 0) \times (y_1, y_2, 0)\right| = \left\|\begin{pmatrix} 0 \\ 0 \\ x_1\, y_2 - x_2\, y_1 \end{pmatrix}\right\| = \left|x_1\, y_2 - x_2\, y_1\right|\,.$$

Der Betrag des Vektorprodukts ist der Flächeninhalt des aufgespannten Parallelogramms, vgl. 2.10.3.]

3.11.2 Berechnung von dreidimensionalen Volumina. Je drei Vektoren $x = (x_1, x_2, x_3)$, $y = (y_1, y_2, y_3)$ und $z = (z_1, z_2, z_3)$ in $\mathbb{R}^3$ spannen ein *Parallelepiped* (*Spat*) auf. Das *Volumen* des von x, y, z aufgespannten Spats erhält man als Betrag des *Spatprodukts*

$$\begin{aligned} z \bullet (x \times y) \;&:=\; \left\langle \begin{pmatrix} z_1 \\ z_2 \\ z_3 \end{pmatrix} \middle| \begin{pmatrix} x_2\, y_3 - x_3\, y_2 \\ x_3\, y_1 - x_1\, y_3 \\ x_1\, y_2 - x_2\, y_1 \end{pmatrix} \right\rangle \\ &= z_1\, x_2\, y_3 - z_1\, x_3\, y_2 + z_2\, x_3\, y_1 - z_2\, x_1\, y_3 + z_3\, x_1\, y_2 - z_3\, x_2\, y_1\,. \end{aligned}$$

Das Spatprodukt selbst können wir als *orientiertes Volumen* betrachten: Vertauscht man zwei der drei Vektoren x, y, z miteinander, so ändert sich das Vorzeichen von $z \bullet (x \times y)$.

3.11.3 Definitionen.

1. Die *Determinante einer* 2×2*-Matrix* wird definiert als die orientierte Fläche des Parallelogramms, das von ihren Zeilenvektoren aufgespannt wird:

$$\det\begin{pmatrix} x_1 & x_2 \\ y_1 & y_2 \end{pmatrix} := x_1\, y_2 - x_2\, y_1\,.$$

2. Die *Determinante einer* 3×3*-Matrix* wird definiert als das orientierte Volumen des Spats, das von ihren Zeilenvektoren aufgespannt wird:

$$\det\begin{pmatrix} x_1 & x_2 & x_3 \\ y_1 & y_2 & y_3 \\ z_1 & z_2 & z_3 \end{pmatrix} := \begin{array}{l} z_1\,x_2\,y_3 - z_1\,x_3\,y_2 \\ + z_2\,x_3\,y_1 - z_2\,x_1\,y_3 \\ + z_3\,x_1\,y_2 - z_3\,x_2\,y_1\,. \end{array}$$

3. Man schreibt oft auch $|A| := \det A$ — Vorsicht, Verwechslungsgefahr!

3.11.4 Bemerkung. Sind die Zeilen linear abhängig, so wird die Determinante 0. Umgekehrt folgt aus $\det A = 0$, dass die Zeilen linear abhängig sind.

Analoges gilt natürlich für die Spalten
[man gehe zur Transponierten über — es gilt $\det A = \det A^\top$].

Insbesondere ist die Determinante *stets Null*, wenn die Matrix eine *Nullzeile* oder eine *Nullspalte* enthält!

3.11.5 Regel von Sarrus. Um die Determinante einer 3×3-Matrix mit Spalten $S_1 = (x_1, y_1, z_1)^\top$, $S_2 = (x_2, y_2, z_2)^\top$, $S_3 = (x_3, y_3, z_3)^\top$ zu berechnen, fügen wir die Spalten S_1 und S_2 rechts noch einmal an und ordnen den entstehenden Diagonalen Vorzeichen zu:

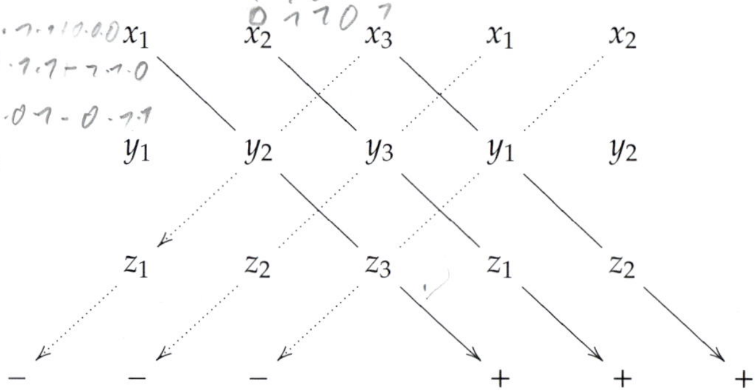

Die Determinante $\det(S_1, S_2, S_3)$ erhält man, indem man die mit + markierten Diagonalen aufmultipliziert, die Produkte addiert und davon die Produkte der mit − markierten Diagonalen abzieht [nachrechnen].

3.11.6 Beispiele.

1. $\det\begin{pmatrix} 1 & 2 \\ 3 & 4 \end{pmatrix} = 1 \cdot 4 - 2 \cdot 3 = 4 - 6 = -2, \qquad \det\begin{pmatrix} 0 & 1 \\ -1 & 0 \end{pmatrix} = 1.$

2. $\det\begin{pmatrix} x_1 & x_2 \\ 0 & y_2 \end{pmatrix} = x_1 \cdot y_2 - x_2 \cdot 0 = x_1\, y_2 .$

3. $\det\left(\begin{array}{cc|c} x_1 & x_2 & x_3 \\ y_1 & y_2 & y_3 \\ \hline 0 & 0 & z_3 \end{array}\right) \begin{array}{cc} x_1 & x_2 \\ y_1 & y_2 \\ 0 & 0 \end{array} = x_1\, y_2\, z_3 - x_2\, y_1\, z_3 = \det\begin{pmatrix} x_1 & x_2 \\ y_1 & y_2 \end{pmatrix} \cdot z_3 .$

Determinanten von quadratischen Matrizen beliebiger Größe sollen denselben Rechenregeln genügen, wie wir sie von Flächen und Volumina kennen. Man definiert sie mit Hilfe des folgenden Satzes:

3.11.7 Satz (Volumenfunktion). *Für jedes $n \in \mathbb{N}$ gibt es genau eine Funktion*

$$\mathrm{VOL}\colon \underbrace{\mathbb{K}^n \times \cdots \times \mathbb{K}^n}_{n\text{-mal}} \to \mathbb{K}$$

$A = (a_{11}) \in \mathbb{K}^{1\times 1}$, $\det A := a_{11}$

mit folgenden Eigenschaften:

1. $\mathrm{VOL}(v_1, \ldots, \mu\, v_j, \ldots, v_n) = \mu \cdot \mathrm{VOL}(v_1, \ldots, v_j, \ldots, v_n)$
(homogen in jedem Argument)

2. $\mathrm{VOL}(v_1, \ldots, v_j{+}w, \ldots, v_n) =$
$\mathrm{VOL}(v_1, \ldots, v_j, \ldots, v_n) + \mathrm{VOL}(v_1, \ldots, w, \ldots, v_n)$
(additiv in jedem Argument)

3. $\mathrm{VOL}(e_1, \ldots, e_n) = 1$ *(für die Standardbasis $e_1, \ldots, e_n$) (normiert)*

4. $v_1, \ldots, v_n$ *l.a.* $\iff$ $\mathrm{VOL}(v_1, \ldots, v_n) = 0$ *(erkennt lineare Abhängigkeit)*

5. $\mathrm{VOL}(v_1, \ldots, v_j, \ldots, v_k, \ldots, v_n) = -\,\mathrm{VOL}(v_1, \ldots, v_k, \ldots, v_j, \ldots, v_n)$
(alternierend: vertauscht man zwei Argumente, ändert sich das Vorzeichen)

3.11.8 Definition. Es sei $A \in \mathbb{K}^{n\times n}$ eine quadratische Matrix, mit Zeilen $z_1, \ldots, z_n$. Dann heißt $\det A := \mathrm{VOL}(z_1, \ldots, z_n)$ die *Determinante* von A.
Man schreibt auch $|A| := \det A$.

Dass die Determinante existiert, wohlbestimmt ist und die gewünschten Eigenschaften hat, hängt an Satz 3.11.7. Den Nachweis dieses Satzes überlassen wir einer Vorlesung für Mathematiker. Wir konzentrieren uns hier darauf, die wichtigen Eigenschaften für den Umgang mit Determinanten aus den in Satz 3.11.7 genannten Eigenschaften abzuleiten.

3.11.9 Die Leibniz-Formel für Determinanten. *Sei* $A = (a_{jk})_{1 \leqq j,k \leqq n} \in \mathbb{K}^{n \times n}$. *Mit Hilfe von Permutationen und deren Signum lässt sich eine geschlossene Formel für die Determinante* $\det A$ *angeben:*

$$\det A = \sum_{\sigma \in S_n} \operatorname{sig}(\sigma) \cdot a_{\sigma(1)\,1} \cdot a_{\sigma(2)\,2} \cdots a_{\sigma(n)\,n} \,.$$

Hier ist $S_n := \operatorname{Sym}(\{1, \ldots, n\})$ die symmetrische Gruppe auf der Menge der benutzten Indizes. Wir müssen noch erklären, was das *Signum* $\operatorname{sig}(\sigma)$ einer Permutation $\sigma \in S_n$ ist. Dazu bestimmt man die Zahl f_σ der *Fehlstände* von σ: Das ist die Anzahl f_σ der Ziffernpaare (j,k) mit $j,k \leqq n$, für die $j < k$, aber $\sigma(j) > \sigma(k)$ ist. Das Signum ist dann $\operatorname{sig}(\sigma) := (-1)^{f_\sigma}$.

Eine ausführlichere Diskussion des Signums und seiner wechselseitigen Beziehung zur Determinante findet man im Abschnitt 4.4.

3.11.10 Interpretation des Vektorprodukts als Determinante. Das Vektorprodukt von Vektoren $x, y \in \mathbb{R}^3$ wird manchmal mit einer *formalen* Determinante beschreiben: Mit den Standardbasisvektoren e_1, e_2, e_3 gilt

$$\begin{pmatrix} x_1 \\ x_2 \\ x_3 \end{pmatrix} \times \begin{pmatrix} y_1 \\ y_2 \\ y_3 \end{pmatrix} = \begin{vmatrix} e_1 & e_2 & e_3 \\ x_1 & x_2 & x_3 \\ y_1 & y_2 & y_3 \end{vmatrix}$$

Hier werden die Vektoren e_1, e_2, e_3 *formal* wie Skalare behandelt.
(Sie sind aber keine, und das Ganze taugt nur als Eselsbrücke oder Merkhilfe, nicht zur Herleitung neuer Eigenschaften.)

3.12 Rechenregeln für Determinanten

Die Leibniz-Formel 3.11.9 ist ziemlich schlecht geeignet, um Determinanten schnell und sicher auszurechnen. Zum Glück gibt es andere Wege.

Determinanten vertragen sich sehr gut mit elementaren Zeilenumformungen:

3.12.1 Lemma. *Es sei* $A \in \mathbb{K}^{n\times n}$*, mit Zeilen* $z_1, \ldots, z_n$*.*

(mZ) *Multipliziert man eine Zeile von A mit* μ*, so multipliziert sich auch die Determinante mit diesem Faktor:*

$$\det\begin{pmatrix} z_1 \\ \vdots \\ \mu z_j \\ \vdots \\ z_n \end{pmatrix} = \mu \det\begin{pmatrix} z_1 \\ \vdots \\ z_j \\ \vdots \\ z_n \end{pmatrix} \qquad \text{[Homogenität von VOL].}$$

(VZ) *Vertauscht man in A zwei Zeilen, so ändert* $\det A$ *das Vorzeichen* [weil VOL alternierend ist].

(aZ) *Addiert man in A ein Vielfaches einer Zeile zu einer anderen, so ändert sich die Determinante nicht.*

Beweis der Aussage (aZ).

Es werde das λ-fache von Zeile z_j zu Zeile z_k addiert: $B := \begin{pmatrix} z_1 \\ \vdots \\ z_k+\lambda z_j \\ \vdots \\ z_n \end{pmatrix}$.

Weil VOL additiv im k-ten Argument ist, gilt

$$\det B = \det\begin{pmatrix} z_1 \\ \vdots \\ z_j \\ \vdots \\ z_k+\lambda z_j \\ \vdots \\ z_n \end{pmatrix} = \det\begin{pmatrix} z_1 \\ \vdots \\ z_j \\ \vdots \\ z_k \\ \vdots \\ z_n \end{pmatrix} + \underbrace{\det\begin{pmatrix} z_1 \\ \vdots \\ z_j \\ \vdots \\ \lambda z_j \\ \vdots \\ z_n \end{pmatrix}}_{=0 \ \left[\substack{\text{VOL erkennt} \\ \text{lineare Abhängigkeit}}\right]} = \det A + 0. \qquad \square$$

Addiert man ein Vielfaches einer Zeile zu *derselben* Zeile, so ändert sich die Determinante sehr wohl: Addition des λ-fachen der Zeile zu sich selbst multipliziert diese Zeile (und nach (mZ) also die Determinante) mit dem Faktor $1 + \lambda$.

3.12.2 Lemma. *Für $A \in \mathbb{K}^{n \times n}$ gilt:*

1. $\det A = 0 \iff \operatorname{Rg} A < n \iff$ *A ist nicht invertierbar*
   [VOL erkennt lineare Abhängigkeit].
2. $\det A^{\mathsf{T}} = \det A$
   [später: mit Hilfe des Entwicklungssatzes 3.13.4, siehe 3.13.7].
   Damit stehen Aussagen über das Verhalten von Determinanten bei elementaren Spaltenoperationen (mS), (VS), (aS) *zur Verfügung.*

3.12.3 Multiplikativität der Determinante.

1. *Für $A, B \in \mathbb{K}^{n \times n}$ gilt* $\det(A\,B) = \det A \cdot \det B$.
   [Den Beweis überlassen wir den Mathematikern.]
2. *Es gilt* $\det E_n = 1$. [VOL ist normiert.]
3. *Die Matrix A ist genau dann invertierbar, wenn* $\det A \neq 0$.
   In diesem Fall gilt $\det(A^{-1}) = \dfrac{1}{\det A}$.
   $\left[\text{Aus } A^{-1} \cdot A = E_n \text{ folgt } \det(A^{-1}) \cdot \det A = \det E_n = 1.\right]$

Die Determinante ist *nicht additiv*:
Im Allgemeinen gilt $\det(A + B) \neq \det A + \det B$.
$\left[\text{Z. B. ist ja } 1 = \det\begin{pmatrix} 1 & 0 \\ 0 & 1 \end{pmatrix} \neq \det\begin{pmatrix} 1 & 0 \\ 0 & 0 \end{pmatrix} + \det\begin{pmatrix} 0 & 0 \\ 0 & 1 \end{pmatrix}.\right]$

3.12.4 Lemma (Dreiecksmatrizen). *Es sei T eine quadratische obere Dreiecksmatrix, also eine Matrix der Form*

$$T = \begin{pmatrix} \lambda_1 & \clubsuit & \cdots & \clubsuit \\ 0 & \ddots & \ddots & \vdots \\ \vdots & \ddots & \ddots & \clubsuit \\ 0 & \cdots & 0 & \lambda_n \end{pmatrix}.$$

Dann ergibt sich die Determinante von T als Produkt der Hauptdiagonalelemente: D. h. es gilt $\det T = \lambda_1 \cdots \lambda_n$.
Analoges gilt für untere Dreiecksmatrizen
[dies sind ja Transponierte von oberen Dreiecksmatrizen].

3.12.5 Strategie zur Berechnung von Determinanten.
Bringe A durch Zeilen- und Spaltenumformungen auf Dreiecksgestalt T, berechne $\det T$ (nach 3.12.4) und führe die notwendigen Korrekturen durch (Vorzeichen wg. (VZ), Skalare wg. (mZ), siehe 3.12.1).

Beweis der Determinantenformel für Dreiecksmatrizen.
Wegen der Homogenität können wir λ_1 „herausziehen“:

$$\det T = \begin{vmatrix} \lambda_1 & \clubsuit & \cdots & \clubsuit \\ 0 & \ddots & \ddots & \vdots \\ \vdots & \ddots & \ddots & \clubsuit \\ 0 & \cdots & 0 & \lambda_n \end{vmatrix} = \lambda_1 \begin{vmatrix} 1 & \clubsuit & \cdots & \clubsuit \\ 0 & \ddots & \ddots & \vdots \\ \vdots & \ddots & \ddots & \clubsuit \\ 0 & \cdots & 0 & \lambda_n \end{vmatrix}$$

Durch Addition (naja, eher Subtraktion) geeigneter Vielfacher der ersten Spalte zu den anderen erreichen wir

$$\det T = \lambda_1 \begin{vmatrix} 1 & 0 & \cdots & 0 \\ 0 & \lambda_2 & \clubsuit & \clubsuit \\ \vdots & \ddots & \ddots & \clubsuit \\ 0 & \cdots & 0 & \lambda_n \end{vmatrix} = \lambda_1 \lambda_2 \begin{vmatrix} 1 & 0 & \cdots & 0 \\ 0 & 1 & \clubsuit & \clubsuit \\ \vdots & \ddots & \ddots & \clubsuit \\ 0 & \cdots & 0 & \lambda_n \end{vmatrix}$$

Sukzessive Spaltenoperationen führen schließlich auf

$$\det T = \lambda_1 \cdots \lambda_n \cdot \det E_n = \prod_{j=1}^{n} \lambda_j \,,$$

wie behauptet. □

3.12.6 Beispiel. Durch wenige Umformungen kann man die Berechnung nach Sarrus erheblich vereinfachen:

$$\begin{vmatrix} 1 & 2 & 3 \\ 4 & 5 & 4 \\ 3 & 2 & 1 \end{vmatrix} \overset{\text{(aS)}}{=} \left|\begin{matrix} 1 & 0 & 0 \\ 4 & -3 & -8 \\ 3 & -4 & -8 \end{matrix}\right| \begin{matrix} 1 & 0 \\ 4 & -3 \\ 3 & -4 \end{matrix}$$
$$\overset{\text{Sarrus}}{=} 1 \cdot (-3) \cdot (-8) - (1 \cdot (-8) \cdot (-4)) = 24 - 32 = -8 \,.$$

3.12.7 Beispiel. Man kann bereits erzielte Ergebnisse weiter verwenden:

$$\begin{vmatrix} 2 & 4 & 6 \\ 4 & 5 & 4 \\ 3 & 2 & 1 \end{vmatrix} \overset{\text{(mZ)}}{=} 2 \begin{vmatrix} 1 & 2 & 3 \\ 4 & 5 & 4 \\ 3 & 2 & 1 \end{vmatrix} = 2\,(-8) = -16 \,.$$

3.12.8 Beispiel. Wiederholte Anwendung von (mZ) liefert:

$$\det(\mu A) = \mu^n \det A \,.$$

3.12.9 Beispiel.

$$\begin{vmatrix} 2 & 4 & 6 \\ 4 & 5 & 4 \\ 3 & 2 & 1 \end{vmatrix} = \begin{vmatrix} 2 & 4 & 6 \\ 0+4 & 5+0 & 2+2 \\ 3 & 2 & 1 \end{vmatrix} = \begin{vmatrix} 2 & 4 & 6 \\ 0 & 5 & 2 \\ 3 & 2 & 1 \end{vmatrix} + \begin{vmatrix} 2 & 4 & 6 \\ 4 & 0 & 2 \\ 3 & 2 & 1 \end{vmatrix}$$

[Wir benutzen, dass VOL additiv in jedem (hier: im zweiten) Argument ist.]

Solche Zerlegungen können helfen, die Berechnung einer Determinante auf bereits bekannte Ergebnisse oder auf Matrizen mit vielen Nullen zurückzuführen.

3.12.10 Beispiel.

$$\begin{vmatrix} 1 & 1 & 2 & 1 \\ 1 & 1 & 1 & 1 \\ 1 & -1 & 1 & -1 \\ 1 & 2 & 0 & 0 \end{vmatrix} \;=\; \begin{matrix} \\ Z_2-Z_1: \\ Z_3-Z_1: \\ Z_4-Z_1: \end{matrix} \begin{vmatrix} 1 & 1 & 2 & 1 \\ 0 & 0 & -1 & 0 \\ 0 & -2 & -1 & -2 \\ 0 & 1 & -2 & -1 \end{vmatrix}$$

$$\overset{(VZ)}{\underset{-}{=}} \begin{matrix} \\ \\ \\ Z_2\leftrightarrow Z_4: \end{matrix} \begin{vmatrix} 1 & 1 & 2 & 1 \\ 0 & 1 & -2 & -1 \\ 0 & -2 & -1 & -2 \\ 0 & 0 & -1 & 0 \end{vmatrix} \;\overset{-}{=}\; \begin{matrix} \\ \\ Z_3+2\,Z_2: \\ \\ \end{matrix} \begin{vmatrix} 1 & 1 & 2 & 1 \\ 0 & 1 & -2 & -1 \\ 0 & 0 & -5 & -4 \\ 0 & 0 & -1 & 0 \end{vmatrix}$$

$$\overset{(VZ)}{\underset{+}{=}} \begin{matrix} \\ \\ \\ Z_3\leftrightarrow Z_4: \end{matrix} \begin{vmatrix} 1 & 1 & 2 & 1 \\ 0 & 1 & -2 & -1 \\ 0 & 0 & -1 & 0 \\ 0 & 0 & -5 & -4 \end{vmatrix} \;=\; \begin{matrix} \\ \\ \\ Z_4-5\,Z_3: \end{matrix} \begin{vmatrix} 1 & 1 & 2 & 1 \\ 0 & 1 & -2 & -1 \\ 0 & 0 & -1 & 0 \\ 0 & 0 & 0 & -4 \end{vmatrix} = 4\,.$$

3.12.11 Bemerkung. Alle Rechenregeln für Determinanten gelten für Matrizen über beliebigen Körpern. Für uns sind $\mathbb{R}$ und $\mathbb{C}$ die interessantesten, weil man in diesen Körpern sinnvoll Analysis betreiben kann. In der Informatik (insbesondere Codierungstheorie) werden endliche Körper wichtig.

3.13 Cofaktoren, Adjunkte und Entwicklungssatz

3.13.1 Definition. Es sei $A \in \mathbb{K}^{n\times n}$ eine quadratische Matrix.
Mit $\widetilde{A}_{jk}$ bezeichnen wir die $\big((n-1)\times(n-1)\big)$-Matrix, die aus A entsteht, indem man die j-te Zeile und die k-te Spalte streicht. Der (j,k)-*Cofaktor* von A (oder die (j,k)-*Adjunkte*) ist die vorzeichenbehaftete Unterdeterminante

$$\tilde{a}_{jk} := (-1)^{j+k} \det \widetilde{A}_{jk} .$$

Die *Cofaktor-Matrix* von A ist $\widetilde{A} := \big(\tilde{a}_{jk}\big)_{1\leqq j,k\leqq n}$, deren Transponierte $\widetilde{A}^{\mathsf{T}}$ heißt *Adjunkte* von A.

3.13.2 Beispiel.

$$A = \begin{pmatrix} 4 & 5 & 2 \\ -1 & 0 & 3 \\ 1 & 1 & 2 \end{pmatrix} : \qquad \tilde{A}_{12} = \begin{pmatrix} \cancel{4} & \cancel{5} & \cancel{2} \\ -1 & \cancel{0} & 3 \\ 1 & \cancel{1} & 2 \end{pmatrix} = \begin{pmatrix} -1 & 3 \\ 1 & 2 \end{pmatrix}$$

$$\tilde{A}_{22} = \begin{pmatrix} 4 & \cancel{5} & 2 \\ \cancel{-1} & \cancel{0} & \cancel{3} \\ 1 & \cancel{1} & 2 \end{pmatrix} = \begin{pmatrix} 4 & 2 \\ 1 & 2 \end{pmatrix}$$

Wir erhalten z. B. die (j,k)-Cofaktoren

$$\tilde{a}_{12} = (-1)^{1+2} \begin{vmatrix} -1 & 3 \\ 1 & 2 \end{vmatrix} = (-1)\cdot(-2-3) = 5 ,$$

$$\tilde{a}_{22} = (-1)^{2+2} \begin{vmatrix} 4 & 2 \\ 1 & 2 \end{vmatrix} = 1\cdot(8-2) = 6 .$$

Insgesamt ergibt sich $\widetilde{A} = \begin{pmatrix} -3 & 5 & -1 \\ -8 & 6 & 1 \\ 15 & -14 & 5 \end{pmatrix}$ und $\widetilde{A}^{\mathsf{T}} = \begin{pmatrix} -3 & -8 & 15 \\ 5 & 6 & -14 \\ -1 & 1 & 5 \end{pmatrix}$.

3.13.3 Bemerkung. Anstatt für jeden Cofaktor das Vorzeichen $(-1)^{j+k}$ zu berechnen, kann man auch das über die Matrix verteilte *Vorzeichenmuster* (Schachbrettmuster) benutzen:

$$\begin{pmatrix} + & - & + & \cdots & \pm \\ - & + & - & \cdots & \mp \\ + & - & + & \cdots & \pm \\ \vdots & \vdots & \vdots & \ddots & \vdots \\ \pm & \mp & \pm & \cdots & + \end{pmatrix}$$

3.13.4 Entwicklungssatz. *Es sei* $A = (a_{jk}) \in \mathbb{K}^{n\times n}$. *Dann gilt für alle* j,k:

1. $\det A = \sum_{\ell=1}^{n} a_{j\ell}\tilde{a}_{j\ell}$ *(Entwicklung nach der* j*-ten Zeile)*
2. $\det A = \sum_{\ell=1}^{n} a_{\ell k}\tilde{a}_{\ell k}$ *(Entwicklung nach der* k*-ten Spalte)*

Außerdem gilt:

3. $A\,\widetilde{A}^{\mathsf{T}} = (\det A)\,E_n = \widetilde{A}^{\mathsf{T}}\,A$.

3.13.5 Beispiel.
Wir entwickeln die Determinante von $A = \begin{pmatrix} 1 & 1 & 0 & -1 \\ 2 & 3 & 1 & 1 \\ 1 & 0 & 1 & 1 \\ 1 & -1 & 2 & 0 \end{pmatrix}$ nach der ersten Spalte:

$$|A| = (+1)\cdot 1\cdot\begin{vmatrix} 3 & 1 & 1 \\ 0 & 1 & 1 \\ -1 & 2 & 0 \end{vmatrix} + (-1)\cdot 2\cdot\begin{vmatrix} 1 & 0 & -1 \\ 0 & 1 & 1 \\ -1 & 2 & 0 \end{vmatrix}$$
$$+(+1)\cdot 1\cdot\begin{vmatrix} 1 & 0 & -1 \\ 3 & 1 & 1 \\ -1 & 2 & 0 \end{vmatrix} + (-1)\cdot 1\cdot\begin{vmatrix} 1 & 0 & -1 \\ 3 & 1 & 1 \\ 0 & 1 & 1 \end{vmatrix}$$

Jetzt kann man die (3×3)-Determinanten weiter entwickeln, oder auch die Regel von Sarrus anwenden.

Es ist besonders günstig, nach einer Zeile oder Spalte zu entwickeln, die viele Nullen enthält.

3.13.6 Beispiel. Die folgende Determinante entwickelt man am besten nach der dritten Zeile:

$$\begin{vmatrix} 2 & 3 & 15 \\ -1 & 1 & 17 \\ 0 & 0 & 4 \end{vmatrix} = (+1)\cdot 4\cdot\begin{vmatrix} 2 & 3 \\ -1 & 1 \end{vmatrix} = 4\cdot(2+3) = 20\,.$$

3.13.7 Lemma. *Für jede quadratische Matrix A gilt* $\det A = \det A^\top$.

Beweis. Wir gehen per Induktion nach der Anzahl n der Zeilen vor:

(IA) Für $n = 1$ stimmen Matrix und Transponierte überein.

(IS) Jetzt nehmen wir an, dass für jede $(n \times n)$-Matrix die Determinante mit der der Transponierten übereinstimmt.

Es sei A eine quadratische Matrix mit $n+1$ Zeilen. Um die Determinante der Transponierten $A^\top = (b_{kj})$ (mit $b_{kj} = a_{jk}$) zu bestimmen, entwickeln wir nach der ersten Zeile: Das Schachbrettmuster der Vorzeichenverteilung ändert sich beim Transponieren nicht. Für die Cofaktoren $\tilde{b}_{kj}$ der Transponierten gilt $\tilde{b}_{kj} = \tilde{a}_{jk}$ [Ind.-Ann.], wir erhalten also $\det A^\top = \sum_{\ell=1}^{n+1} b_{1\ell}\,\tilde{b}_{1\ell} = \sum_{\ell=1}^{n+1} a_{\ell 1}\,\tilde{a}_{\ell 1} = \det A$ [nach der ersten Spalte entwickelt]. □

3.14 Lösungsverhalten linearer Gleichungssysteme

Wir sammeln Wissen aus 3.7.6, 3.9.8, 3.10.6, 3.10.7, 3.10.8, 3.12.2 und 3.12.3:

3.14.1 Zusammenfassung. Es sei $A \in \mathbb{K}^{z \times s}$.
Wir betrachten lineare Gleichungssysteme der Form

$$(S_b) \qquad Ax = b \qquad \text{mit rechter Seite} \quad b \in \mathbb{K}^z .$$

1. Jedes *homogene* LGS (S_0) hat (mindestens) eine Lösung, der Lösungsraum $\mathcal{L}(S_0)$ ist ein Untervektorraum von $\mathbb{K}^s$ mit $\dim \mathcal{L}(S_0) = s - \operatorname{Rg} A$.
2. Das LGS (S_b) hat für *jede* rechte Seite $b \in \mathbb{K}^z$ *genau eine* Lösung $x \in \mathbb{K}^s$ dann (und nur dann), wenn eine der folgenden (äquivalenten) Bedingungen erfüllt ist:
   - $s = z$ und $\det A \neq 0$.
   - $s = z$ und $\operatorname{Rg} A = s$.
   - A ist *invertierbar*, hat also eine (Rechts- *und* Links-)Inverse.
3. Im Fall $s = z$ und $\det A = 0$ gibt es rechte Seiten $b \in \mathbb{K}^z$ derart, dass (S_b) *keine* Lösung hat, und es gibt rechte Seiten b derart, dass (S_b) *mehrere* Lösungen hat.
   Für jede rechte Seite dieser Art ist der Lösungsraum $\mathcal{L}(S_b) = v_{\mathrm{sp}} + \mathcal{L}(S_0)$ ein affiner Teilraum parallel zum Lösungsraum $\mathcal{L}(S_0)$ des zugehörigen homogenen Systems (S_0), hat also Dimension $s - \operatorname{Rg} A$. Es gibt weder eine Rechts- noch eine Linksinverse.

4. Im Fall $s \neq z$ kann man keine Determinante benutzen. Es gilt:
   - Falls $\operatorname{Rg} A = z$, so hat das LGS (S_b) für *jede* rechte Seite $b \in \mathbb{K}^z$ *mehrere* Lösungen, der Lösungsraum ist wieder $\mathcal{L}(S_b) = v_{\mathrm{sp}} + \mathcal{L}(S_0)$, hat also Dimension $s - \operatorname{Rg} A = s - z > 0$. In diesem Fall hat A (mehrere) *Rechtsinverse*, aber *keine Linksinverse*.
   - Falls $\operatorname{Rg} A = s < z$, so gibt es rechte Seiten $b \in \mathbb{K}^z$ so, dass (S_b) *keine* Lösung hat, aber es gibt dann auch rechte Seiten b, für die (S_b) eine Lösung hat. Diese Lösung ist dann *eindeutig*. Die Matrix A hat in diesem Fall (mehrere) *Linksinverse*, aber *keine Rechtsinverse*.
   - Falls $\operatorname{Rg} A < \min\{s, z\}$, so gibt es wieder beides: rechte Seiten, für die (S_b) *keine* bzw. *mehrere* Lösungen hat. In diesem Fall hat A *weder Rechts- noch Linksinverse*.

5. Allgemein gilt (siehe 3.9.8): Die Matrix A und die erweiterte Matrix $[A\|b]$ haben genau dann denselben Rang, wenn das LGS $Ax = b$ eine Lösung hat.

Jede lineare Abbildung zwischen Vektorräumen endlicher Dimension kann man (nach Wahl von Basen) durch eine Matrix beschreiben, vgl. 3.8.8.

3.14.2 Anwendung auf lineare Abbildungen. Es sei $A \in \mathbb{K}^{z \times s}$.

1. Die lineare Abbildung $\alpha\colon \mathbb{K}^s \to \mathbb{K}^z\colon x \mapsto Ax$ ist *surjektiv* genau dann, wenn für *jede* rechte Seite $b \in \mathbb{K}^z$ das LGS $Ax = b$ *mindestens* eine Lösung hat. Dies ist genau dann der Fall, wenn $\operatorname{Rg} A = z$ gilt. In diesem Fall hat A eine Rechtsinverse.
2. Die lineare Abbildung $\alpha\colon \mathbb{K}^s \to \mathbb{K}^z\colon x \mapsto Ax$ ist *injektiv* genau dann, wenn für *jede* rechte Seite $b \in \mathbb{K}^z$ das LGS $Ax = b$ *höchstens* eine Lösung hat. Dies ist genau dann der Fall, wenn $\operatorname{Rg} A = s$ gilt. In diesem Fall hat A eine Linksinverse.
3. Die lineare Abbildung $\alpha\colon \mathbb{K}^s \to \mathbb{K}^z\colon x \mapsto Ax$ ist *bijektiv* genau dann, wenn für *jede* rechte Seite $b \in \mathbb{K}^z$ das LGS $Ax = b$ *genau* eine Lösung hat. Dies ist genau dann der Fall, wenn $z = \operatorname{Rg} A = s$ gilt. In diesem Fall hat A eine Inverse.

Ist $\mathbb{K}$ ein *unendlicher* Körper (z. B. $\mathbb{K} \in \{\mathbb{R}, \mathbb{C}\}$ wie fast immer bei unseren Untersuchungen), so bedeutet „mehrere" Lösungen bei einem LGS immer auch „unendlich viele".

4 Transformationen und Transformationsgruppen

Transformationen benutzt man vor allem, um in einem gegebenen mathematischen Modell den eigentlich relevanten Objekten möglichst einfache Beschreibungen zu geben.

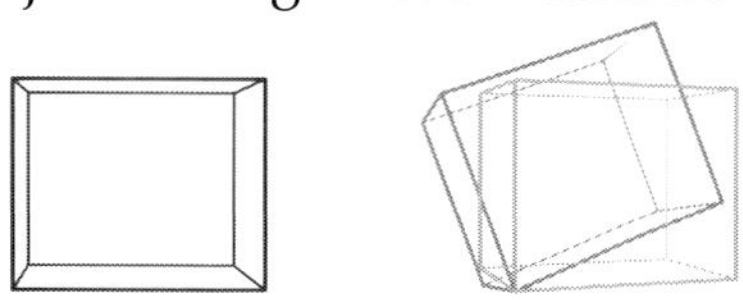

- Man dreht etwa einen Quader so, dass die Kanten parallel zu den Koordinatenachsen zu liegen kommen.
- Man vertauscht Zeilen in der erweiterten Koeffizientenmatrix eines LGS, um auf Stufenform zu kommen.

Wichtig für die praktische Handhabung:

- Wir wollen die Transformationen in *einfache Schritte* zerlegen bzw. aus solchen *zusammensetzen*.
- Jede der Transformationen muss sich *rückgängig machen* lassen.

Der adäquate mathematische Begriff ist der der Gruppe.

4.1 Gruppen

Wir erinnern an die **Gruppenaxiome**, vgl. 1.7.5:

Eine Menge G mit einer Operation $*$ heißt eine *Gruppe*, wenn die folgenden Bedingungen erfüllt sind:

- *Assoziativität von* $*$: $\quad \forall\, a,b,c \in G : \ (a*b)*c = a*(b*c)$
- *Neutralelement für* $*$: $\quad \exists\, e \in G\, \forall\, a \in G : \ a*e = a = e*a$
- *Inverse für* $*$: $\quad \forall\, a \in G\, \exists\, c \in G : \ a*c = e = c*a$

Eine Gruppe $(G,*)$ heißt *kommutative* oder *abelsche Gruppe,* wenn außerdem gilt:

- *Kommutativität von* $*$: $\forall\, a,b \in G : a * b = b * a$

Abelsche Gruppen werden meist additiv geschrieben (also mit $+$ statt $*$, und 0 statt e). Als Symbol für die Gruppenoperation verwendet man neben $+$ und $\cdot$ oft $\circ$ (statt $*$). Manchmal unterdrückt man das Symbol auch ganz ...

4.1.1 Beispiel. Es sei $\mathbb{K}$ ein Körper. Die Menge $\mathrm{GL}(n,\mathbb{K})$ aller *invertierbaren* $(n \times n)$-Matrizen bildet mit der Matrizenmultiplikation eine Gruppe. Man nennt diese Gruppe die *generelle lineare Gruppe.*

[Das Produkt von zwei invertierbaren Matrizen ist wieder invertierbar [es gilt $(A \cdot B)^{-1} = B^{-1} \cdot A^{-1}$].
Multiplikation von Matrizen ist assoziativ.
Das Neutralelement ist E_n.
Das Inverse ist das Inverse.]

4.1.2 Beispiel. Für $n \geqq 2$ ist $\mathrm{GL}(n,\mathbb{K})$ nicht abelsch!

4.1.3 Beispiele abelscher Gruppen.

$$(\mathbb{Z},+)\,, \qquad (\mathbb{Q}\setminus\{0\},\cdot)\,, \qquad (\mathbb{C}\setminus\{0\},\cdot)\,.$$

4.2 Untergruppen

4.2.1 Definition. Es sei $(G,*)$ eine Gruppe. Eine Teilmenge $U \subseteqq G$ heißt *Untergruppe* von $(G,*)$, wenn U zusammen mit der Einschränkung der Verknüpfung $*$ wieder eine Gruppe $(U,*)$ bildet.

4.2.2 Untergruppenkriterium. *Ist* $(G,*)$ *eine Gruppe und* $U \subseteqq G$ *eine nicht leere Teilmenge, so bildet* U *genau dann eine Untergruppe, wenn gilt:*

$$\circledast \qquad \forall\, u,v \in U : \; u * v^{-1} \in U\,.$$

Bevor wir das Untergruppenkriterium beweisen, halten wir fest:

4.2.3 Bemerkung. In jeder Gruppe sind Neutralelement und Inverse eindeutig bestimmt. Außerdem gilt stets $(v^{-1})^{-1} = v$.

Beweis des Untergruppenkriteriums. Wenn U eine Untergruppe bildet, sind zu $u, v \in U$ jedenfalls v^{-1} und dann auch $u * (v^{-1})$ in U. Also ist ⊛ erfüllt.

Jetzt nehmen wir umgekehrt an, dass ⊛ erfüllt sei.
Weil U nicht leer ist, können wir ein Element $x \in U$ wählen und erhalten mit ⊛: $e = x * x^{-1} \in U$. Also enthält U das Neutralelement.
Für jedes $u \in U$ gilt jetzt $u^{-1} = e * u^{-1} \in U$. Also enthält U zu jedem seiner Elemente das Inverse.
Schließlich erhalten wir für beliebige $u, v \in U$: $u*v = u*(v^{-1})^{-1} \in U$. Damit ist in U die Verknüpfung $*$ wirklich definiert (liefert wieder Elemente von U). Dass die Verknüpfung $*$ auf U assoziativ ist, ist offensichtlich. □

4.2.4 Beispiel. Die Menge $\mathrm{SL}(n, \mathbb{K})$ aller $(n \times n)$-Matrizen mit Determinante 1 bildet eine Untergruppe von $\mathrm{GL}(n, \mathbb{K})$, genannt die *spezielle lineare Gruppe*.

[Jedenfalls ist $\mathrm{SL}(n, \mathbb{K})$ nicht leer [es ist z. B. $E_n \in \mathrm{SL}(n, \mathbb{K})$], wir können also das Untergruppenkriterium 4.2.2 verwenden:
Für $A, B \in \mathrm{SL}(n, \mathbb{K})$ gilt $\det(A \cdot B^{-1}) = \det A \cdot \det B^{-1} = 1 \cdot 1^{-1} = 1$, also $A \cdot B^{-1} \in \mathrm{SL}(n, \mathbb{K})$.]

4.2.5 Beispiel. Die Menge $\mathrm{O}(n, \mathbb{R}) := \left\{ A \in \mathrm{GL}(n, \mathbb{R}) \,\middle|\, A^\intercal = A^{-1} \right\}$ bildet eine Untergruppe von $\mathrm{GL}(n, \mathbb{R})$, die *orthogonale Gruppe*.

[Für $A, B \in \mathrm{O}(n, \mathbb{R})$ gilt $(A \cdot B^{-1})^\intercal = (B^{-1})^\intercal \cdot A^\intercal = B^{\intercal\intercal} \cdot A^{-1} = B \cdot A^{-1} = (A \cdot B^{-1})^{-1}$. Also gilt auch $A \cdot B^{-1} \in \mathrm{O}(n, \mathbb{R})$.]

4.2.6 Beispiel. Die *unitäre Gruppe* $\mathrm{U}(n, \mathbb{C}) := \left\{ A \in \mathrm{GL}(n, \mathbb{C}) \,\middle|\, \bar{A}^\intercal = A^{-1} \right\}$ ist eine Untergruppe von $\mathrm{GL}(n, \mathbb{C})$. [Untergruppenkriterium 4.2.2]

4.2.7 Beispiel. Die Menge

$$\left\{ \begin{pmatrix} \lambda_1 & a_{12} & \cdots & a_{1n} \\ 0 & \ddots & \ddots & \vdots \\ \vdots & \ddots & \ddots & a_{n-1\,n} \\ 0 & \cdots & 0 & \lambda_n \end{pmatrix} \,\middle|\, \begin{matrix} a_{12}, \ldots, a_{n-1\,n} \in \mathbb{K}, \\ \lambda_1, \ldots, \lambda_n \in \mathbb{K} \setminus \{0\} \end{matrix} \right\}$$

aller invertierbaren oberen Dreiecksmatrizen bildet eine Untergruppe von $\mathrm{GL}(n, \mathbb{K})$.

[Hier scheint das Untergruppenkriterium nicht ganz so nützlich ...]

4.3 Symmetrische Gruppen

Durch Symmetrieüberlegungen kann man sich oft viel Arbeit sparen.

4.3.1 Beispiel. Ein gleichschenkliges Dreieck hat eine Symmetrieachse, ein gleichseitiges Dreieck hat sogar deren drei:

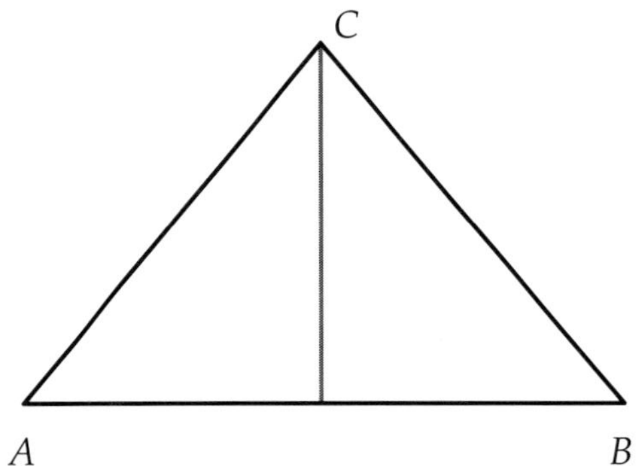

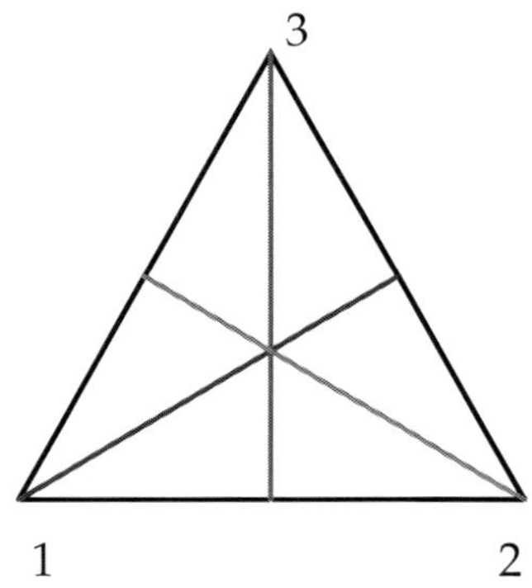

Zusätzlich haben wir noch Drehungen: Beim gleichseitigen Dreieck um je 120° im bzw. gegen den Uhrzeigersinn, außerdem in beiden Fällen die Drehung um 0°.

Man kann die Symmetrien des Dreiecks beschreiben, indem man die Wirkung der Drehungen/Spiegelungen auf der Menge M der Ecken angibt. Dabei erhält man bijektive Abbildungen von M auf sich, mit anderen Worten: *Permutationen* von M, im Sinne von 1.6.8.

Symmetrien werden also durch Elemente von $\mathrm{Sym}(M)$ beschrieben (daher der Name).

4.3.2 Tabellenschreibweise für Permutationen.

Ist $M = \{1, \ldots, n\}$, so schreibt man $S_n := \mathrm{Sym}(M)$.

Jede Permutation $\pi \in S_n$ kann man angeben als (Werte-) *Tabelle*:

1	2	3	$\cdots$	n
$\pi(1)$	$\pi(2)$	$\pi(3)$	$\cdots$	$\pi(n)$

4.3.3 Beispiel.

Spiegelung an der Winkelhalbierenden durch 1 im gleichseitigen Dreieck:

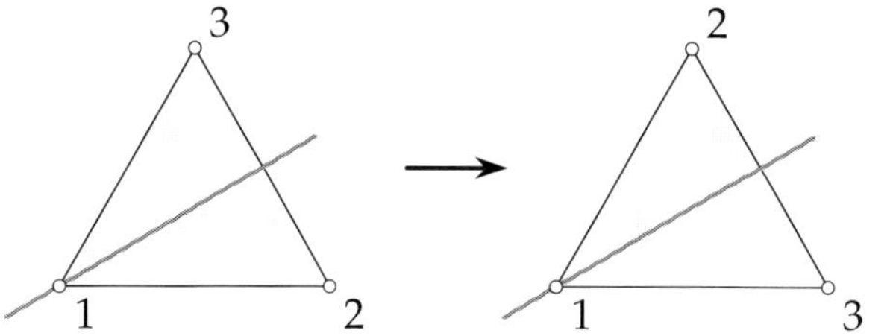

1	2	3
1	3	2

Drehung um den Mittelpunkt um den Winkel $\frac{2\pi}{3}$:

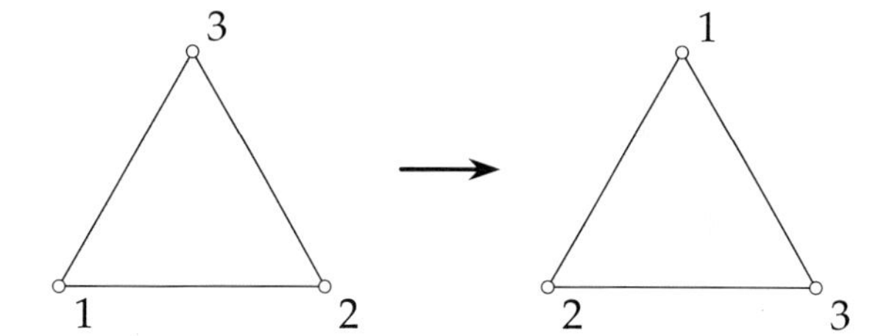

1	2	3
2	3	1

Die Tabellenschreibweise von Permutationen nimmt zu viel Platz in Anspruch. Folgendermaßen lassen sich Permutationen erheblich kürzer beschreiben.

4.3.4 Zykelschreibweise von Permutationen.

Für $\pi \in S_n$ und $i \in \{1, 2, 3, \ldots, n\}$ betrachtet man die Folge

$$i \longmapsto \pi(i) \longmapsto \pi(\pi(i)) =: \pi^2(i) \longmapsto \cdots \longmapsto \pi^k(i) \longmapsto \cdots$$

Hierbei ist

$$\pi^2 := \pi \circ \pi , \quad \ldots \quad , \quad \pi^k := \underbrace{\pi \circ \pi \circ \cdots \circ \pi}_{k\text{-mal}}$$

und π^0 bezeichnet die identische Abbildung. Weil es nur endlich viele Elemente in der Menge $\{1, 2, 3, \ldots, n\}$ gibt, kommt es in dieser Folge zu Wiederholungen: Wir finden zu fest gewähltem i also Exponenten $j, k \in \mathbb{N}_0$ so, dass

$$\left(\pi^k(i) = \pi^j(i)\right) \wedge \left(j < k\right)$$

Wir wählen k minimal und wenden die Permutation π^{-1} auf beiden Seiten der Gleichung $\pi^k(i) = \pi^j(i)$ jeweils j-mal an: Es ergibt sich $\pi^{k-j}(i) = i$. Wegen der Minimalität von k muss $j = 0$ gewesen sein.

Außerdem sieht man: Die Zahlen $i, \pi(i), \pi^2(i), \ldots, \pi^{k-1}(i)$ sind paarweise verschieden, da k minimal war. Man erhält den *Zykel*

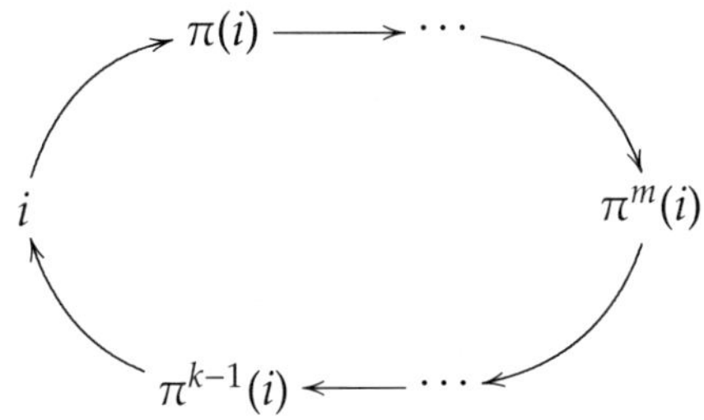

für den wir die Schreibweise $\left(i, \pi(i), \ldots, \pi^{k-1}(i)\right)$ verwenden. Diese ist bis auf zyklische Vertauschung eindeutig. Man nennt k die *Länge des Zykels*, zu dem i gehört. Da jede Zahl aus $\{1, 2, 3, \ldots, n\}$ zu einem Zykel von π gehört und zwei Zykel von π, die wenigstens eine Zahl gemein haben, übereinstimmen, erhält man eine Zerlegung der Menge $\{1, 2, 3, \ldots, n\}$ durch π in disjunkte (d. h. *ziffernfremde*) Zykel.

Besteht π aus m verschiedenen Zykeln, so nummerieren wir die Zykel und wählen aus dem Zykel mit Nummer j eine Zahl i_j (auch *Repräsentant* genannt). So erhalten wir eine Liste $(i_j)_{1 \leqq j \leqq n}$ von Repräsentanten.

Durch die Angabe der Zykel

$$\left(i_1, \pi(i_1), \ldots\right) \quad \cdots \quad \left(i_m, \pi(i_m), \cdots\right)$$

ist π festgelegt. Umgekehrt ist diese *Zyklenschreibweise* der Permutation π bis auf die Reihenfolge der Zykel und zyklische Vertauschung in den Zykeln eindeutig.

4.3.5 Beispiel. Die Permutation π sei in Tabellenschreibweise gegeben durch

$$\pi = \left|\begin{array}{c|c|c|c|c|c|c|c} 1 & 2 & 3 & 4 & 5 & 6 & 7 & 8 \\ \hline 3 & 6 & 4 & 7 & 1 & 2 & 5 & 8 \end{array}\right|.$$

Wir finden:

$1 \longmapsto 3 \longmapsto 4 \longmapsto 7 \longmapsto 5 \longmapsto 1$	Zykel der Länge 5
$2 \longmapsto 6 \longmapsto 2$	Zykel der Länge 2
$8 \longmapsto 8$	Zykel der Länge 1

Als Zykelschreibweise von π ergibt sich damit:

$$(1,3,4,7,5)\,(2,6)\,(8)\,.$$

In der Regel unterdrückt man 1-Zykel in der Notation, weil diese ohnehin keine Information tragen.

4.3.6 Definitionen. Jeder Zykel lässt sich als Permutation auffassen.

1. Man nennt eine Permutation einen *n-Zykel*, wenn sie genau einen Zykel der Länge n und sonst nur Zykel der Länge 1 besitzt.
2. Einen 2-Zykel nennt man *Transposition*.
3. Die Permutation, die nur aus 1-Zykeln besteht, ist die *identische Abbildung* – diese wird in der Regel mit id bezeichnet.

4.3.7 Bemerkung. Die Komposition von Permutationen ist im Allgemeinen nicht kommutativ. Beispielsweise gilt in S_3:

$$(1,2) \circ (1,2,3) = (2,3) \neq (1,3) = (1,2,3) \circ (1,2)\,.$$

Allgemein gilt: Für $n \geqq 3$ ist S_n nicht kommutativ.

Die symmetrische Gruppe S_n besitzt $n!$ Elemente (vgl. 1.6.8).

4.3.8 Satz. *Es sei $n \geqq 2$. Dann lässt sich jede Permutation in S_n als Komposition (Hintereinanderausführung, Produkt) von Transpositionen schreiben.*

Beweis. Da jede Permutation in Zykel zerlegt werden kann, genügt es zu zeigen, dass sich jeder Zykel als Komposition von Transpositionen darstellen lässt. Die identische Abbildung ist das Produkt irgendeiner Transposition [wegen $n \geqq 2$ gibt es in S_n wenigstens eine Transposition] mit sich selbst. Den Rest der Aussage zeigt man durch Induktion:

(IA) Für einen 2-Zykel ist die Aussage trivial, denn dieser ist selbst eine Transposition.

(IS) Angenommen jeder k-Zykel lasse sich als Komposition von Transpositionen schreiben. Dann gilt für einen $(k+1)$-Zykel

$$\left(i, \pi(i), \ldots, \pi^{k-1}(i), \pi^k(i)\right) = \left(i, \pi^k(i)\right) \circ \left(i, \pi(i), \ldots, \pi^{k-1}(i)\right)$$

Dies bestätigt man durch einfaches Nachrechnen. Der k-Zykel auf der rechten Seite lässt sich nach Induktionsannahme als Komposition von Transpositionen darstellen. Somit folgt, dass auch jeder $(k+1)$-Zykel eine Komposition von Transpositionen ist. □

4.4 Signum und Determinanten

4.4.1 Definitionen. Sei $\pi \in S_n$. Dann nennt man die Matrix

$$A(\pi) := (a_{ij})_{1 \leq i,j \leq n} \in \mathbb{R}^{n \times n} \quad \text{mit} \quad a_{ij} := \begin{cases} 1 & i = \pi(j) \\ 0 & i \neq \pi(j) \end{cases}$$

die *Permutationsmatrix* zu π. Die Determinante $\mathrm{sig}(\pi) := \det A(\pi)$ nennt man das *Signum* von π.

4.4.2 Beispiel. Es sei

$$\pi = \begin{pmatrix} 1 & 2 & 3 \\ 3 & 1 & 2 \end{pmatrix}$$

dann sind gemäß obiger Definition nur die Einträge

$$a_{31} = 1\,, \qquad a_{12} = 1\,, \qquad a_{23} = 1$$

von Null verschieden. Daraus ergibt sich die Permutationsmatrix

$$A(\pi) = \begin{pmatrix} 0 & 1 & 0 \\ 0 & 0 & 1 \\ 1 & 0 & 0 \end{pmatrix}$$

Das Signum von π berechnet sich dann zu $\mathrm{sig}(\pi) = \det A(\pi) = 1$.

4.4.3 Satz. *Für alle $\alpha, \beta \in S_n$ gilt:*

1. $\operatorname{sig}(\alpha) = 1 \quad \vee \quad \operatorname{sig}(\alpha) = -1$
2. $\operatorname{sig}(\beta \circ \alpha) = \operatorname{sig}(\beta)\, \operatorname{sig}(\alpha)$

Beweis. Die Matrix $A(\pi)$ entsteht aus der Einheitsmatrix E_n durch Spaltentausch. Das Tauschen von Spalten einer Matrix ändert aber nur das Vorzeichen ihrer Determinante. Es ist somit $\operatorname{sig}(\alpha) = \det A(\alpha) = \pm \det E_n = \pm 1$, und die erste Behauptung ist bewiesen.

Zum Beweis der zweiten Behauptung halten wir zunächst fest, dass gilt:

$$A(\beta \circ \alpha) = A(\beta)\, A(\alpha)\,.$$

[Dies sieht man, indem man die linearen Abbildungen

$$\begin{aligned} \mu\colon\ x &\longmapsto A(\beta \circ \alpha)\, x \\ \varphi\colon\ x &\longmapsto A(\alpha)\, x \\ \psi\colon\ x &\longmapsto A(\beta)\, x \end{aligned}$$

an den Standardbasisvektoren e_j auswertet und damit verifiziert:

$$\mu = \varphi \circ \psi\,.$$

]

Die zweite Behauptung des Satzes folgt nun aus der Multiplikativität der Determinante 3.12.3:

$$\det A(\beta \circ \alpha) = \det\bigl(A(\beta)\, A(\alpha)\bigr) = \det A(\beta)\, \det A(\alpha)\,.$$

4.4.4 Folgerung. *Da man nach 4.3.8 jede Permutation als Komposition von Transpositionen darstellen kann, folgt aus 4.4.3:*

$$\operatorname{sig}(\pi) = \begin{cases} 1 & \textit{falls } \pi \textit{ Produkt einer geraden Anzahl,} \\ -1 & \textit{falls } \pi \textit{ Produkt einer ungeraden Anzahl} \\ & \qquad\qquad \textit{von Transpositionen.} \end{cases}$$

4.4.5 Beispiel. Wir benutzen 4.4.4, um für alle Elemente $\pi \in S_3$ das Signum zu berechnen:

π	id	(1 2)	(1 3)	(2 3)	(1 2 3) = (1 2) (1 3)	(1 3 2) = (1 3) (1 2)
$\text{sig}(\pi)$	1	−1	−1	−1	1	1

Mit Hilfe von Permutationen (und insbesondere deren Signum) können wir jetzt eine allgemeine, geschlossene Formel für Determinanten angeben:

4.4.6 Satz. *Sei* $A = (a_{jk})_{1 \leqq j,k \leqq n} \in K^{n \times n}$. *Dann gilt*

$$\det A = \sum_{\sigma \in S_n} \text{sig}(\sigma) \cdot a_{\sigma(1)\,1} \cdot a_{\sigma(2)\,2} \cdots a_{\sigma(n)\,n}\,.$$

4.4.7 Beispiel. Für $n = 3$ ergibt sich

σ	$\text{sig}(\sigma) \cdot a_{\sigma(1)\,1} \cdot a_{\sigma(2)\,2} \cdot a_{\sigma(3)\,3}$
id	$1 \cdot a_{11} \cdot a_{22} \cdot a_{33}$
(1 2)	$-1 \cdot a_{21} \cdot a_{12} \cdot a_{33}$
(1 3)	$-1 \cdot a_{31} \cdot a_{22} \cdot a_{13}$
(2 3)	$-1 \cdot a_{11} \cdot a_{32} \cdot a_{23}$
(1 2 3)	$1 \cdot a_{21} \cdot a_{32} \cdot a_{13}$
(1 3 2)	$1 \cdot a_{31} \cdot a_{12} \cdot a_{23}$

Man stellt durch Vergleich leicht fest, dass die Summe dieser vorzeichenbehafteten Terme mit dem Ergebnis der Regel von Sarrus 3.11.5 übereinstimmt.

Für $n = 4$ erhält man $4! = 24$ Summanden für die Determinante. Daher ist die angegebene Formel unter praktischen Gesichtspunkten in der Regel unbrauchbar.

Wir benutzen die Beschreibung aus 4.4.6, um einen alternative Begründung für den aus 3.13.7 bekannten Sachverhalt zu geben:

4.4.8 Anwendung: Beweis der Beziehung $\det A = \det A^{\mathsf{T}}$.

Für $\det A$ ergeben sich nach der Formel aus 4.4.6 Summanden folgender Gestalt:

$$a_{\sigma(1)\,1} \cdot a_{\sigma(2)\,2} \cdots a_{\sigma(n)\,n} = a_{1\,\sigma^{-1}(1)} \cdot a_{2\,\sigma^{-1}(2)} \cdots a_{n\,\sigma^{-1}(n)}$$

Betrachtet man die Summanden der Determinante der Matrix $A^\top = (b_{ij})_{1 \leqq j,k \leqq n}$ mit $b_{ij} = a_{ji}$, so erhält man

$$a_{\sigma(1)\,1} \cdot a_{\sigma(2)\,2} \cdots a_{\sigma(n)\,n} = b_{\sigma^{-1}(1)\,1} \cdot b_{\sigma^{-1}(2)\,2} \cdots b_{\sigma^{-1}(n)\,n}$$

Ferner ist $\operatorname{sig}(\sigma) = \operatorname{sig}(\sigma^{-1})$, denn es gilt

$$\operatorname{sig}(\sigma)\ \operatorname{sig}(\sigma^{-1}) = \operatorname{sig}(\sigma \circ \sigma^{-1}) = \operatorname{sig}(\mathrm{id}) = 1\,.$$

Zusammengenommen erhält man somit

$$\underbrace{\operatorname{sig}(\sigma) \cdot a_{\sigma(1)\,1} \cdot a_{\sigma(2)\,2} \cdot \cdots \cdot a_{\sigma(n)\,n}}_{\text{Summand von } \det A} = \underbrace{\operatorname{sig}(\sigma^{-1}) \cdot b_{\sigma^{-1}(1)\,1} \cdot b_{\sigma^{-1}(2)\,2} \cdot \cdots \cdot b_{\sigma^{-1}(n)\,n}}_{\text{Summand von } \det A^\top}\,.$$

Durch die Bijektion $\sigma \longmapsto \sigma^{-1}$ geht die zur Berechnung von $\det A$ verwendete Summe also in die zur Berechnung von $\det A^\top$ über. Damit ist die Beziehung bewiesen. □

4.4.9 Anwendung. Entsteht die Matrix B aus der quadratischen Matrix A, indem man die (Nummern der) Zeilen (oder Spalten) von A der Permutation π unterwirft, so gilt $\det B = \operatorname{sig}(\pi) \det A$.

4.5 Orthonormalbasen und orthogonale Abbildungen

Zur Erinnerung (vgl. 2.9.8): Eine Orthonormalbasis (ONB) ist eine Basis $b_1, \ldots, b_n$ derart, dass $\langle b_j \mid b_k \rangle = \delta_{jk}$: die Basisvektoren sind jeweils normiert ($\langle b_j \mid b_j \rangle = 1$), und stehen paarweise aufeinander senkrecht ($\langle b_j \mid b_k \rangle = 0$, falls $j \neq k$).

4.5.1 Beispiel. Es gibt viele Orthonormalbasen in $\mathbb{R}^n$, z. B. für $n = 3$:

$$f_1 := \begin{pmatrix} \frac{1}{\sqrt{2}} \\ 0 \\ \frac{1}{\sqrt{2}} \end{pmatrix}, \quad f_2 := \begin{pmatrix} 0 \\ 1 \\ 0 \end{pmatrix}, \quad f_3 := \begin{pmatrix} -\frac{1}{\sqrt{2}} \\ 0 \\ \frac{1}{\sqrt{2}} \end{pmatrix}.$$

$\Big[$Es gilt $\big\langle f_j \,\big|\, f_k \big\rangle = \delta_{jk}$.$\Big]$

4.5.2 Definitionen.

1. Eine $(n \times n)$-Matrix A heißt *orthogonal*, wenn $A^{\top} A = E_n$.
2. Eine lineare Abbildung $\varphi \colon \mathbb{R}^n \to \mathbb{R}^n$ heißt *orthogonale Abbildung*, wenn die Matrix $A := {}_E\varphi_E$, die φ bezüglich der Standardbasis E beschreibt, orthogonal ist.

4.5.3 Bemerkung. Eine $(n \times n)$-Matrix ist genau dann orthogonal, wenn ihre Spalten eine ONB in $\mathbb{R}^n$ bilden.

4.5.4 Satz (Kennzeichnung orthogonaler Abbildungen). *Es sei $\varphi \colon \mathbb{R}^n \to \mathbb{R}^n$ eine lineare Abbildung.*

1. *Bildet φ irgendeine ONB wieder auf eine ONB ab, so ist φ orthogonal.*
2. *Ist φ orthogonal, so bildet φ jede ONB auf eine ONB ab.*

4.5.5 Beispiel. Die lineare Abbildung φ, die bezüglich der Standardbasis E durch die Matrix

$$
{}_E\varphi_E = F := (f_1, f_2, f_3) = \begin{pmatrix} \frac{1}{\sqrt{2}} & 0 & -\frac{1}{\sqrt{2}} \\ 0 & 1 & 0 \\ \frac{1}{\sqrt{2}} & 0 & \frac{1}{\sqrt{2}} \end{pmatrix}
$$

beschrieben wird, ist orthogonal.

Man kann das direkt nachrechnen:

$$
\begin{aligned}
F^{\top} \cdot F &= \begin{pmatrix} \frac{1}{\sqrt{2}} & 0 & \frac{1}{\sqrt{2}} \\ 0 & 1 & 0 \\ \frac{-1}{\sqrt{2}} & 0 & \frac{1}{\sqrt{2}} \end{pmatrix} \cdot \begin{pmatrix} \frac{1}{\sqrt{2}} & 0 & \frac{-1}{\sqrt{2}} \\ 0 & 1 & 0 \\ \frac{1}{\sqrt{2}} & 0 & \frac{1}{\sqrt{2}} \end{pmatrix} \\
&= \begin{pmatrix} \frac{1}{\sqrt{2}}\frac{1}{\sqrt{2}} + \frac{1}{\sqrt{2}}\frac{1}{\sqrt{2}} & 0 & \frac{1}{\sqrt{2}}\frac{-1}{\sqrt{2}} + \frac{1}{\sqrt{2}}\frac{1}{\sqrt{2}} \\ 0 & 1 & 0 \\ \frac{-1}{\sqrt{2}}\frac{1}{\sqrt{2}} + \frac{1}{\sqrt{2}}\frac{1}{\sqrt{2}} & 0 & \frac{-1}{\sqrt{2}}\frac{-1}{\sqrt{2}} + \frac{1}{\sqrt{2}}\frac{1}{\sqrt{2}} \end{pmatrix} = \begin{pmatrix} 1 & 0 & 0 \\ 0 & 1 & 0 \\ 0 & 0 & 1 \end{pmatrix}.
\end{aligned}
$$

Wir hätten eben auch so argumentieren können (mit Hilfe von 4.5.4): Die Bilder der Standardbasis werden dargestellt durch die Spalten

$$f_1 = \begin{pmatrix} \frac{1}{\sqrt{2}} \\ 0 \\ \frac{1}{\sqrt{2}} \end{pmatrix}, \quad f_2 = \begin{pmatrix} 0 \\ 1 \\ 0 \end{pmatrix}, \quad f_3 = \begin{pmatrix} -\frac{1}{\sqrt{2}} \\ 0 \\ \frac{1}{\sqrt{2}} \end{pmatrix} :$$

Dies ist wieder eine ONB, vgl. 4.5.1.

4.5.6 Lemma.

1. *Jede orthogonale Matrix ist invertierbar.*
2. *Jede orthogonale Abbildung ist bijektiv.*

Beweis. Ist A orthogonal, so ist $A^\top = A^{-1}$.
Ist φ eine orthogonale Abbildung, so wird die Inverse φ^{-1} zu φ durch $({}_E\varphi_E)^{-1} = ({}_E\varphi_E)^\top$ beschrieben $\left[\text{weil } {}_E\varphi_E \text{ orthogonal ist}\right]$. □

4.5.7 Satz. *Jede orthogonale Abbildung erhält das Skalarprodukt, und damit Längen und Winkel (insbesondere Orthogonalität).*

Beweis. Es sei $\varphi : \mathbb{R}^n \to \mathbb{R}^n$ eine orthogonale Abbildung. Wir müssen zeigen:

$$\forall x, y \in \mathbb{R}^n : \left\langle \varphi(x) \,\middle|\, \varphi(y) \right\rangle = \left\langle x \,\middle|\, y \right\rangle .$$

Dazu machen wir uns erst klar, dass gilt: $\left\langle x \,\middle|\, y \right\rangle = \sum_{j=1}^n x_j y_j = x^\top y$.
Jetzt beschreiben wir φ durch die Matrix $A := {}_E\varphi_E$ (bezüglich der Standardbasis E), und benutzen, dass A orthogonal ist:

$$\left\langle \varphi(x) \,\middle|\, \varphi(y) \right\rangle = (Ax)^\top (Ay) = x^\top (A^\top A) y = x^\top E_n y = x^\top y = \left\langle x \,\middle|\, y \right\rangle .$$

Damit ist klar, dass φ das Skalarprodukt (und alle darüber definierten Größen) erhält. □

Für beliebige quadratische Matrizen liefert der eben benutzte Rechentrick:

4.5.8 Lemma. *Für jede Matrix $A \in \mathbb{R}^{n\times n}$ und alle $v, w \in \mathbb{R}^n$ gilt:*

$$\left\langle Av \middle| w \right\rangle = \left\langle v \middle| A^\top w \right\rangle .$$

Beweis. Wir rechnen $\langle Av \,|\, w\rangle = (Av)^\top w = (v^\top A^\top)w = v^\top (A^\top w) = \langle v \,|\, A^\top w\rangle$. □

4.5.9 Definition. Es sei $A \in \mathbb{R}^{n\times n}$. Eine Matrix $B \in \mathbb{R}^{n\times n}$ heißt zu A *adjungiert* (bezüglich des Standardskalarprodukts $\langle\cdot\,|\,\cdot\rangle$), wenn sie die folgende Bedingung erfüllt: $\forall\, v, w \in \mathbb{R}^n$: $\langle Av \,|\, w\rangle = \langle v \,|\, Bw\rangle$.

Es gibt (bezüglich des Standardskalarprodukts) genau eine Adjungierte, nämlich $B = A^\top$.

Satz 4.5.7 können wir auch so interpretieren: Die Adjungierte einer orthogonalen Matrix A ist die Inverse A^{-1}.

Basis → Orthonormalbasis

4.5.10 Schmidtsches Orthonormierungsverfahren.

Gegeben sei ein linear unabhängiges System B: $b_1, \ldots, b_m$ von Vektoren in $\mathbb{R}^n$ (also eine Basis für den Untervektorraum $U = \mathrm{L}(B) = \mathrm{L}(b_1, \ldots b_m)$). Wir wollen daraus ein *Orthonormalsystem* F: $f_1, \ldots, f_m$ gewinnen, und zwar derart, dass die folgende Nebenbedingung erfüllt ist:

Für alle $j \leqq m$ ist der Aufspann $\mathrm{L}\left(f_1, \ldots, f_j\right)$ gleich $\mathrm{L}\left(b_1, \ldots, b_j\right)$.

Eine Lösung ist das folgende Verfahren:

Man konstruiert den ersten Vektor durch Normieren: $f_1 := \dfrac{b_1}{|b_1|}$.
[Die Nebenbedingung $\mathrm{L}(f_1) = \mathrm{L}(b_1)$ ist offenbar erfüllt.]

Für $j = 2$ setzen wir an: $\quad f_2^* := b_2 - \left\langle b_2 \middle| f_1 \right\rangle f_1$

dann gilt

$$\begin{aligned} \left\langle f_2^* \middle| f_1 \right\rangle &= \left\langle b_2 - \left\langle b_2 \middle| f_1 \right\rangle f_1 \middle| f_1 \right\rangle \\ &= \left\langle b_2 \middle| f_1 \right\rangle - \left\langle b_2 \middle| f_1 \right\rangle \underbrace{\left\langle f_1 \middle| f_1 \right\rangle}_{=1} \\ &= \left\langle b_2 \middle| f_1 \right\rangle - \left\langle b_2 \middle| f_1 \right\rangle \\ &= 0 . \end{aligned}$$

Also steht f_2^* orthogonal zu f_1. Um ein Orthonormalsystem f_1, f_2 zu erhalten, müssen wir nur noch normieren: $f_2 := \dfrac{f_2^*}{|f_2^*|}$.

Weil f_2 eine Linearkombination von b_1, b_2 (und f_1 ein Vielfaches von b_1) ist, ist auch die Nebenbedingung $\mathrm{L}(b_1, b_2) = \mathrm{L}(f_1, f_2)$ erfüllt.

Wir haben jetzt bereits die ersten beiden Elemente unserer gesuchten ONB konstruiert. Wir gehen induktiv weiter vor:

Angenommen, es seien bereits k Vektoren $f_1, \ldots, f_k$ konstruiert, die ein Orthonormalsystem bilden und der Nebenbedingung $\mathrm{L}(f_1, \ldots, f_k) = \mathrm{L}(b_1, \ldots, b_k)$ genügen. Dann setzt man wieder an $f_{k+1}^* := b_{k+1} - \sum_{j=1}^{k} \left\langle b_{k+1} \,\middle|\, f_j \right\rangle f_j$. Wie oben rechnet man nach: $\forall \ell \leqq k$: $\left\langle f_{k+1}^* \,\middle|\, f_\ell \right\rangle = \left\langle b_{k+1} \,\middle|\, f_\ell \right\rangle - \sum_{j=1}^{k} \left\langle b_{k+1} \,\middle|\, f_j \right\rangle \left\langle f_j \,\middle|\, f_\ell \right\rangle = 0$.

Bleibt noch die Normierung: $f_{k+1} := \dfrac{f_{k+1}^*}{|f_{k+1}^*|}$.

Die Nebenbedingung $\mathrm{L}(f_1, \ldots, f_k, f_{k+1}) = \mathrm{L}(b_1, \ldots, b_k, b_{k+1})$ ergibt sich wieder aus $f_{k+1} \in \mathrm{L}(f_1, \ldots, f_k, b_{k+1}) = \mathrm{L}(b_1, \ldots, b_k, b_{k+1})$.

Wegen der Nebenbedingung bildet $\{f_1, \ldots, f_k, f_{k+1}, b_{k+2}, \ldots, b_m\}$ ein Erzeugendensystem für U:

$$\mathrm{L}(f_1, \ldots, f_k, f_{k+1}, b_{k+2}, \ldots, b_m) = \mathrm{L}(b_1, \ldots, b_k, b_{k+1}, b_{k+2}, \ldots, b_m) .$$

Aus Dimensionsgründen (vgl. 2.8.17) ist dies auch eine Basis von U. Also kann man das Verfahren fortsetzen, bis $k = m$ erreicht ist.

4.5.11 Beispiel. Wir wollen aus

$$b_1 = \begin{pmatrix} 1 \\ 0 \\ 1 \end{pmatrix}, \quad b_2 = \begin{pmatrix} 0 \\ 1 \\ 1 \end{pmatrix}, \quad b_3 = \begin{pmatrix} -1 \\ 0 \\ 1 \end{pmatrix}$$

eine ONB für $\mathbb{R}^3$ gewinnen.

Wir überprüfen, ob $\{b_1, b_2, b_3\}$ eine Basis von $\mathbb{R}^3$ ist:

Wegen

$$\mathrm{Rg}\begin{pmatrix} 1 & 0 & -1 \\ 0 & 1 & 0 \\ 1 & 1 & 1 \end{pmatrix} = 3$$

sind b_1, b_2, b_3 linear unabhängig, also eine Basis $\left[\dim \mathbb{R}^3 = 3\right]$.

Durchführung des Schmidtschen Orthonormierungsverfahrens:

$$f_1 := \frac{b_1}{|b_1|} = \frac{1}{\sqrt{2}}\begin{pmatrix} 1 \\ 0 \\ 1 \end{pmatrix}.$$

$$f_2^* := b_2 - \left\langle b_2 \,\middle|\, f_1 \right\rangle f_1$$

$$= \begin{pmatrix} 0 \\ 1 \\ 1 \end{pmatrix} - \left\langle \begin{pmatrix} 0 \\ 1 \\ 1 \end{pmatrix} \middle| \frac{1}{\sqrt{2}}\begin{pmatrix} 1 \\ 0 \\ 1 \end{pmatrix} \right\rangle \cdot \frac{1}{\sqrt{2}}\begin{pmatrix} 1 \\ 0 \\ 1 \end{pmatrix}$$

$$= \begin{pmatrix} 0 \\ 1 \\ 1 \end{pmatrix} - \frac{1}{\sqrt{2}} \cdot \frac{1}{\sqrt{2}}\begin{pmatrix} 1 \\ 0 \\ 1 \end{pmatrix} = \begin{pmatrix} -\frac{1}{2} \\ 1 \\ \frac{1}{2} \end{pmatrix}.$$

$$|f_2^*| = \sqrt{\frac{1}{4} + 1 + \frac{1}{4}} = \sqrt{\frac{6}{4}} = \frac{\sqrt{6}}{2}.$$

$$f_2 := \frac{f_2^*}{|f_2^*|} = \frac{2}{\sqrt{6}}\begin{pmatrix} -\frac{1}{2} \\ 1 \\ \frac{1}{2} \end{pmatrix} = \frac{1}{\sqrt{6}}\begin{pmatrix} -1 \\ 2 \\ 1 \end{pmatrix}.$$

$$f_3^* := b_3 - \left\langle b_3 \,\middle|\, f_1 \right\rangle f_1 - \left\langle b_3 \,\middle|\, f_2 \right\rangle f_2$$

$$= \begin{pmatrix} -1 \\ 0 \\ 1 \end{pmatrix} - \underbrace{\left\langle \begin{pmatrix} -1 \\ 0 \\ 1 \end{pmatrix} \middle| \frac{1}{\sqrt{2}}\begin{pmatrix} 1 \\ 0 \\ 1 \end{pmatrix} \right\rangle}_{=0} \cdot \frac{1}{\sqrt{2}}\begin{pmatrix} 1 \\ 0 \\ 1 \end{pmatrix}$$

$$- \left\langle \begin{pmatrix} -1 \\ 0 \\ 1 \end{pmatrix} \middle| \frac{1}{\sqrt{6}}\begin{pmatrix} -1 \\ 2 \\ 1 \end{pmatrix} \right\rangle \cdot \frac{1}{\sqrt{6}}\begin{pmatrix} -1 \\ 2 \\ 1 \end{pmatrix}$$

$$= \begin{pmatrix} -1 \\ 0 \\ 1 \end{pmatrix} - \frac{2}{6}\begin{pmatrix} -1 \\ 2 \\ 1 \end{pmatrix} = \begin{pmatrix} -1 \\ 0 \\ 1 \end{pmatrix} + \begin{pmatrix} \frac{1}{3} \\ -\frac{2}{3} \\ -\frac{1}{3} \end{pmatrix} = \frac{2}{3}\begin{pmatrix} -1 \\ -1 \\ 1 \end{pmatrix}.$$

$$|f_3^*| = \sqrt{\frac{4}{9}+\frac{4}{9}+\frac{4}{9}} = \sqrt{\frac{12}{9}} = \frac{2}{\sqrt{3}}.$$

$$f_3 := \frac{f_3^*}{|f_3^*|} = \frac{\sqrt{3}}{2}\begin{pmatrix} -2/3 \\ -2/3 \\ 2/3 \end{pmatrix} = \frac{1}{\sqrt{3}}\begin{pmatrix} -1 \\ -1 \\ 1 \end{pmatrix}.$$

Probe:

$$\langle f_1 \,|\, f_2 \rangle = \left\langle \frac{1}{\sqrt{2}}\begin{pmatrix} 1 \\ 0 \\ 1 \end{pmatrix} \,\middle|\, \frac{1}{\sqrt{6}}\begin{pmatrix} -1 \\ 2 \\ 1 \end{pmatrix} \right\rangle = \frac{1}{\sqrt{12}}(-1+0+1) = 0.$$

$$\langle f_1 \,|\, f_3 \rangle = \left\langle \frac{1}{\sqrt{2}}\begin{pmatrix} 1 \\ 0 \\ 1 \end{pmatrix} \,\middle|\, \frac{1}{\sqrt{3}}\begin{pmatrix} -1 \\ -1 \\ 1 \end{pmatrix} \right\rangle = \frac{1}{\sqrt{6}}(-1+0+1) = 0.$$

$$\langle f_2 \,|\, f_3 \rangle = \left\langle \frac{1}{\sqrt{6}}\begin{pmatrix} -1 \\ 2 \\ 1 \end{pmatrix} \,\middle|\, \frac{1}{\sqrt{3}}\begin{pmatrix} -1 \\ -1 \\ 1 \end{pmatrix} \right\rangle = \frac{1}{\sqrt{18}}(1-2+1) = 0. \quad \square$$

4.5.12 Bemerkung. Die gefundene ONB ist tatsächlich ein Rechtssystem, aber das ist ein Zufall: Hätten wir etwa b_3 durch $-b_3$ ersetzt, so hätten wir als dritten Basisvektor $-f_3$ erhalten — und damit ein Linkssystem!

4.6 Affine Abbildungen und Isometrien (euklidische Bewegungen)

4.6.1 Definition. Eine Abbildung $\alpha\colon \mathbb{K}^n \to \mathbb{K}^n$ heißt *affine Abbildung*, wenn es eine Matrix $A \in \mathbb{K}^{n\times n}$ und einen Vektor $t \in \mathbb{K}^n$ derart gibt, dass gilt:

$$\forall\, v \in \mathbb{K}^n\colon \alpha(v) = A\,v + t\,.$$

Die Matrix A heißt *linearer Anteil*, der Vektor t heißt *Translationsanteil* von α.

Ist α eine bijektive affine Abbildung, so nennt man α eine *Affinität*.

Da jede Translation eine bijektive Abbildung ist, liegt eine *Affinität genau dann* vor, *wenn die Matrix A regulär* ist (wenn also der lineare Anteil eine Bijektion beschreibt).

4.6.2 Definition. Eine affine Abbildung $\alpha\colon \mathbb{R}^n \to \mathbb{R}^n$ heißt *Isometrie*, wenn gilt:

$$\forall\, P, Q \in \mathbb{R}^n: \quad |P - Q| = |\alpha(P) - \alpha(Q)| \;.$$

Hierbei ist $|X - Y| = \sqrt{\langle X - Y \,|\, X - Y\rangle}$ der Abstand zwischen X und Y.

Isometrien nennt man auch *(euklidische) Bewegungen.* Die Bezeichnung „Isometrie" gibt wieder, dass alle Abstände (also die *Metrik*) erhalten werden.

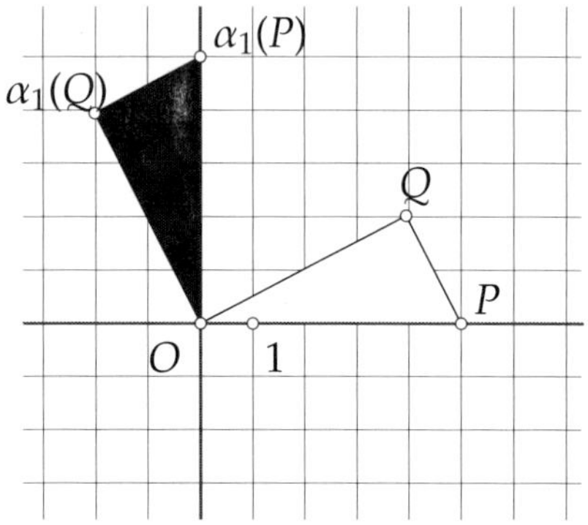

Die traditionelle Bezeichnung „Bewegung" kollidiert mit der Vorstellung einer *kontinuierlichen Bewegung*:
Hierunter sollte man eine stetige Abbildung verstehen, die jedem Punkt t in einem Zeitintervall eine Isometrie α_t zuordnet.
Eine einzelne Isometrie beschreibt gewissermaßen nur den Unterschied zwischen Anfangs- und Endzustand bei einer Bewegung.

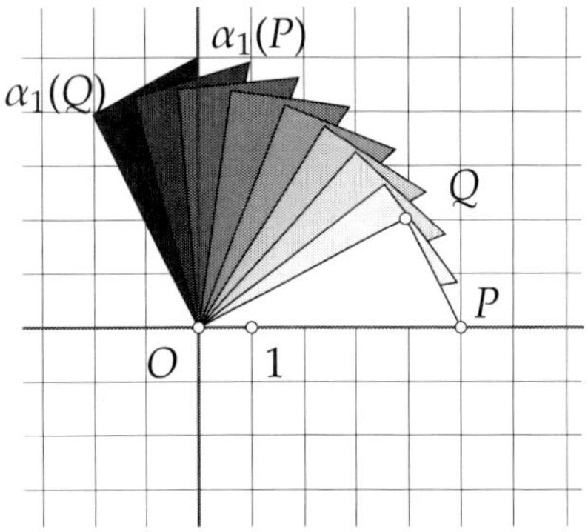

In der Skizze oben sieht man das Bild des Dreiecks mit den Ecken $O = (0,0)$, $P = (5,0)$ und $Q = (4,2)$ unter der Isometrie

$$\alpha_1\colon \mathbb{R}^2 \to \mathbb{R}^2\colon x \mapsto \begin{pmatrix} 0 & -1 \\ 1 & 0 \end{pmatrix} x$$

(das ist eine Vierteldrehung gegen den Uhrzeigersinn).

Die links angedeuteten Zwischenstadien gehören zu der kontinuierlichen Bewegung, die jedem Zeitpunkt $t \in [0,1]$ die Isometrie

$$\alpha_t\colon \mathbb{R}^2 \to \mathbb{R}^2\colon x \mapsto \begin{pmatrix} \cos(t\,\frac{\pi}{2}) & -\sin(t\,\frac{\pi}{2}) \\ \sin(t\,\frac{\pi}{2}) & \cos(t\,\frac{\pi}{2}) \end{pmatrix} x$$

zuordnet: Wir drehen kontinuierlich (und gleichmäßig) insgesamt um den Winkel $\frac{\pi}{2}$ gegen den Uhrzeigersinn.

Im Wesentlichen sind die affinen Abbildungen genau die *geradentreuen* Abbildungen. Den Beweis (und die Diskussion der Ausnahmen: nicht bijektive Abbildungen, die geradentreu, aber nicht affin sind) überlassen wir den Mathematikern, wir halten fest:

4.6.3 Eigenschaften affiner Abbildungen. *Es sei α eine affine Abbildung.*

1. *Die Bilder der Punkte einer Geraden unter α bilden entweder wieder eine Gerade, oder fallen alle zusammen.*
2. *Die Bilder der Punkte einer Ebene unter α bilden entweder wieder eine Ebene, oder eine Gerade, oder fallen alle zusammen.*
3. *Allgemein: Bilder von affinen Teilräumen sind wieder solche.*
4. *Die Bilder von zueinander parallelen affinen Teilräumen sind wieder parallel.*

4.6.4 Kennzeichnung der Isometrien. *Eine affine Abbildung*

$$\alpha\colon \mathbb{R}^n \to \mathbb{R}^n : v \mapsto A\,v + t$$

ist eine Isometrie genau dann, wenn ihr linearer Anteil A orthogonal ist.

Beweis. Wir beweisen nur eine Richtung (und überlassen die andere den Mathematikern): Es sei A orthogonal, und es seien $X, Y \in \mathbb{R}^n$. Wir rechnen zuerst

$$\alpha(X) - \alpha(Y) = A\,X + t - (A\,Y + t) = A\,X + t - A\,Y - t = A\,(X - Y)$$

und damit

$$\begin{aligned} |\alpha(X) - \alpha(Y)|^2 &= \langle \alpha(X) - \alpha(Y) \,|\, \alpha(X) - \alpha(Y) \rangle \\ &= \langle A\,(X - Y) \,|\, A\,(X - Y) \rangle \\ &= \langle X - Y \,|\, X - Y \rangle \\ &= |X - Y|^2 . \end{aligned}$$

□

4.6.5 Spezialfälle affiner Abbildungen.

1. Mit $A = E_n$ erhalten wir $v \mapsto E_n v + t = v + t$ — also die *Translation* (Verschiebung) um den Vektor t.
2. Mit $t = 0$ erhalten wir $v \mapsto A\,v$ — also eine lineare Abbildung.
3. Mit $A = \begin{pmatrix} 1 & 0 \\ 0 & 0 \end{pmatrix}$ und $t = 0$ erhalten wir die *Projektion* auf die erste Koordinatenachse (längs der zweiten Achse). Dies ist *keine Affinität*.

4.6.6 Lemma.

1. *Sind* $\alpha\colon v \mapsto A\,v + t$ *und* $\beta\colon v \mapsto B\,v + s$ *affine Abbildungen, so ist auch das Kompositum*
$$\beta \circ \alpha\colon v \mapsto BA\,v + (B\,t + s)$$
affin: der lineare Anteil ist BA*, der Translationsanteil ist* $B\,t + s$.
2. *Insbesondere ergibt sich die affine Abbildung* α *als Kompositum* $\alpha = \tau \circ \lambda$ *der Translation* $\tau\colon v \mapsto v + t$ *um ihren Translationsanteil und der linearen Abbildung* $\lambda\colon v \mapsto A\,v$.
Man achte auf die Reihenfolge: $\lambda \circ \tau$ bildet v auf $A(v+t) = A\,v + A\,t$ ab!
3. *Ist* $\alpha\colon v \mapsto A\,v + t$ *eine Affinität, so ist die Inverse* $\alpha^{-1}\colon v \mapsto A^{-1}\,v - A^{-1}\,t$ *auch eine Affinität.* [Man wendet Aussage 1 mit $B = A^{-1}$ und $s = -A^{-1}\,t$ an.]

Nicht jede Affinität ist eine Isometrie:

4.6.7 Beispiel. Für $A = \begin{pmatrix} 1 & 1 \\ 0 & 1 \end{pmatrix}$ und $t = \begin{pmatrix} 0 \\ 2 \end{pmatrix}$ erhalten wir eine Affinität

$$\alpha\colon \mathbb{R}^2 \to \mathbb{R}^2\colon \begin{pmatrix} x \\ y \end{pmatrix} \mapsto \begin{pmatrix} x + y \\ y + 2 \end{pmatrix}$$

mit $\left|\alpha\begin{pmatrix} a \\ b \end{pmatrix} - \alpha\begin{pmatrix} x \\ y \end{pmatrix}\right| = \left|\begin{pmatrix} a + b \\ b + 2 \end{pmatrix} - \begin{pmatrix} x + y \\ y + 2 \end{pmatrix}\right| = \sqrt{(a + b - x - y)^2 + (b - y)^2}\ .$

Insbesondere wird für $\begin{pmatrix} a \\ b \end{pmatrix} = \begin{pmatrix} 0 \\ 1 \end{pmatrix}$ und $\begin{pmatrix} x \\ y \end{pmatrix} = \begin{pmatrix} 0 \\ 0 \end{pmatrix}$ der Abstand nicht erhalten:

aus $\left|\begin{pmatrix} 0 \\ 1 \end{pmatrix} - \begin{pmatrix} 0 \\ 0 \end{pmatrix}\right| = \sqrt{(0-0)^2 + (1-0)^2} = 1$ wird

$\left|\alpha\begin{pmatrix} 0 \\ 1 \end{pmatrix} - \alpha\begin{pmatrix} 0 \\ 0 \end{pmatrix}\right| = \left|\begin{pmatrix} 1 \\ 3 \end{pmatrix} - \begin{pmatrix} 0 \\ 2 \end{pmatrix}\right| = \sqrt{(1-0)^2 + (1-0)^2} = \sqrt{2}.$

Wir wollen jetzt die Isometrien genauer verstehen.

4.6.8 Lemma. *Für jede orthogonale Matrix* A *gilt* $\det A \in \{1, -1\}$.

Beweis. Es gilt $(\det A)^2 = \det A^\top \det A = \det(A^\top A) = \det E = 1$. Dies ist nur für $\det A \in \{1, -1\}$ möglich. □

4.6.9 Definition. Orthogonale Matrizen mit Determinante 1 heißen *eigentlich* (oder *speziell*), solche mit Determinante -1 heißen *uneigentlich*.

Orthogonale Abbildungen heißen *(un)eigentlich*, wenn sie (bezüglich der Standardbasis) durch (un)eigentliche Matrizen beschrieben werden.

Isometrien heißen *eigentlich*, wenn ihr linearer Anteil eigentlich ist.

4.6.10 Beispiele.

1. $\det\begin{pmatrix}1 & 0\\ 0 & -1\end{pmatrix} = -1$. Die Matrix $\begin{pmatrix}1 & 0\\ 0 & -1\end{pmatrix}$ ist uneigentlich orthogonal. Die von dieser Matrix bezüglich der Standardbasis E beschriebene Abbildung ist die *Spiegelung* an der ersten Koordinatenachse.
2. $\det\begin{pmatrix}0 & 1\\ 1 & 0\end{pmatrix} = -1$. Die Matrix $\begin{pmatrix}0 & 1\\ 1 & 0\end{pmatrix}$ ist uneigentlich orthogonal. Die von dieser Matrix bezüglich der Standardbasis E beschriebene Abbildung ist die *Spiegelung* an der Winkelhalbierenden des ersten Quadranten.
3. $\det\begin{pmatrix}c & -s\\ s & c\end{pmatrix} = c^2 + s^2$. Diese Determinante wird 1, wenn es $\varphi \in \mathbb{R}$ mit $c = \cos\varphi$ und $s = \sin\varphi$ gibt. In diesen Fällen ist die Matrix eigentlich orthogonal [nachrechnen], sie beschreibt eine Drehung um den Winkel φ.
4. Die Matrix $\begin{pmatrix}1 & 1\\ 0 & 1\end{pmatrix}$ hat zwar Determinante 1, ist aber nicht orthogonal!

4.6.11 Bestimmung aller orthogonalen (2×2)-Matrizen.

Der Ansatz: $A = \begin{pmatrix}c & t\\ s & d\end{pmatrix}$ und $A^{-1} = A^{\mathsf{T}} = \begin{pmatrix}c & s\\ t & d\end{pmatrix}$ liefert

$$\begin{pmatrix}1 & 0\\ 0 & 1\end{pmatrix} = E_2 = A^{\mathsf{T}} \cdot A = \begin{pmatrix}c^2 + s^2 & ct + sd\\ tc + ds & t^2 + d^2\end{pmatrix},$$

also die Bedingungen

1. $c^2 + s^2 = 1$,
2. $t^2 + d^2 = 1$,
3. $ct + sd = 0$.

Soll A eigentlich orthogonal sein, kommt noch hinzu:

4. $cd - ts = 1$.

Wir werden zuerst die eigentlich orthogonalen Matrizen bestimmen.
Wir multiplizieren Bedingung 3 mit d und erhalten

$$0 = \underbrace{cd}_{1+ts\,[4]}\, t + sd^2 = t + \underbrace{tst + sd^2}_{s(t^2+d^2)} \overset{[2]}{=} t + s$$

also $t = -s$.
Falls $s \neq 0$, erhalten wir aus Bedingung 3: $d = c$.
Falls $0 = s\ (= t)$, folgt aus Bedingung 1 und Bedingung 2: $c^2 = 1 = d^2$, und Bedingung 4 liefert $cd = 1$. Insgesamt erhalten wir auch in diesem Fall $d = c$.
Wegen $c^2 + s^2 = 1$ gibt es $\varphi \in \mathbb{R}$ mit $c = \cos\varphi$ und $s = \sin\varphi$.
Es gilt also $A = \begin{pmatrix} \cos\varphi & -\sin\varphi \\ \sin\varphi & \cos\varphi \end{pmatrix}$ mit $\varphi \in \mathbb{R}$.
Der Fall einer uneigentlich orthogonalen Matrix A wird analog behandelt, wir erhalten allerdings $t = s$ und $d = -c$.
Man kann sich auch eine feste uneigentlich orthogonale Matrix S aussuchen — z. B. $S = \begin{pmatrix} 1 & 0 \\ 0 & -1 \end{pmatrix}$ — durch Multiplikation mit S gehen dann uneigentlich und eigentlich orthogonale Matrizen ineinander über, und wir erhalten jede uneigentlich orthogonale Matrix in der Form $\begin{pmatrix} \cos\varphi & -\sin\varphi \\ \sin\varphi & \cos\varphi \end{pmatrix}\begin{pmatrix} 1 & 0 \\ 0 & -1 \end{pmatrix} = \begin{pmatrix} \cos\varphi & \sin\varphi \\ \sin\varphi & -\cos\varphi \end{pmatrix}$
Wir fassen zusammen:

4.6.12 Satz.

1. *Jede eigentlich orthogonale* (2×2)*-Matrix ist von der Form* $\begin{pmatrix} \cos\varphi & -\sin\varphi \\ \sin\varphi & \cos\varphi \end{pmatrix}$ *mit* $\varphi \in \mathbb{R}$.
   Diese Matrizen beschreiben Drehungen (mit Drehwinkel φ*).*

2. *Jede uneigentlich orthogonale* (2×2)*-Matrix ist von der Form* $\begin{pmatrix} \cos\varphi & \sin\varphi \\ \sin\varphi & -\cos\varphi \end{pmatrix}$, *wieder mit* $\varphi \in \mathbb{R}$.
   Diese Matrizen beschreiben Spiegelungen. Die Spiegelachse schließt mit der ersten Koordinatenachse den Winkel $\frac{1}{2}\varphi$ *ein.*

4.6.13 Satz.

1. *Jede eigentliche Isometrie von* $\mathbb{R}^2$ *ist ein Produkt aus einer Drehung (um den Ursprung) und einer Translation.*
2. *Jede uneigentliche Isometrie von* $\mathbb{R}^2$ *ist ein Produkt aus einer Drehung (um den Ursprung), einer Spiegelung (an einer Achse durch den Ursprung) und einer Translation.*

4.6.14 Bemerkungen. Man kann für die Achsenspiegelung in 4.6.13.2 eine beliebige Spiegelung fest wählen, z. B. die durch $\begin{pmatrix} 1 & 0 \\ 0 & -1 \end{pmatrix}$ oder die durch $\begin{pmatrix} 0 & 1 \\ 1 & 0 \end{pmatrix}$ beschriebene ...

Eigentlich orthogonale (2×2)-Matrizen heißen *Drehmatrizen* (wegen 4.6.13).

Wir wenden uns jetzt den Isometrien in $\mathbb{R}^3$ zu.

4.6.15 Beispiele. Es seien

$$D := \begin{pmatrix} \cos\alpha & -\sin\alpha & 0 \\ \sin\alpha & \cos\alpha & 0 \\ 0 & 0 & 1 \end{pmatrix}, \quad t := \begin{pmatrix} 0 \\ 0 \\ 1 \end{pmatrix}, \quad S := \begin{pmatrix} 1 & 0 & 0 \\ 0 & 1 & 0 \\ 0 & 0 & -1 \end{pmatrix}.$$

1. Die Matrix D beschreibt eine Drehung um die dritte Koordinatenachse.
2. Durch $v \mapsto Dv + t$ wird eine *Schraubung* beschrieben.
3. Die Matrix S beschreibt die Spiegelung an der Ebene durch den Ursprung senkrecht zur dritten Koordinatenachse.
4. Die Matrix $DS = \begin{pmatrix} \cos\alpha & -\sin\alpha & 0 \\ \sin\alpha & \cos\alpha & 0 \\ 0 & 0 & -1 \end{pmatrix}$ beschreibt eine *Drehspiegelung*.

4.6.16 Satz.

1. *Jede eigentliche orthogonale* (3×3)*-Matrix* D *beschreibt eine Drehung um eine Achse. Die Drehachse findet man durch Lösen der Fixpunktgleichung* $Dv = v$*, also des homogenen LGS* $(D - E_3)v = 0$.
2. *Jede eigentliche Isometrie von* $\mathbb{R}^3$ *lässt sich als Komposition einer Drehung und einer Translation schreiben.*
3. *Jede uneigentliche Isometrie von* $\mathbb{R}^3$ *lässt sich schreiben als Komposition einer Drehung, einer Ebenenspiegelung und einer Translation.*

4.6.17 Bemerkungen. Man kann wieder die Spiegelebene frei wählen (durch den Ursprung).

Eigentlich orthogonale (3×3)-Matrizen heißen *Drehmatrizen* (wegen 4.6.16).

4.6.18 Satz. *Es sei B: b_1, b_2, b_3 eine ONB in $\mathbb{R}^3$. Dann ist B ein Rechtssystem genau dann, wenn* $\det(b_1, b_2, b_3) = 1$.

Beweis. Wir haben festgelegt (vgl. 2.9.10) dass eine ONB ein Rechtssystem heißt, wenn sie durch Drehung aus der Standardbasis hervorgeht.

Ist nun B ein Rechtssystem, so gibt es eine Drehmatrix D derart, dass $b_j = D\,\mathrm{e}_j$. D. h.: Die Spalten von D sind die Elemente der Basis B (in der richtigen Reihenfolge!), und $\det(b_1, b_2, b_3) = \det D = 1$.

Setzen wir umgekehrt $\det(b_1, b_2, b_3) = 1$ voraus, so ist die Matrix $F := (b_1, b_2, b_3)$ orthogonal [weil B eine ONB ist], und dann sogar eigentlich orthogonal. Nach 4.6.16 beschreibt F eine Drehung, und B geht durch diese Drehung aus der Standardbasis hervor. □

4.6.19 Definition. Es sei $A = (a_{jk})_{1 \leq j \leq n, 1 \leq k \leq n} \in \mathbb{K}^{n \times n}$. Die Summe $\operatorname{Sp} A := \sum_{j=1}^{n} a_{jj}$ der Hauptdiagonalelemente heißt *Spur* von A.

4.6.20 Anwendung. Für jede eigentlich orthogonale (3×3)-Matrix A ergibt sich der Drehwinkel α aus $\operatorname{Sp} A = 2 \cos \alpha + 1$. (Vgl. 4.6.15.)

4.6.21 Beispiel.

1. Die Matrix $F = \frac{1}{3}\begin{pmatrix} 1 & 2 & 2 \\ 2 & -2 & 1 \\ 2 & 1 & -2 \end{pmatrix}$ ist orthogonal, es gilt $\det F = 1$ und $\operatorname{Sp} F = \frac{-3}{3} = -1$.

Also beschreibt F eine Drehung, der Drehwinkel α ergibt sich als

$$\alpha = \arccos\left(\tfrac{\operatorname{Sp} F - 1}{2}\right) = \arccos(-1) = \pi\,.$$

Demnach ist F eine Halbdrehung!
(In der Tat gilt $F \cdot F = E_3$ und $F^{-1} = F^{\mathsf{T}} = F$.)
Wir bestimmen die Drehachse durch Lösen der *Fixpunktgleichung $Fv = v$:*
Diese führt auf das homogene LGS

$$\begin{pmatrix} -2 & 2 & 2 \\ 2 & -5 & 1 \\ 2 & 5 & -1 \end{pmatrix} v = 0\,;\ \text{die Drehachse ist also die Gerade } \mathbb{R}\begin{pmatrix} 2 \\ 1 \\ 1 \end{pmatrix}.$$

2. Die Matrix $G = \frac{1}{3}\begin{pmatrix} -1 & -2 & 2 \\ -2 & 2 & 1 \\ -2 & -1 & -2 \end{pmatrix}$ ist orthogonal, es

$\operatorname{Sp} G = \frac{-1}{3}$.

Also beschreibt G eine Drehung, der Drehwinkel α ergibt sich als

$$\alpha = \arccos\left(\tfrac{\operatorname{Sp} G - 1}{2}\right) = \arccos\left(-\tfrac{2}{3}\right) \approx 2.30052398302186298268612\ldots$$

3. Die Matrix $S = \frac{1}{3}\begin{pmatrix} 1 & 2 & -2 \\ 2 & -2 & -1 \\ 2 & 1 & 2 \end{pmatrix}$ ist orthogonal, aber es gilt $\det S = -1$.

Es handelt sich hier um eine Drehspiegelung.

4.6.22 Lemma. *Für beliebige (quadratische) Matrizen $X, Y \in \mathbb{K}^{n\times n}$ gilt*

$$\operatorname{Sp}(X\,Y) = \operatorname{Sp}(Y\,X)\,.$$

Beweis. Es seien $X = (x_{j\ell})_{1\leqq j\leqq n, 1\leqq \ell\leqq n}$ und $Y = (y_{j\ell})_{1\leqq j\leqq n, 1\leqq \ell\leqq n}$. Wir berechnen die Matrixprodukte $X\,Y = (a_{j\ell})_{1\leqq j\leqq n, 1\leqq \ell\leqq n}$ und $Y\,X = (b_{j\ell})_{1\leqq j\leqq n, 1\leqq \ell\leqq n}$:

$$a_{j\ell} = \sum_{k=1}^{n} x_{jk}\,y_{k\ell}\,, \qquad b_{j\ell} = \sum_{k=1}^{n} y_{jk}\,x_{k\ell}\,.$$

Dann gilt

$$\begin{aligned} \operatorname{Sp}(X\,Y) = \textstyle\sum_{j=1}^{n} a_{jj} &= \textstyle\sum_{j=1}^{n}\sum_{k=1}^{n} x_{jk}\,y_{kj} = \sum_{j=1}^{n}\sum_{k=1}^{n} y_{kj}\,x_{jk} \\ &= \textstyle\sum_{k=1}^{n}\sum_{j=1}^{n} y_{kj}\,x_{jk} = \sum_{k=1}^{n} b_{kk} = \operatorname{Sp}(Y\,X)\,. \end{aligned}$$ □

4.6.23 Satz. *Es seien $A, T \in \mathbb{K}^{n\times n}$. Ist T invertierbar, so gilt* $\operatorname{Sp}(T^{-1}A\,T) = \operatorname{Sp} A$.

Beweis. $\operatorname{Sp}(T^{-1}A\,T) \underset{4.6.22}{=} \operatorname{Sp}(T\,T^{-1}A) = \operatorname{Sp}(E_n\,A) = \operatorname{Sp} A\,.$ □

Diese Regel benutzt man, um zu sehen, dass sich die Spur der Matrix bei Koordinatentransformationen nicht ändert (siehe 5.2.2).

4.6.24 Bemerkung. Die Spur $\operatorname{Sp} A$ und die Determinante $\det A$ einer quadratischen Matrix A sind die wichtigsten der *Hauptinvarianten* von A; die anderen sind (bis auf wechselnde Vorzeichen) die übrigen Koeffizienten des charakteristischen Polynoms $\chi_A(\lambda) := \det(A - \lambda\, E_n)$, vgl. 5.1.5.

4.7 Koordinatentransformationen

4.7.1 Definition.

Ein *affines Koordinatensystem* des $\mathbb{K}^n$ ist gegeben durch

- einen Punkt O (*Ursprung*)
- und eine *Basis* $B\colon b_1, \ldots, b_n$ des $\mathbb{K}^n$.

Wie bei kartesischen Koordinatensystemen schreiben wir

$$\mathbb{O} := (O; b_1, \ldots, b_n) = (O; B)\,.$$

Im Fall $\mathbb{K} = \mathbb{R}$ ist das Koordinatensystem $(O; B)$ genau dann kartesisch, wenn B eine ONB ist.

4.7.2 Beispiele.

1. $\mathbb{E} := (\vec{0}; \mathrm{e}_1, \ldots, \mathrm{e}_n)$
mit dem Nullvektor als Ursprung und der Standardbasis $\mathrm{e}_1, \ldots, \mathrm{e}_n$ heißt das *Standardkoordinatensystem*.

2. $\mathbb{O} := \left(\begin{pmatrix}1\\2\end{pmatrix}; \frac{1}{\sqrt{2}}\begin{pmatrix}1\\1\end{pmatrix}, \frac{1}{\sqrt{2}}\begin{pmatrix}1\\-1\end{pmatrix}\right)$

ist ein kartesisches Koordinatensystem für $\mathbb{R}^2$.

3. $\mathbb{F} := \left(\begin{pmatrix}1\\2\end{pmatrix}; \begin{pmatrix}1\\0\end{pmatrix}, \begin{pmatrix}1\\1\end{pmatrix}\right)$

ist ein (schiefes) Koordinatensystem für $\mathbb{K}^2$ (in der Skizze gestrichelt).

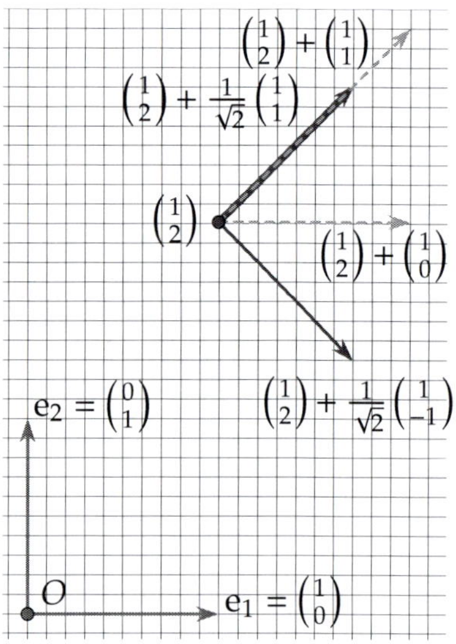

4.7.3 Koordinaten. Um einen Punkt P in $\mathbb{K}^n$ bezüglich eines Koordinatensystems $\mathbb{O} = (O;B)$ mit $B\colon b_1,\dots,b_n$ zu beschreiben, genügt es, das Koordinatentupel ${}_B\overrightarrow{OP}$ des Ortsvektors $\overrightarrow{OP}$ anzugeben: also das (eindeutig bestimmte!) Tupel $(x_1,\dots,x_n)^\mathsf{T}$, für das gilt:

$$\overrightarrow{OP} = \sum_{j=1}^{n} x_j b_j .$$

4.7.4 Definitionen. Es seien $\mathbb{O} = (O;B)$ und $\mathbb{T} = (T;C)$ affine Koordinatensysteme für $\mathbb{K}^n$.

1. Das *Koordinatentupel* (der *Koordinatenvektor*) des Punkts P bezüglich des Koordinatensystems $\mathbb{O}$ ist ${}_{\mathbb{O}}P := {}_B\overrightarrow{OP}$.
2. Die Abbildung ${}_{\mathbb{T}}\kappa_{\mathbb{O}}\colon \mathbb{K}^n \to \mathbb{K}^n\colon {}_{\mathbb{O}}P \mapsto {}_{\mathbb{T}}P$, die dem Koordinatentupel eines Punkts P bezüglich $\mathbb{O}$ das Koordinatentupel desselben (!) Punkts bezüglich $\mathbb{T}$ zuordnet, heißt *Koordinatentransformation* (kurz *KoTrafo*).

4.7.5 Beispiele. Die Punkte $(0,1)$ und $(0,2)$ haben bezüglich der in 4.7.2 angegebenen affinen Koordinatensysteme $\mathbb{E}$, $\mathbb{O}$ und $\mathbb{F}$ die Koordinaten

$${}_{\mathbb{E}}(0,1) = \begin{pmatrix}0\\1\end{pmatrix}, \quad {}_{\mathbb{O}}(0,1) = \begin{pmatrix}-\sqrt{2}\\0\end{pmatrix}, \quad {}_{\mathbb{F}}(0,1) = \begin{pmatrix}0\\-1\end{pmatrix},$$

$${}_{\mathbb{E}}(0,2) = \begin{pmatrix}0\\2\end{pmatrix}, \quad {}_{\mathbb{O}}(0,2) = \frac{1}{\sqrt{2}}\begin{pmatrix}-1\\-1\end{pmatrix}, \quad {}_{\mathbb{F}}(0,2) = \begin{pmatrix}-1\\0\end{pmatrix}.$$

4.7.6 Explizite Beschreibung einer Koordinatentransformation.

Es sei $\mathbb{E} = (\vec{0}; e_1,\dots,e_n)$ das Standardkoordinatensystem für $\mathbb{K}^n$, und es sei $\mathbb{F} = (P; f_1,\dots,f_n)$ ein affines Koordinatensystem.

Wir bilden die Matrix $F := (f_1,\dots,f_n)$, deren Spalten die (Standardkoordinaten der) Elemente der neuen Basis sind. Dann gilt für alle Punkte $X \in \mathbb{K}^n$:

$$\begin{aligned} {}_{\mathbb{F}}X &= F^{-1}\,({}_{\mathbb{E}}X - P) \\ {}_{\mathbb{E}}X &= F\,{}_{\mathbb{F}}X + P \end{aligned}$$

Mit anderen Worten: Die Koordinatentransformation ${}_{\mathbb{F}}\kappa_{\mathbb{E}}$ ist gegeben durch ${}_{\mathbb{F}}\kappa_{\mathbb{E}}(v) = F^{-1}(v - P)$, die umgekehrte Koordinatentransformation ${}_{\mathbb{E}}\kappa_{\mathbb{F}}$ sieht noch einfacher aus: ${}_{\mathbb{E}}\kappa_{\mathbb{F}}(v) = F\,v + P$.

Beweis. Es sei $X = (x_1, \ldots, x_n)$ ein Punkt, seine Koordinaten bezüglich $\mathbb{E}$ sind dann ${}_{\mathbb{E}}X = (x_1, \ldots, x_n)^{\mathsf{T}}$. Für $(y_1, \ldots, y_n)^{\mathsf{T}} := {}_{\mathbb{F}}X$ gilt

$$\sum_{j=1}^{n} x_j \mathrm{e}_j = X = P + \sum_{j=1}^{n} y_j f_j .$$

Außerdem gilt $f_j = F\,\mathrm{e}_j$ $\Big[$weil f_j die j-te Spalte von F ist$\Big]$. Wir erhalten

$$\sum_{j=1}^{n} x_j \mathrm{e}_j = P + \sum_{j=1}^{n} y_j F\,\mathrm{e}_j = P + F\left(\sum_{j=1}^{n} y_j \mathrm{e}_j\right).$$

Das bedeutet gerade ${}_{\mathbb{E}}X = P + F\,{}_{\mathbb{F}}X$, wie behauptet.
Die Beschreibung für ${}_{\mathbb{F}}\kappa_{\mathbb{E}}$ ergibt sich durch Invertieren von ${}_{\mathbb{E}}\kappa_{\mathbb{F}}$. □

4.7.7 Bemerkung. Oft werden alte und neue Koordinaten durch Striche unterschieden:
Man schreibt etwa $x = {}_{\mathbb{E}}X$ und $x' = {}_{\mathbb{O}}X$. Eine Koordinatentransformation gibt man dann als $x' = B^{-1}(x - p)$ oder $x = B\,x' + p$ an.
Die hier eingeführten Bezeichnungen sind auf den ersten Blick aufwendiger, helfen aber zu verstehen, was man tut! Außerdem helfen sie, Fehler zu finden. Vgl. auch 4.7.13.

Durch Komposition der Koordinatentransformationen aus 4.7.6 erhalten wir griffige Beschreibungen für beliebige Koordinatentransformationen:

4.7.8 Satz. *Es sei wieder* $\mathbb{E} = (O; \mathrm{e}_1, \ldots, \mathrm{e}_n)$ *das Standardkoordinatensystem für* $\mathbb{K}^n$. *Weiter seien*

$$\mathbb{F} = (P; f_1, \ldots, f_n), \quad \mathbb{G} = (Q; g_1, \ldots, g_n) \quad \textit{und} \quad \mathbb{H} = (R; h_1, \ldots, h_n)$$

affine Koordinatensysteme. Wir bilden die Matrizen

$$F := (f_1, \ldots, f_n), \quad G := (g_1, \ldots, g_n) \quad \textit{und} \quad H := (h_1, \ldots, h_n).$$

Die Koordinatentransformation ${}_{\mathbb{G}}\kappa_{\mathbb{F}}$ *ist gegeben als Komposition* ${}_{\mathbb{G}}\kappa_{\mathbb{F}} = {}_{\mathbb{G}}\kappa_{\mathbb{E}} \circ {}_{\mathbb{E}}\kappa_{\mathbb{F}}$*,*

also
$$\begin{aligned} {}_{\mathbb{G}}\kappa_{\mathbb{F}}(v) &= {}_{\mathbb{G}}\kappa_{\mathbb{E}}\big({}_{\mathbb{E}}\kappa_{\mathbb{F}}(v)\big) = {}_{\mathbb{G}}\kappa_{\mathbb{E}}\,(F\,v + P) \\ &= G^{-1}\,(F\,v + P - Q) = G^{-1}F\,v + G^{-1}(P-Q)\,. \end{aligned}$$

Man beachte: $P - Q$ *sind die Standard-Koordinaten des Vektors, der von* Q *nach* P *zeigt. Die Koordinaten bezüglich der Basis* $f_1, \dots, f_n$ *ergeben sich als* $F^{-1}(P-Q)$ $\Big[$*passend zu* $G^{-1}(P-q) = G^{-1}F\big(F^{-1}(P-Q)\big)\Big]$.
Allgemein gilt

$${}_{\mathbb{H}}\kappa_{\mathbb{F}} = {}_{\mathbb{H}}\kappa_{\mathbb{E}} \circ {}_{\mathbb{E}}\kappa_{\mathbb{F}} = {}_{\mathbb{H}}\kappa_{\mathbb{E}} \circ {}_{\mathbb{E}}\kappa_{\mathbb{G}} \circ {}_{\mathbb{G}}\kappa_{\mathbb{E}} \circ {}_{\mathbb{E}}\kappa_{\mathbb{F}} = {}_{\mathbb{H}}\kappa_{\mathbb{G}} \circ {}_{\mathbb{G}}\kappa_{\mathbb{F}}\,.$$

In Matrizen und Translationsvektoren ausgedrückt, lautet die letzte Gleichung folgendermaßen:

$$\begin{aligned} H^{-1}F\,v + H^{-1}(P-R) &= {}_{\mathbb{H}}\kappa_{\mathbb{F}}(v) = \big({}_{\mathbb{H}}\kappa_{\mathbb{G}} \circ {}_{\mathbb{G}}\kappa_{\mathbb{F}}\big)(v) \\ &= H^{-1}G\big(G^{-1}F\,v + G^{-1}(P-Q)\big) + H^{-1}(Q-R) \\ &= H^{-1}GG^{-1}F\,v + H^{-1}GG^{-1}(P-Q) + H^{-1}(Q-R) \\ &= H^{-1}F\,v + H^{-1}(P-Q+Q-R)\,. \end{aligned}$$

Wir fassen zusammen:

4.7.9 Rechenregeln für Koordinatentransformationen.

1. ${}_{\mathbb{G}}\kappa_{\mathbb{F}}({}_{\mathbb{F}}X) = {}_{\mathbb{G}}X$.

2. ${}_{\mathbb{H}}\kappa_{\mathbb{G}} \circ {}_{\mathbb{G}}\kappa_{\mathbb{F}} = {}_{\mathbb{H}}\kappa_{\mathbb{F}}$.

3. ${}_{\mathbb{G}}\kappa_{\mathbb{F}}^{-1} = {}_{\mathbb{F}}\kappa_{\mathbb{G}}$.

4.7.10 Beispiele.
Die bereits in 4.7.2 angegebenen affinen Koordinatensysteme

$$\mathbb{E} := \left(\begin{pmatrix}0\\0\end{pmatrix}; \begin{pmatrix}1\\0\end{pmatrix}, \begin{pmatrix}0\\1\end{pmatrix}\right) \qquad \mathbb{O} := \left(\begin{pmatrix}1\\2\end{pmatrix}; \frac{1}{\sqrt{2}}\begin{pmatrix}1\\1\end{pmatrix}, \frac{1}{\sqrt{2}}\begin{pmatrix}1\\-1\end{pmatrix}\right), \qquad \mathbb{F} := \left(\begin{pmatrix}1\\2\end{pmatrix}; \begin{pmatrix}1\\0\end{pmatrix}, \begin{pmatrix}1\\1\end{pmatrix}\right)$$

führen auf die folgenden Koordinatentransformationen:

$$ {}_{\mathbb{E}}\kappa_{\mathbb{O}}\colon \quad v \quad \mapsto \quad \tfrac{1}{\sqrt{2}}\begin{pmatrix} 1 & 1 \\ 1 & -1 \end{pmatrix} v + \begin{pmatrix} 1 \\ 2 \end{pmatrix} $$

$$ {}_{\mathbb{O}}\kappa_{\mathbb{E}}\colon \quad v \quad \mapsto \quad \left(\tfrac{1}{\sqrt{2}}\begin{pmatrix} 1 & 1 \\ 1 & -1 \end{pmatrix}\right)^{-1} \left(v - \begin{pmatrix} 1 \\ 2 \end{pmatrix}\right) \quad = \quad \tfrac{1}{\sqrt{2}}\begin{pmatrix} 1 & 1 \\ 1 & -1 \end{pmatrix} v + \tfrac{1}{\sqrt{2}}\begin{pmatrix} -3 \\ 1 \end{pmatrix} $$

$$ {}_{\mathbb{E}}\kappa_{\mathbb{F}}\colon \quad v \quad \mapsto \quad \begin{pmatrix} 1 & 1 \\ 0 & 1 \end{pmatrix} v + \begin{pmatrix} 1 \\ 2 \end{pmatrix} $$

$$ {}_{\mathbb{F}}\kappa_{\mathbb{E}}\colon \quad v \quad \mapsto \quad \begin{pmatrix} 1 & 1 \\ 0 & 1 \end{pmatrix}^{-1} \left(v - \begin{pmatrix} 1 \\ 2 \end{pmatrix}\right) \quad = \quad \begin{pmatrix} 1 & -1 \\ 0 & 1 \end{pmatrix} v + \begin{pmatrix} 1 \\ -2 \end{pmatrix} $$

$$ \begin{aligned} {}_{\mathbb{F}}\kappa_{\mathbb{O}}\colon \quad v \quad \mapsto \quad & \begin{pmatrix} 1 & 1 \\ 0 & 1 \end{pmatrix}^{-1} \tfrac{1}{\sqrt{2}}\begin{pmatrix} 1 & 1 \\ 1 & -1 \end{pmatrix} v + \begin{pmatrix} 1 & 1 \\ 0 & 1 \end{pmatrix}^{-1} \left(\begin{pmatrix} 1 \\ 2 \end{pmatrix} - \begin{pmatrix} 1 \\ 2 \end{pmatrix}\right) \\ = \quad & \begin{pmatrix} 1 & -1 \\ 0 & 1 \end{pmatrix} \tfrac{1}{\sqrt{2}}\begin{pmatrix} 1 & 1 \\ 1 & -1 \end{pmatrix} v \quad = \quad \tfrac{1}{\sqrt{2}}\begin{pmatrix} 0 & 2 \\ 1 & -1 \end{pmatrix} v \end{aligned} $$

$$ {}_{\mathbb{O}}\kappa_{\mathbb{F}}\colon \quad v \quad \mapsto \quad \tfrac{1}{\sqrt{2}}\begin{pmatrix} 1 & 2 \\ 1 & 0 \end{pmatrix} v $$

Die Koordinatentransformation ${}_{\mathbb{F}}\kappa_{\mathbb{O}}$ ist *linear*, weil $\mathbb{F}$ und $\mathbb{O}$ denselben Ursprung haben.

4.7.11 Satz.

1. *Koordinatentransformationen sind Affinitäten.*
2. *Jede Koordinatentransformation zwischen kartesischen Koordinatensystemen ist eine Isometrie.*
3. *Die Koordinatentransformation zwischen zwei kartesischen Systemen ist genau dann eine eigentliche Isometrie, wenn diese die gleiche Orientierung haben (also beide Rechtssysteme oder beide Linkssysteme sind).*

Wir wollen jetzt sehen, wie man affine Abbildungen bezüglich verschiedener Koordinatensysteme beschreiben kann.

Es sei zunächst eine affine Abbildung gegeben als $\alpha\colon \mathbb{K}^n \to \mathbb{K}^n\colon v \mapsto A\,v + t$. Diese Beschreibung benutzt das Standardkoordinatensystem $\mathbb{E}$.

Sei $\mathbb{F} = (P; f_1, \ldots, f_n)$ ein affines Koordinatensystem. Wir wollen direkt aus den Koordinaten ${}_{\mathbb{F}}X$ eines Punktes X die Koordinaten ${}_{\mathbb{F}}\alpha(X)$ berechnen können.

Dazu rechnen wir zuerst (in Gedanken) von Koordinaten bezüglich $\mathbb{F}$ auf Koordinaten bezüglich $\mathbb{E}$ um: Das geht mit ${}_{\mathbb{E}}\kappa_{\mathbb{F}}\colon v \mapsto Fv + P$.
Danach wenden wir α an:

$${}_{\mathbb{E}}\big(\alpha(X)\big) = A\,{}_{\mathbb{E}}X + t = A\,\Big({}_{\mathbb{E}}\kappa_{\mathbb{F}}\big({}_{\mathbb{F}}X\big)\Big) + t = A\,\big(F\,{}_{\mathbb{F}}X + P\big) + t$$

und rechnen schließlich zurück in Koordinaten bezüglich $\mathbb{F}$:

$$\begin{aligned} {}_{\mathbb{F}}\big(\alpha(X)\big) &= {}_{\mathbb{F}}\kappa_{\mathbb{E}}\Big({}_{\mathbb{E}}\big(\alpha(X)\big)\Big) = {}_{\mathbb{F}}\kappa_{\mathbb{E}}\Big(A\big(F\,{}_{\mathbb{F}}X + P\big) + t\Big) \\ &= F^{-1}\Big(A\big(F\,{}_{\mathbb{F}}X + P\big) + t - P\Big) = F^{-1}AF\,{}_{\mathbb{F}}X + F^{-1}\left(AP - P + t\right). \end{aligned}$$

4.7.12 Satz. *In Koordinaten bezüglich* $\mathbb{F} = (P; f_1, \ldots, f_n)$ *wird die affine Abbildung*

$$\alpha\colon \mathbb{K}^n \to \mathbb{K}^n\colon \quad v \mapsto Av + t$$

beschrieben als

$${}_{\mathbb{F}}\alpha_{\mathbb{F}}\colon \mathbb{K}^n \to \mathbb{K}^n\colon \quad {}_{\mathbb{F}}v \mapsto A'\,{}_{\mathbb{F}}v + t',$$

$$\begin{aligned} \textit{wobei} \quad A' &= F^{-1}AF \\ t' &= F^{-1}\left(AP - P + t\right) \\ \textit{mit} \quad F &= (f_1, \ldots, f_n). \end{aligned}$$

4.7.13 Bemerkung. In der „Strich-Notation“ liest sich das so:

$$v' = F^{-1}(v - P), \quad v = Fv' + P, \quad y = Av + t, \quad y' = A'v' + t'.$$

Das sieht ganz systematisch aus, aber die Verwirrung beginnt, wenn man t' angeben soll … — unser t' ist nicht ${}_{\mathbb{F}}t$!

4.8 Das Normalformenproblem

Wir haben bereits bei einigen Beispielen gesehen, dass sich lineare (oder affine) Abbildungen durch geeignet gewählte Basen oder Koordinatensysteme manchmal sehr einfach beschreiben lassen.

4.8.1 Aufgabe. Gegeben sei eine lineare Abbildung $\alpha\colon \mathbb{K}^n \to \mathbb{K}^n$. Man finde eine Basis B für $\mathbb{K}^n$ so, dass die Matrix ${}_B\alpha_B$ besonders einfach wird.

Ist α bereits durch eine Matrix $A = {}_C\alpha_C$ gegeben, so wollen wir A durch die Basistransformation $T := {}_C\mathrm{id}_B$ umrechnen:

4.8.2 Aufgabe. Gesucht ist eine invertierbare Matrix T so, dass

$$T^{-1}AT = {}_B\mathrm{id}_C\,{}_C\alpha_C\,{}_C\mathrm{id}_B = {}_B\alpha_B$$

möglichst einfach wird.

Wenn wir uns für metrische Fragen (Längen, Winkel) interessieren, sollten wir *orthogonal* transformieren:

4.8.3 Aufgabe. Gesucht ist eine *orthogonale* Matrix T so, dass $T^{\mathsf{T}}AT = T^{-1}AT$ möglichst einfach wird.

4.8.4 Definition. Es sei $A \in \mathbb{K}^{n \times n}$.

1. A heißt *diagonalisierbar*, falls eine invertierbare Matrix $T \in \mathrm{GL}(n, \mathbb{K})$ derart existiert, dass

$$T^{-1}AT = \begin{pmatrix} d_1 & 0 & \cdots & 0 \\ 0 & \ddots & \ddots & \vdots \\ \vdots & \ddots & \ddots & 0 \\ 0 & \cdots & 0 & d_n \end{pmatrix}.$$

2. A heißt *orthogonal diagonalisierbar*, falls dies mit $T \in \mathrm{O}(n, \mathbb{R})$ möglich ist.

4.8.5 Interpretation. Wenn die lineare Abbildung α sich durch eine diagonalisierbare Matrix beschreiben lässt, lässt sie sich auch durch eine Diagonalmatrix beschreiben.

In diesem Fall gibt es also ein Koordinatensystem, in dem sich α als Streckung jeder Koordinatenrichtung mit einem Faktor interpretieren lässt. Natürlich können wir für verschiedene Richtungen verschiedene Faktoren haben.

Diese Faktoren werden wir im nächsten Abschnitt als *Eigenwerte* thematisieren. Im Rahmen der Eigenwerttheorie werden wir große Klassen von Matrizen kennenlernen, die diagonalisierbar (oder sogar orthogonal diagonalisierbar) sind.

Es stellt sich aber heraus, dass viele Matrizen nicht diagonalisierbar sind.

4.8.6 Problem. Man transformiere beliebige (auch nicht diagonalisierbare) Matrizen auf eine möglichst einfache Gestalt.

Eine befriedigende Antwort findet dieses Problem in der *Jordan-Normalform*, siehe Z.4.

5 Eigenwerttheorie

5.1 Eigenwerte und Eigenvektoren

5.1.1 Definitionen. Es sei $A \in \mathbb{C}^{n\times n}$.

1. Ein Skalar $\lambda \in \mathbb{C}$ heißt *Eigenwert* (kurz *EW*) von A, wenn es einen Vektor $v \in \mathbb{C}^n$ derart gibt, dass $v \neq 0$ und $A\,v = \lambda\,v$.
2. Ist λ ein EW von A, so heißt $v \in \mathbb{C}^n$ ein *Eigenvektor* (*EV*) von A zum EW λ, wenn $v \neq 0$ und $A\,v = \lambda\,v$.
3. Die Menge $V(\lambda) := \{v \in \mathbb{C}^n \mid A\,v = \lambda\,v\}$ heißt *Eigenraum* zum EW λ.

5.1.2 Bemerkung. Allgemeiner spricht man von Eigenwerten, Eigenvektoren und Eigenräumen bei linearen Abbildungen. Durch Matrixdarstellungen führt man diese auf den hier definierten Fall zurück.

5.1.3 Lemma. *Jeder Eigenraum ist ein Untervektorraum.*

Beweis. Es gilt

$$A\,v = \lambda\,v \iff A\,v - \lambda\,v = 0 \iff (A - \lambda\,E_n)\,v = 0\,.$$

Also ist der Eigenraum $V(\lambda)$ gerade der Lösungsraum eines homogenen LGS (mit Koeffizientenmatrix $A - \lambda\,E_n$), und daher ein UVR von $\mathbb{C}^n$. □

5.1.4 Satz. *Es sei* $A \in \mathbb{C}^{n\times n}$*, und* $\lambda \in \mathbb{C}$.

1. λ *ist genau dann ein EW von* A*, wenn* $\det(A - \lambda\,E_n) = 0$ *gilt.*
2. *Jede Matrix in* $\mathbb{C}^{n\times n}$ *besitzt mindestens einen EW.*

Beweis.

$$\begin{aligned} \lambda \text{ ist EW von } A \quad &\Longleftrightarrow \quad (A - \lambda E_n)\, x = 0 \text{ hat nicht triviale Lösungen} \\ &\Longleftrightarrow \quad A - \lambda E_n \text{ ist nicht regulär} \\ &\Longleftrightarrow \quad \det(A - \lambda E_n) = 0\,. \end{aligned}$$

Damit haben wir die erste Behauptung bewiesen. Die zweite Behauptung folgt daraus, dass $\det(A - \lambda E_n)$ ein Polynom vom Grad n in der Variablen λ ist [das sieht man, indem man die Determinante entwickelt]: Nach dem Fundamentalsatz der Algebra 1.8.5 hat dieses Polynom mindestens eine komplexe Nullstelle. □

5.1.5 Definitionen.

1. Die Gleichung $\det(A - \lambda E_n) = 0$ heißt *charakteristische Gleichung* oder Säkulargleichung.
2. Das Polynom $\chi_A(\lambda) := \det(A - \lambda E_n)$ heißt *charakteristisches Polynom* von A.

5.1.6 Beispiel. Für $A = \begin{pmatrix} 2 & 1 \\ 1 & 1 \end{pmatrix}$ erhalten wir

$$A - \lambda E_2 = \begin{pmatrix} 2 - \lambda & 1 \\ 1 & 1 - \lambda \end{pmatrix},$$

also das charakteristische Polynom

$$\chi_A(\lambda) = \det(A - \lambda E_2) = (2 - \lambda)(1 - \lambda) - 1 = \lambda^2 - 3\lambda + 1\,.$$

Die Nullstellen dieses Polynoms (d. h. die Eigenwerte von A) sind:

$$\lambda = \frac{3 \pm \sqrt{3^2 - 4}}{2} = \frac{3}{2} \pm \frac{\sqrt{5}}{2}\,.$$

Die Matrix A hat demnach zwei reelle Eigenwerte.

Die Eigenvektoren zu diesen Eigenwerten erhält man durch Lösen des entsprechenden LGS:

$$\left[\begin{array}{cc|c} \frac{1-\sqrt{5}}{2} & 1 & 0 \\ 1 & \frac{-1-\sqrt{5}}{2} & 0 \end{array}\right] \quad \text{bzw.} \quad \left[\begin{array}{cc|c} \frac{1+\sqrt{5}}{2} & 1 & 0 \\ 1 & \frac{-1+\sqrt{5}}{2} & 0 \end{array}\right]$$

$$\left[\begin{array}{cc|c} 0 & 0 & 0 \\ 1 & \frac{-1-\sqrt{5}}{2} & 0 \end{array}\right] \qquad \left[\begin{array}{cc|c} 0 & 0 & 0 \\ 1 & \frac{-1+\sqrt{5}}{2} & 0 \end{array}\right]$$

$$\left[\text{wegen } 1 - \tfrac{1-\sqrt{5}}{2} \cdot \tfrac{-1-\sqrt{5}}{2} = 1 + \tfrac{(1-\sqrt{5})(1+\sqrt{5})}{4} = 1 - 1 = 0\right]$$

also $z \cdot \begin{pmatrix} 1+\sqrt{5} \\ 2 \end{pmatrix}$ bzw. $z \cdot \begin{pmatrix} 1-\sqrt{5} \\ 2 \end{pmatrix}$, jeweils mit $z \in \mathbb{C} \setminus \{0\}$.

Probe:

$$\begin{pmatrix} 2 & 1 \\ 1 & 1 \end{pmatrix} \begin{pmatrix} 1+\sqrt{5} \\ 2 \end{pmatrix} = \begin{pmatrix} 4+2\sqrt{5} \\ 3+\sqrt{5} \end{pmatrix} \overset{!}{=} \frac{3+\sqrt{5}}{2} \begin{pmatrix} 1+\sqrt{5} \\ 2 \end{pmatrix}.$$

$$\begin{pmatrix} 2 & 1 \\ 1 & 1 \end{pmatrix} \begin{pmatrix} 1-\sqrt{5} \\ 2 \end{pmatrix} = \begin{pmatrix} 4-2\sqrt{5} \\ 3-\sqrt{5} \end{pmatrix} = \frac{3-\sqrt{5}}{2} \begin{pmatrix} 1-\sqrt{5} \\ 2 \end{pmatrix}.$$

5.1.7 Beispiel. Für $B := \begin{pmatrix} 0 & 1 \\ -1 & 0 \end{pmatrix}$ erhalten wir $B - \lambda E_2 = \begin{pmatrix} -\lambda & 1 \\ -1 & -\lambda \end{pmatrix}$ und damit das charakteristische Polynom $\chi_B(\lambda) = \det(B - \lambda E_2) = \lambda^2 + 1$.
Die Eigenwerte sind i und $-$i, als Eigenvektoren können wir zum Beispiel $\begin{pmatrix} -i \\ 1 \end{pmatrix}$ (zum EW i) bzw. $\begin{pmatrix} i \\ 1 \end{pmatrix}$ (zum EW $-$i) wählen.

5.1.8 Bemerkung. Im letzten Beispiel sehen wir den Grund, warum man Eigenwerte und Eigenvektoren über $\mathbb{C}$ betrachtet: Es kommt auch bei reellen Matrizen durchaus vor, dass (manche) Eigenwerte nicht reell sind.

Dass mit i auch $\bar{i} = -i$ Eigenwert der reellen Matrix B in 5.1.7 war, ist kein Zufall:

5.1.9 Lemma. *Ist A eine reelle Matrix und ist λ ein nicht reeller Eigenwert von A, so ist auch $\overline{\lambda}$ ein Eigenwert von A. Ist in diesem Fall $v = (v_1, \dots, v_n)^\mathsf{T}$ ein Eigenvektor von A zum Eigenwert λ, so ist $\overline{v} = (\overline{v_1}, \dots, \overline{v_n})^\mathsf{T}$ ein Eigenvektor von A zum Eigenwert $\overline{\lambda}$.*

5.1.10 Beispiel. Bei oberen Dreiecksmatrizen kann man die Eigenwerte leicht ablesen: Die Matrix

$$D = \begin{pmatrix} b_1 & \clubsuit & \cdots & \cdots & \clubsuit \\ 0 & b_2 & \ddots & & \vdots \\ \vdots & \ddots & \ddots & \ddots & \vdots \\ \vdots & & \ddots & \ddots & \clubsuit \\ 0 & \cdots & \cdots & 0 & b_n \end{pmatrix}$$

hat das charakteristische Polynom

$$\chi_D(\lambda) = \det(D - \lambda\, E_n) = (b_1 - \lambda) \cdots (b_n - \lambda) = \prod_{j=1}^{n} (b_j - \lambda)\,.$$

Dieses Polynom ist bereits in Linearfaktoren zerlegt, die Eigenwerte sind genau die Diagonalelemente $b_1, \ldots, b_n$ von D.

5.1.11 Definition. Ist μ ein Eigenwert von A, so heißt die Vielfachheit von μ als Nullstelle des charakteristischen Polynoms $\chi_A(\lambda)$ die *algebraische Vielfachheit* des Eigenwerts μ, bezeichnet mit e_μ.

5.1.12 Beispiele. In 5.1.6 und 5.1.7 hat jeder Eigenwert die algebraische Vielfachheit 1.

Bei einer Dreiecksmatrix D wie in 5.1.10 kommt es darauf an, wie oft sich Diagonaleinträge wiederholen: Für

$$D = \begin{pmatrix} 7 & 0 & -28 \\ 0 & 7 & \pi \\ 0 & 0 & 13 \end{pmatrix}$$

ist 7 ein Eigenwert mit $e_7 = 2$, und 13 ein Eigenwert mit $e_{13} = 1$.

5.1.13 Beispiel. Es sei $J = \begin{pmatrix} 1 & 1 & 0 \\ 0 & 1 & 0 \\ 0 & 0 & 2 \end{pmatrix}$.

Die Eigenwerte sind $\lambda_1 = 1$ mit $e_{\lambda_1} = 2$ und $\lambda_2 = 2$ mit $e_{\lambda_2} = 1$.
Als Eigenräume erhalten wir

$$
\begin{aligned}
V(\lambda_1) &= \left\{ v \in \mathbb{C}^3 \,\middle|\, (J - \lambda_1 E_3)\, v = 0 \right\} \\
&= \left\{ \begin{pmatrix} x \\ y \\ z \end{pmatrix} \in \mathbb{C}^3 \,\middle|\, \begin{pmatrix} 0 & 1 & 0 \\ 0 & 0 & 0 \\ 0 & 0 & 1 \end{pmatrix} \begin{pmatrix} x \\ y \\ z \end{pmatrix} = \begin{pmatrix} 0 \\ 0 \\ 0 \end{pmatrix} \right\} \quad = \quad \mathbb{C} \begin{pmatrix} 1 \\ 0 \\ 0 \end{pmatrix}, \\
V(\lambda_2) &= \left\{ \begin{pmatrix} x \\ y \\ z \end{pmatrix} \in \mathbb{C}^3 \,\middle|\, \begin{pmatrix} -1 & 1 & 0 \\ 0 & -1 & 0 \\ 0 & 0 & 0 \end{pmatrix} \begin{pmatrix} x \\ y \\ z \end{pmatrix} = \begin{pmatrix} 0 \\ 0 \\ 0 \end{pmatrix} \right\} \quad = \quad \mathbb{C} \begin{pmatrix} 0 \\ 0 \\ 1 \end{pmatrix}.
\end{aligned}
$$

Beide Eigenräume sind also eindimensional.

5.1.14 Definition. Es sei $A \in \mathbb{C}^{n \times n}$, und es sei μ ein Eigenwert von A. Die Dimension des Eigenraums $V(\mu) = \{v \in \mathbb{C}^n \mid A\,v = \mu\,v\}$ nennt man die *geometrische Vielfachheit* von μ, bezeichnet mit d_μ.

5.1.15 Beispiele. In 5.1.6 und 5.1.7 hat jeder Eigenwert die geometrische Vielfachheit 1.

Bei der Matrix D aus 5.1.12 hat der Eigenwert 7 die geometrische Vielfachheit $d_7 = 2$, und es gilt $d_{13} = 1$. Bei jedem dieser Beispiele gilt also $d_\mu = e_\mu$ für jeden Eigenwert.

Anders bei der Matrix J aus 5.1.13: Hier gilt $d_1 = 1 < 2 = e_1$.

5.1.16 Beispiel.

$$
A := \begin{pmatrix} 3 & 0 & 0 & 0 & 0 \\ 0 & 3 & 0 & 0 & 0 \\ 1 & 2 & 2 & 2 & -2 \\ -4 & -8 & 0 & 0 & 2 \\ 6 & 12 & 0 & -2 & 0 \end{pmatrix}.
$$

Das charakteristische Polynom ist

$$
\chi_A(\lambda) = \det \begin{pmatrix} 3-\lambda & 0 & 0 & 0 & 0 \\ 0 & 3-\lambda & 0 & 0 & 0 \\ 1 & 2 & 2-\lambda & 2 & -2 \\ -4 & -8 & 0 & -\lambda & 2 \\ 6 & 12 & 0 & -2 & -\lambda \end{pmatrix} = (3-\lambda)^2\,(2-\lambda)\,(\lambda^2+4).
$$

Also hat A zwei reelle Eigenwerte: $\lambda_1 = 3$ (mit $e_3 = 2$), und $\lambda_2 = 2$ (mit $e_2 = 1$).
Dazu kommen die nicht reellen Eigenwerte $\lambda_3 = 2\mathrm{i}$ und $\lambda_4 = \overline{\lambda_3} = -2\mathrm{i}$ (mit $e_{2\mathrm{i}} = 1 = e_{-2\mathrm{i}}$).

Die geometrische Vielfachheit des Eigenwerts λ_j ergibt sich aus einer Rangbetrachtung, z. B. für $\lambda_1 = 3$:

$$\mathrm{Rg}(A - 3E_5) = \mathrm{Rg}\begin{pmatrix} 0 & 0 & 0 & 0 & 0 \\ 0 & 0 & 0 & 0 & 0 \\ 1 & 2 & -1 & 2 & -2 \\ -4 & -8 & 0 & -3 & 2 \\ 6 & 12 & 0 & -2 & -3 \end{pmatrix}$$

$$= \mathrm{Rg}\begin{pmatrix} 0 & 0 & 0 & 0 & 0 \\ 0 & 0 & 0 & 0 & 0 \\ 1 & 2 & -1 & 2 & -2 \\ 0 & 0 & -4 & 5 & -6 \\ 0 & 0 & 6 & -14 & 9 \end{pmatrix} \begin{matrix} \\ \\ \\ Z_4+4Z_3: \\ Z_5-6Z_3: \end{matrix}$$

$$= \mathrm{Rg}\begin{pmatrix} 0 & 0 & 0 & 0 & 0 \\ 0 & 0 & 0 & 0 & 0 \\ 1 & 2 & -1 & 2 & -2 \\ 0 & 0 & -4 & 5 & -6 \\ 0 & 0 & 0 & -\frac{13}{2} & 0 \end{pmatrix} = 3. \qquad Z_5+\tfrac{3}{2}Z_4:$$

Es gilt damit $d_3 = \dim V(3) = 5 - 3 = 2$.

5.1.17 Bemerkung. Es gilt stets $d_\mu \leqq e_\mu$ [siehe 5.3.4, später].
Das hätten wir hier ausnutzen können, um bei der Rangbestimmung Arbeit zu sparen: Aus $d_3 \leqq e_3 = 2$ folgt $\mathrm{Rg}(A - 3E_5) = 5 - \dim V(3) = 5 - d_3 \geqq 5 - 2 = 3$. Dass der Rang nicht größer als 3 wird, sieht man der Matrix sofort an [wegen der beiden Nullzeilen].

5.1.18 Beispiel. Ist $A = \begin{pmatrix} b_1 & 0 & \cdots & 0 \\ 0 & \ddots & \ddots & \vdots \\ \vdots & \ddots & \ddots & 0 \\ 0 & \cdots & 0 & b_n \end{pmatrix}$ eine *Diagonalmatrix*, so gibt es eine *Basis aus Eigenvektoren* [nämlich die Standardbasis)].

5.2 Konjugierte Matrizen

5.2.1 Definition. Es seien $A, B \in \mathbb{C}^{n\times n}$. Wir nennen B zu A *konjugiert*, wenn es eine reguläre Matrix T derart gibt, dass $B = T^{-1}A\,T$.

5.2.2 Satz. *Ist B zu A konjugiert, so gilt:*

1. *Es ist auch A zu B konjugiert.*
2. *Die charakteristischen Polynome χ_A und χ_B stimmen überein:*
   Es ist $\det(A - \lambda\,E_n) = \det(B - \lambda\,E_n)$.
3. *Die Matrizen A und B haben dieselben Eigenwerte.*
4. $\det A = \det B, \quad \operatorname{Sp} A = \operatorname{Sp} B$.
5. *Ist v ein Eigenvektor von A zum Eigenwert μ, so ist $T^{-1}v$ ein Eigenvektor von B zum selben Eigenwert.*
6. *Es gibt genau dann eine Basis aus Eigenvektoren von A, wenn es eine Basis aus Eigenvektoren von B gibt.*

Beweis. Es sei B zu A konjugiert: es gebe also $T \in \mathrm{GL}(n,\mathbb{C})$ mit $T^{-1}A\,T = B$. Zunächst gilt $A = T\,B\,T^{-1} = (T^{-1})^{-1}B\,T^{-1}$, es ist also A zu B konjugiert $\left[\text{vermöge } T^{-1}\right]$. Wir rechnen

$$\begin{aligned} T^{-1}(A - \lambda\,E_n)\,T &= T^{-1}A\,T - T^{-1}\,\lambda\,E_n\,T \\ &= T^{-1}A\,T - \lambda\,T^{-1}\,E_n\,T \\ &= T^{-1}A\,T - \lambda\,E_n \\ &= B - \lambda\,E_n\,. \end{aligned}$$

Wegen der Multiplikativität der Determinante folgt daraus

$$\begin{aligned} \chi_B(\lambda) = \det(B - \lambda\,E_n) &= \det\left(T^{-1}(A - \lambda\,E_n)\,T\right) \\ &= \det T^{-1}\,\det(A - \lambda\,E_n)\,\det T = \det(A - \lambda\,E_n) = \chi_A(\lambda)\,. \end{aligned}$$

Die Eigenwerte von B sind die Nullstellen von $\chi_B(\lambda) = \chi_A(\lambda)$, also gleich den Eigenwerten von A.

Es gilt $\det A = \chi_A(0) = \chi_B(0) = \det B$. Dass die Spur sich bei Konjugation der Matrix nicht ändert, wissen wir aus 4.6.23.

Nun sei v ein Eigenvektor von A, zum Eigenwert μ. Dann gilt

$$B(T^{-1}v) = T^{-1}A\,T\,T^{-1}v = T^{-1}A\,v = T^{-1}\mu\,v = \mu\,T^{-1}v\,.$$

Da T^{-1} regulär ist, gilt auch noch $T^{-1}v \neq 0$, und $T^{-1}v$ ist als Eigenvektor von B zum Eigenwert μ erkannt.

Es bleibt die letzte Aussage zu beweisen: Es sei $v_1,\ldots,v_n$ eine Basis aus Eigenvektoren von A. Dann ist auch $T^{-1}v_1,\ldots,T^{-1}v_n$ eine Basis [weil T regulär ist]. Nach dem eben Bewiesenen besteht diese Basis aus Eigenvektoren von B.

5.2.3 Bemerkung. Dass sich Determinante und Spur beim Übergang zu einer konjugierten Matrix nicht ändern, hat noch eine brauchbare Interpretation: Wie man etwa durch Entwicklung des charakteristischen Polynoms (als Determinante) sieht, ist die Spur $\operatorname{Sp}A$ einer $(n\times n)$-Matrix $A = (a_{jk})_{1\leqq j,k\leqq n}$ gleich dem mit $(-1)^{n-1}$ multiplizierten Koeffizienten bei λ^{n-1} in

$$\chi_A(\lambda) = \det(A-\lambda E_n) = (-\lambda)^n + \sum_{j=1}^{n} a_{jj}(-\lambda)^{n-1} + \cdots + \det A\,.$$

Zerlegt man das charakteristische Polynom in Linearfaktoren

$$\chi_A(\lambda) = \prod_{j=1}^{n}(\lambda_j-\lambda) = (\lambda_1-\lambda)\ldots(\lambda_n-\lambda)\,,$$

so sieht man durch Koeffizientenvergleich:

1. Die Determinante ist das *Produkt* aller Eigenwerte.
2. Die Spur ist die *Summe* aller Eigenwerte.

Dabei sind die Eigenwerte jeweils mit den entsprechenden Vielfachheiten zu nehmen!

5.2.4 Beispiel. Bei der Matrix $A = \begin{pmatrix} 2 & 3 & 4 \\ 0 & 1 & 1 \\ 0 & 1 & -1 \end{pmatrix}$ sieht man sofort:

- 2 ist ein Eigenwert [ein Eigenvektor ist der erste Standardbasisvektor].
- Es gilt $\det A = 2\cdot(-2)$ und $\operatorname{Sp}A = 2$.

Damit kann man die restlichen Eigenwerte λ_2, λ_3 auch bestimmen aus den Bedingungen $2\,\lambda_2\,\lambda_3 = 2\cdot(-2)$ und $2+\lambda_2+\lambda_3 = 2$: Es gilt $\{\lambda_2,\lambda_3\} = \{\sqrt{2},-\sqrt{2}\}$.

5.3 Diagonalisierbarkeit

5.3.1 Satz. *Es sei* $A \in \mathbb{C}^{n\times n}$.

1. *Ist* $v_1,\dots,v_n$ *eine Basis aus Eigenvektoren von* A, *so ist die Matrix* $T = (v_1,\dots,v_n)$ *regulär, und es gilt*

$$T^{-1}A\,T = \begin{pmatrix} \lambda_1 & 0 & \cdots & 0 \\ 0 & \ddots & \ddots & \vdots \\ \vdots & \ddots & \ddots & 0 \\ 0 & \cdots & 0 & \lambda_n \end{pmatrix},$$

   wobei λ_j *der zu* v_j *gehörende Eigenwert ist.*
2. *Die Matrix* A *ist genau dann komplex diagonalisierbar, wenn* $\mathbb{C}^n$ *eine Basis besitzt, die aus Eigenvektoren von* A *besteht.*
3. *Eine reelle Matrix* A *ist genau dann reell diagonalisierbar, wenn* $\mathbb{R}^n$ *eine Basis besitzt, die aus Eigenvektoren von* A *besteht.*

Wie stellt man nun fest, ob es zu gegebenem A eine Basis aus Eigenvektoren von A gibt?

5.3.2 Lemma. *Es seien* $v_1,\dots,v_k$ *Eigenvektoren von* A, *und die zu* v_j *gehörigen Eigenwerte* λ_j *seien paarweise verschieden. Dann sind die* $v_1,\dots,v_k$ *linear unabhängig.*

Beweis. Sei $\vec{0} = \alpha_1 v_1 + \cdots + \alpha_k v_k$. Wir gehen durch Induktion vor.

(IA) $k = 1$: Wegen $v_1 \neq \vec{0}$ folgt aus $\vec{0} = \alpha_1 v_1$ stets $\alpha_1 = 0$.

(IS) Wir nehmen an, dass $v_1,\dots,v_{k-1}$ linear unabhängig seien. Es gilt

$$\begin{aligned} \vec{0} = \lambda_k\vec{0} &= \alpha_1\lambda_k v_1 + \cdots + \alpha_k\lambda_k v_k \\ \vec{0} = A\,\vec{0} &= A\,\alpha_1 v_1 + \cdots + A\,\alpha_k v_k = \alpha_1 A\,v_1 + \cdots + \alpha_k A\,v_k \\ &= \alpha_1\lambda_1 v_1 + \cdots + \alpha_k\lambda_k v_k \\ \hline \vec{0} = \vec{0}-\vec{0} &= \alpha_1(\lambda_k-\lambda_1)v_1 + \cdots + \alpha_{k-1}(\lambda_k-\lambda_{k-1})v_{k-1} + \alpha_k(\lambda_k-\lambda_k)v_k \\ &= \alpha_1(\lambda_k-\lambda_1)v_1 + \cdots + \alpha_{k-1}(\lambda_k-\lambda_{k-1})v_{k-1}\,. \end{aligned}$$

Da $v_1,\dots,v_{k-1}$ linear unabhängig sind, folgt $\forall\, j < k\colon \alpha_j\,(\lambda_k - \lambda_j) = 0$ und daraus dann $\forall\, j < k\colon \alpha_j = 0$ [weil $\lambda_k \neq \lambda_j$]. Nun bleibt $\vec{0} = \alpha_k v_k$ und damit auch $\alpha_k = 0$ [weil $v_k \neq 0$]. □

5.3.3 Folgerung. *Besitzt eine Matrix $A \in \mathbb{C}^{n\times n}$ lauter verschiedene Eigenwerte $\lambda_1, \dots, \lambda_n$ (hat also jeder Eigenwert die algebraische Vielfachheit 1), so ist A diagonalisierbar.*

Beweis. Zu jedem Eigenwert λ_j gibt es wenigstens einen Eigenvektor v_j. Die Eigenvektoren $v_1, \dots, v_n$ sind nach 5.3.2 linear unabhängig, bilden also eine Basis für $\mathbb{C}^n$. □

Man kann 5.3.3 z. B. anwenden auf die in 5.1.6 und 5.1.7 angegebenen Matrizen, aber nicht in Fällen wie in 5.1.12 oder 5.1.13.

5.3.4 Lemma. *Es sei $A \in \mathbb{C}^{n\times n}$, und es sei μ ein Eigenwert von A. Dann gilt $1 \leqq d_\mu \leqq e_\mu \leqq n$.*

Beweis. Die erste Ungleichung ist klar, weil es nach Definition zu jedem Eigenwert auch einen Eigenvektor gibt: damit enthält $V(\mu)$ ein vom Nullvektor verschiedenes Element, und es gilt $d_\mu = \dim V(\mu) \geqq 1$.
Die letzte Ungleichung rührt daher, dass das charakteristische Polynom χ_A den Grad n hat.
Zum Beweis der mittleren Ungleichung wählt man eine Basis des Eigenraums $V(\mu)$ und ergänzt diese zu einer Basis B von $\mathbb{C}^n$. Wir betrachten die lineare Abbildung $\alpha\colon \mathbb{C}^n \to \mathbb{C}^n \colon v \mapsto A\,v$.
Bezüglich der Standardbasis E hat α die Matrixdarstellung ${}_E\alpha_E = A$. Für $T := {}_E\mathrm{id}_B$ gilt dann ${}_B\alpha_B = {}_B\mathrm{id}_E \cdot {}_E\alpha_E \cdot {}_E\mathrm{id}_B = T^{-1} \cdot A \cdot T$. Nach 5.2.2 haben A und ${}_B\alpha_B$ dasselbe charakteristische Polynom. Man sieht ${}_B\alpha_B$ unschwer an, dass $e_\mu \geqq \dim V(\mu) = d_\mu$ gilt:

$$
{}_B\alpha_B = \left(\begin{array}{cccc|c}
\mu & 0 & \cdots & 0 & \\
0 & \ddots & \ddots & \vdots & \clubsuit \\
\vdots & \ddots & \ddots & 0 & \\
0 & \cdots & 0 & \mu & \\
\hline
0 & \cdots & \cdots & 0 & \\
\vdots & & & \vdots & C \\
0 & \cdots & \cdots & 0 &
\end{array}\right)
$$

$\underbrace{\qquad\qquad}_{d_\mu}$

führt auf $\chi_A(\lambda) = \chi_{{}_B\alpha_B}(\lambda) = (\mu - \lambda)^{d_\mu} \cdot \chi_C(\lambda)$, und μ ist mindestens d_μ-fache Nullstelle dieses Polynoms. Das heißt aber gerade $d_\mu \leqq e_\mu$. □

5.3.5 Folgerung. *Es sei $A \in \mathbb{C}^{n\times n}$, und es seien $\lambda_1, \ldots, \lambda_k$ alle Eigenwerte von A. Die folgenden Bedingungen sind äquivalent:*

1. *Die Matrix A ist diagonalisierbar.*
2. $\forall\, j \colon d_{\lambda_j} = e_{\lambda_j}$.
3. $\sum_{j=1}^{k} d_{\lambda_j} = \sum_{j=1}^{k} e_{\lambda_j}$,
4. $n = \sum_{j=1}^{k} \dim V(\lambda_j)$,

Beweis. Die vierte Bedingung besagt, dass man durch Wahl von Basen für die Eigenräume eine Basis für $\mathbb{C}^n$ zusammensetzen kann (vgl. 5.3.2): damit findet man eine Basis aus Eigenvektoren, und A ist diagonalisierbar nach 5.3.1.

Die zweite Bedingung ist wegen der Abschätzung $d_{\lambda_j} \leqq e_{\lambda_j}$ aus 5.3.4 äquivalent zur dritten.

Die dritte Bedingung schließlich ist äquivalent zur vierten (und damit zur Diagonalisierbarkeit), weil $\sum_{j=1}^{k} e_{\lambda_j}$ genau den Grad n des charakteristischen Polynoms χ_A liefert : Nach dem Fundamentalsatz der Algebra 1.8.5 zerfällt χ_A ja vollständig in Linearfaktoren. □

5.3.6 Beispiel. In 5.1.16 haben wir die (5×5)-Matrix

$$A = \begin{pmatrix} 3 & 0 & 0 & 0 & 0 \\ 0 & 3 & 0 & 0 & 0 \\ 1 & 2 & 2 & 2 & -2 \\ -4 & -8 & 0 & 0 & 2 \\ 6 & 12 & 0 & -2 & 0 \end{pmatrix}$$

betrachtet: Das charakteristische Polynom ist

$$\chi_A(\lambda) = (3 - \lambda)^2\,(2 - \lambda)\,(\lambda^2 + 4)\,.$$

Der Eigenwert $\lambda_1 = 3$ hat algebraische Vielfachheit $e_3 = 2$ und geometrische Vielfachheit $d_3 = 2$. Alle anderen Eigenwerte haben algebraische (und damit auch geometrische) Vielfachheit 1. Die Matrix A ist diagonalisierbar.

5.3.7 Beispiel. Die Matrix

$$A = \begin{pmatrix} 1 & 1 & 0 \\ 0 & 1 & 0 \\ 0 & 0 & 2 \end{pmatrix}$$

hat das charakteristische Polynom $\chi_A(\lambda) = (1-\lambda)^2\,(2-\lambda)$, also die Eigenwerte $\lambda_1 = 1$ und $\lambda_2 = 2$ mit $e_1 = 2$ und $e_2 = 1$.
Aus

$$\operatorname{Rg}(A - \lambda_1 E_3) = \operatorname{Rg}\begin{pmatrix} 0 & 1 & 0 \\ 0 & 0 & 0 \\ 0 & 0 & 1 \end{pmatrix} = 2$$

lesen wir $d_1 = 1 \neq e_1$ ab: Demnach ist A *nicht diagonalisierbar.*

5.3.8 Beispiel. Die $(n \times n)$-Matrix

$$J(n;\mu) := \begin{pmatrix} \mu & 1 & 0 & \cdots & 0 \\ 0 & \mu & 1 & \ddots & \vdots \\ \vdots & \ddots & \ddots & \ddots & 0 \\ \vdots & & \ddots & \ddots & 1 \\ 0 & \cdots & \cdots & 0 & \mu \end{pmatrix} = \mu\,E_n + \underbrace{\begin{pmatrix} 0 & 1 & 0 & \cdots & 0 \\ 0 & 0 & 1 & \ddots & \vdots \\ \vdots & \ddots & \ddots & \ddots & 0 \\ \vdots & & \ddots & \ddots & 1 \\ 0 & \cdots & \cdots & 0 & 0 \end{pmatrix}}_{J(n;0)}$$

hat den Eigenwert μ, mit algebraischer Vielfachheit $e_\mu = n$.
Wegen $\operatorname{Rg}\big(J(n;\mu) - \mu\,E_n\big) = \operatorname{Rg}\big(J(n;0)\big) = n-1$ ergibt sich allerdings $d_\mu = n - \operatorname{Rg}\big(J(n;\mu) - \mu\,E_n\big) = 1$.
Solche Matrizen nennt man *Jordan-Block* oder *Jordan-Kästchen*. Für $n > 1$ ist $J(n;\mu)$ niemals diagonalisierbar!

5.4 Symmetrische Matrizen

5.4.1 Definitionen.

1. Eine Matrix A heißt *symmetrisch*, wenn $A = A^{\mathsf{T}}$.
2. Eine Matrix A heißt *hermitesch*, wenn $A = \overline{A}^{\mathsf{T}}$.
   (Hierbei ist jeder Eintrag a_{kj} der Transponierten durch den komplex konjugierten $\overline{a_{kj}}$ ersetzt.)

Symmetrische und hermitesche Matrizen spielen wichtige Rollen in der Geometrie, in der Mechanik und in der Analysis von Funktionen mehrerer Veränderlicher.

5.4.2 Satz. *Jede symmetrische reelle Matrix ist orthogonal diagonalisierbar.*
Explizit: Sei $A \in \mathbb{R}^{n\times n}$ mit $A = A^\top$. Dann gibt es eine Orthonormalbasis $t_1, \ldots, t_n$ aus Eigenvektoren von A. Mit der Matrix $T := (t_1, \ldots, t_n) \in \mathrm{O}(n, \mathbb{R})$ gilt dann

$$T^{-1} A\, T = T^\top A\, T = \begin{pmatrix} \lambda_1 & 0 & \cdots & 0 \\ 0 & \ddots & \ddots & \vdots \\ \vdots & \ddots & \ddots & 0 \\ 0 & \cdots & 0 & \lambda_n \end{pmatrix},$$

wobei λ_j der zu t_j gehörende Eigenwert ist.

Insbesondere sind bei einer reellen *symmetrischen* Matrix sämtliche Eigenwerte *reell*.

5.4.3 Beispiel. *Komplexe* symmetrische Matrizen brauchen nicht diagonalisierbar zu sein: Z. B. ist $N = \begin{pmatrix} 1 & \mathrm{i} \\ \mathrm{i} & -1 \end{pmatrix} \in \mathbb{C}^{2\times 2}$ zwar symmetrisch, aber N ist konjugiert zu $J(2;0) = \begin{pmatrix} 0 & 1 \\ 0 & 0 \end{pmatrix}$, und sicher nicht diagonalisierbar.

Die richtige Verallgemeinerung von 5.4.2 für komplexe Matrizen lautet:
Jede hermitesche Matrix ist unitär diagonalisierbar.
Wir werden den Beweis von Satz 5.4.2 den Mathematikern überlassen.

5.4.4 Beispiel. Die Matrix

$$A := \begin{pmatrix} -1 & \sqrt{3} & 0 \\ \sqrt{3} & 1 & 0 \\ 0 & 0 & 3 \end{pmatrix}$$

ist reell und symmetrisch. Ihr charakteristisches Polynom ist

$$\chi_A(\lambda) = \det(A - \lambda\, E_3) = \big((-1-\lambda)(1-\lambda) - 3\big)(3-\lambda) = (\lambda^2 - 4)(3 - \lambda).$$

Dies liefert die Eigenwerte $\lambda_1 = 2$, $\lambda_2 = -2$ und $\lambda_3 = 3$.

Die Eigenvektoren bestimmt man folgendermaßen: Zu λ_1:

$$\begin{bmatrix} -3 & \sqrt{3} & 0 \\ \sqrt{3} & -1 & 0 \\ 0 & 0 & 1 \end{bmatrix} \quad Z_1 + \sqrt{3}Z_2 : \quad \begin{bmatrix} 0 & 0 & 0 \\ \sqrt{3} & -1 & 0 \\ 0 & 0 & 1 \end{bmatrix}$$

Die Koordinate x_2 kann frei gewählt werden, z. B. als $\sqrt{3}$.

Dann ergibt sich $x_1 = 1$ und $x_3 = 0$, also $v_1 := \begin{pmatrix} 1 \\ \sqrt{3} \\ 0 \end{pmatrix}$.

Zu $\lambda_2 = -2$ erhalten wir auf analoge Weise $v_2 := \begin{pmatrix} \sqrt{3} \\ -1 \\ 0 \end{pmatrix}$,

zu $\lambda_3 = 3$ dann noch $v_3 := \begin{pmatrix} 0 \\ 0 \\ 1 \end{pmatrix}$.

Die Vektoren v_1, v_2, v_3 stehen bereits aufeinander senkrecht, wir müssen nur noch normieren:

$$\begin{aligned} t_1 &:= \frac{1}{|v_1|} v_1 = \frac{1}{\sqrt{1^2 + \sqrt{3}^2}} \begin{pmatrix} 1 \\ \sqrt{3} \\ 0 \end{pmatrix} = \frac{1}{2} \begin{pmatrix} 1 \\ \sqrt{3} \\ 0 \end{pmatrix} \\ t_2 &:= \frac{1}{|v_2|} v_2 = \frac{1}{2} \begin{pmatrix} \sqrt{3} \\ -1 \\ 0 \end{pmatrix} \\ t_3 &:= v_3 \end{aligned}$$

Damit erhalten wir

$$T = (t_1, t_2, t_3) = \frac{1}{2} \begin{pmatrix} 1 & \sqrt{3} & 0 \\ \sqrt{3} & -1 & 0 \\ 0 & 0 & 2 \end{pmatrix}.$$

Probe: $T^\top T = E_3$

$$T^\top A T = \frac{1}{4} \begin{pmatrix} 1 & \sqrt{3} & 0 \\ \sqrt{3} & -1 & 0 \\ 0 & 0 & 2 \end{pmatrix} \begin{pmatrix} -1 & \sqrt{3} & 0 \\ \sqrt{3} & 1 & 0 \\ 0 & 0 & 3 \end{pmatrix} \begin{pmatrix} 1 & \sqrt{3} & 0 \\ \sqrt{3} & -1 & 0 \\ 0 & 0 & 2 \end{pmatrix} = \begin{pmatrix} 2 & 0 & 0 \\ 0 & -2 & 0 \\ 0 & 0 & 3 \end{pmatrix}.$$

(Dass sich hier $T^{-1} = T$ ergeben hat, ist ein Zufall!)

5.4.5 Lemma. *Es sei A eine symmetrische reelle Matrix, und es seien v und w Eigenvektoren von A zu den Eigenwerten λ bzw. μ. Wenn $\lambda \neq \mu$ gilt, dann stehen v und w aufeinander senkrecht.*

Beweis. Wir rechnen

$$\begin{aligned}\lambda\, \langle v|w\rangle = \langle \lambda\, v|w\rangle \quad &= \quad \big\langle A\,v\big|w\big\rangle \\ &\underset{4.5.8}{=} \quad \big\langle v\big|A^{\mathsf{T}}w\big\rangle \quad = \quad \langle v|A\,w\rangle \\ &\qquad\qquad\qquad = \quad \langle v\,|\,\mu\,w\rangle = \mu\,\langle v|w\rangle\,.\end{aligned}$$

Daraus folgt $(\lambda-\mu)\langle v|w\rangle = 0$, und wegen $\lambda \neq \mu$ dann $\langle v|w\rangle = 0$. □

5.4.6 Beispiel. Die Matrix

$$A = \begin{pmatrix} 1 & 0 & 2 & 1 \\ 0 & 2 & 0 & 0 \\ 2 & 0 & -2 & -2 \\ 1 & 0 & -2 & 1 \end{pmatrix}$$

hat das charakteristische Polynom

$$\chi_A(\lambda) = \det(A - \lambda\, E_4) = \begin{vmatrix} 1-\lambda & 0 & 2 & 1 \\ 0 & 2-\lambda & 0 & 0 \\ 2 & 0 & -2-\lambda & -2 \\ 1 & 0 & -2 & 1-\lambda \end{vmatrix}$$

Entwicklung nach der zweiten Spalte liefert

$$\begin{aligned}\chi_A(\lambda) \quad &= \quad (2-\lambda)\begin{vmatrix} 1-\lambda & 2 & 1 \\ 2 & -2-\lambda & -2 \\ 1 & -2 & 1-\lambda \end{vmatrix} \\ &= \quad (2-\lambda)\left(-\lambda^3 + 12\lambda - 16\right) \quad = \quad (2-\lambda)^3\,(-4-\lambda)\,.\end{aligned}$$

[Die Nullstellen des Faktors $f(\lambda) := -\lambda^3 + 12\,\lambda - 16$ kann man durch „Raten" finden (vgl. 1.8.10 — wir wenden das auf $-f$ an): Durch Einsetzen der Teiler ± 1, ± 2, ± 4 und ± 16 von -16 finden wir etwa die Nullstelle 2 von f, danach erhalten wir die Nullstellen von $f(\lambda)/(2-\lambda) = \lambda^2 + 2\,\lambda - 8$ mit Hilfe der Lösungsformel für quadratische Gleichungen als $-1 \pm \sqrt{9}$, also als 2 und -4.]

Daraus ergeben sich die Eigenwerte $\lambda_1 = 2$ (dreifache Nullstelle, also $e_2 = 3$) und $\lambda_2 = -4$ (einfache Nullstelle, also $e_{-4} = 1$).

Der Eigenraum $V(2)$ ergibt sich als Lösungsraum des homogenen LGS

$$\begin{pmatrix} -1 & 0 & 2 & 1 \\ 0 & 0 & 0 & 0 \\ 2 & 0 & -4 & -2 \\ 1 & 0 & -2 & -1 \end{pmatrix} \begin{pmatrix} x_1 \\ x_2 \\ x_3 \\ x_4 \end{pmatrix} = \begin{pmatrix} 0 \\ 0 \\ 0 \\ 0 \end{pmatrix}, \quad \text{also} \quad \left[\begin{array}{cccc||c} -1 & 0 & 2 & 1 & 0 \\ 0 & 0 & 0 & 0 & 0 \\ 2 & 0 & -4 & -2 & 0 \\ 1 & 0 & -2 & -1 & 0 \end{array}\right].$$

Dieser Lösungsraum ist dreidimensional, der Gauß-Algorithmus liefert

$$\left[\begin{array}{c|ccc||c} E_1 & & C & & 0 \\ \hline 0 & 0 & 0 & 0 & 0 \\ 0 & 0 & 0 & 0 & 0 \\ 0 & 0 & 0 & 0 & 0 \end{array}\right] = \left[\begin{array}{c|ccc||c} 1 & 0 & -2 & -1 & 0 \\ \hline 0 & 0 & 0 & 0 & 0 \\ 0 & 0 & 0 & 0 & 0 \\ 0 & 0 & 0 & 0 & 0 \end{array}\right]$$

und damit die folgende Basis für den Lösungsraum $V(2)$ (vgl. 3.7.6):

$$b_1 = \begin{pmatrix} 0 \\ 1 \\ 0 \\ 0 \end{pmatrix}, \quad b_2 = \begin{pmatrix} 2 \\ 0 \\ 1 \\ 0 \end{pmatrix}, \quad b_3 = \begin{pmatrix} 1 \\ 0 \\ 0 \\ 1 \end{pmatrix}.$$

Wegen $\langle b_2 \,|\, b_3 \rangle = 2 \neq 0$ ist dies noch kein Orthonormalsystem!
Der Eigenraum $V(-4)$ wird aufgespannt von

$$b_4 = \begin{pmatrix} -1 \\ 0 \\ 2 \\ 1 \end{pmatrix}.$$

Nach 5.4.5 gilt bereits $\langle b_1 \,|\, b_4 \rangle = 0 = \langle b_2 \,|\, b_4 \rangle = \langle b_3 \,|\, b_4 \rangle$. Zur Bildung einer ONB t_1, t_2, t_3, t_4 aus Eigenvektoren muss man nun noch die b_1, b_2, b_3 unter Erhaltung des Aufspanns orthonormieren: Das leistet das Schmidtsche Verfahren.

Bevor wir starten, vertauschen wir Basisvektoren, weil dadurch das Verfahren einfacher wird: Wir setzen $v_1 := b_1$, $v_2 := b_3$, $v_3 := b_2$ und $v_4 := b_4$.

Wegen $|v_1| = 1$ setzen wir $t_1 := v_1$.

$\langle v_1 \,|\, v_2 \rangle = 0$ liefert $t_2^* = v_2$ und $t_2 := \frac{1}{\sqrt{2}} \begin{pmatrix} 1 \\ 0 \\ 0 \\ 1 \end{pmatrix}$.

Mit $\langle v_3 \,|\, t_1 \rangle = 0$ und $\langle v_3 \,|\, t_2 \rangle = \frac{2}{\sqrt{2}}$ erhalten wir

$$t_3^* := v_3 - 0\,t_1 - \frac{2}{\sqrt{2}}\,t_2 = \begin{pmatrix} 2 \\ 0 \\ 1 \\ 0 \end{pmatrix} - \frac{2}{\sqrt{2}}\,\frac{1}{\sqrt{2}} \begin{pmatrix} 1 \\ 0 \\ 0 \\ 1 \end{pmatrix} = \begin{pmatrix} 1 \\ 0 \\ 1 \\ -1 \end{pmatrix}.$$

Daher ist

$$t_3 := \frac{1}{\sqrt{3}} \begin{pmatrix} 1 \\ 0 \\ 1 \\ -1 \end{pmatrix}.$$

Der Basisvektor $v_4 = b_4$ steht bereits auf den anderen senkrecht, wir müssen ihn nur noch normieren:

$$t_4 := \frac{1}{\sqrt{6}} \begin{pmatrix} -1 \\ 0 \\ 2 \\ 1 \end{pmatrix}.$$

Die Transformationsmatrix $T = (t_1, t_2, t_3, t_4)$ wird

$$T = \frac{1}{\sqrt{6}} \begin{pmatrix} 0 & \sqrt{3} & \sqrt{2} & -1 \\ \sqrt{6} & 0 & 0 & 0 \\ 0 & 0 & \sqrt{2} & 2 \\ 0 & \sqrt{3} & -\sqrt{2} & 1 \end{pmatrix}.$$

Probe:

$$T^\top T = E_4\,, \quad T^\top A\, T = \begin{pmatrix} 2 & 0 & 0 & 0 \\ 0 & 2 & 0 & 0 \\ 0 & 0 & 2 & 0 \\ 0 & 0 & 0 & -4 \end{pmatrix}.$$

6 Hauptachsentransformation und Normalformen für Quadriken

6.1 Quadratische Formen

6.1.1 Definition. Eine Abbildung $q\colon \mathbb{R}^n \to \mathbb{R}$ heißt *quadratische Form*, wenn sie die folgende Gestalt hat:

$$x = \begin{pmatrix} x_1 \\ \vdots \\ x_n \end{pmatrix} \mapsto q(x) = \sum_{j=1}^{n} \sum_{k=1}^{n} a_{jk}\, x_j\, x_k\,,$$

mit *Koeffizienten* $a_{jk} \in \mathbb{R}$.

6.1.2 Bemerkung. Für $j \neq k$ sind die Koeffizienten a_{jk} in der Definition einer quadratischen Form zunächst noch nicht eindeutig festgelegt: Wegen $x_j\, x_k = x_k\, x_j$ kommt es eigentlich nur auf die Summe $a_{jk}+a_{kj}$ in $(a_{jk}+a_{kj})\, x_j\, x_k = a_{jk}\, x_j\, x_k + a_{kj}\, x_k\, x_j$ an. Wir verteilen gleichmäßig: also so, dass $a_{jk} = a_{kj}$ gilt.

6.1.3 Matrixbeschreibung einer quadratischen Form. Ist

$$q\colon \mathbb{R}^n \to \mathbb{R}\colon x \mapsto \sum_{j=1}^{n} \sum_{k=1}^{n} a_{jk}\, x_j\, x_k$$

eine quadratische Form, so gilt

$$q(x) = x^{\mathsf{T}} A\, x\,, \quad \text{wobei} \quad A = (a_{jk})_{1 \leqq j \leqq n,\, 1 \leqq k \leqq n} = \begin{pmatrix} a_{11} & \cdots & a_{1n} \\ \vdots & \ddots & \vdots \\ a_{n1} & \cdots & a_{nn} \end{pmatrix}.$$

Nach unserer Konvention 6.1.2 ist A eine *symmetrische* Matrix.

6.1.4 Beispiel. Das *Längenquadrat* $|x|^2 = \langle x \,|\, x \rangle = \sum_{j=1}^{n} x_j^2$ von Vektoren in $\mathbb{R}^n$ liefert eine quadratische Form

$$x \mapsto \sum_{j=1}^{n} \sum_{k=1}^{n} \delta_{jk}\, x_j\, x_k \qquad \text{mit } \delta_{jk} = \begin{cases} 1 & \text{falls } j = k \\ 0 & \text{sonst.} \end{cases}$$

Die symmetrische Matrix, die diese quadratische Form beschreibt, ist die Einheitsmatrix:

$$q(x) = x^{\mathsf{T}} E_n\, x = x^{\mathsf{T}} x\,.$$

6.1.5 Beispiel. Wir betrachten $q\colon \mathbb{R}^2 \to \mathbb{R}$ mit

$$q(x) = x_1^2 + 2\,x_1\,x_2 + 3\,x_2^2 = x_1^2 + x_1\,x_2 + x_2\,x_1 + 3\,x_2^2\,.$$

In Matrixschreibweise:

$$q(x) = (x_1, x_2) \begin{pmatrix} 1 & 1 \\ 1 & 3 \end{pmatrix} \begin{pmatrix} x_1 \\ x_2 \end{pmatrix}.$$

Bevor wir die quadratischen Formen zur Beschreibung geometrischer Gebilde nutzen, legen wir noch eine Bezeichnung fest:

6.1.6 Definition. Eine *Linearform* auf $\mathbb{R}^n$ ist eine lineare Abbildung von $\mathbb{R}^n$ nach $\mathbb{R}^1$.

Linearformen werden durch $(1 \times n)$-Matrizen (also Zeilenvektoren) beschrieben, etwa

$$f(x) = f\left(\begin{pmatrix} x_1 \\ \vdots \\ x_n \end{pmatrix}\right) = (a_1, \ldots, a_n) \begin{pmatrix} x_1 \\ \vdots \\ x_n \end{pmatrix} = \sum_{j=1}^{n} a_j\, x_j\,.$$

6.1.7 Definition. Es sei $A \in \mathbb{R}^{n \times n}$ eine symmetrische Matrix. Die zugehörige quadratische Form ist

$$q_A\colon \mathbb{R}^n \to \mathbb{R}\colon \quad x \mapsto x^{\mathsf{T}} A\, x\,.$$

Die Form q_A heißt

- *positiv definit*, falls $\forall\, x \in \mathbb{R}^n \smallsetminus \{0\}$: $\quad q_A(x) > 0$,
- *negativ definit*, falls $\forall\, x \in \mathbb{R}^n \smallsetminus \{0\}$: $\quad q_A(x) < 0$,
- *indefinit*, wenn q_A sowohl positive als auch negative Werte annimmt.

Man beachte, dass diese Fälle nicht alle Möglichkeiten abdecken: Die Matrizen

$$S := \begin{pmatrix} 1 & 0 \\ 0 & 0 \end{pmatrix} \qquad \text{bzw.} \qquad T := \begin{pmatrix} 1 & 1 \\ 1 & 1 \end{pmatrix}$$

beschreiben Formen $q_S(x,y) = x^2$ bzw. $q_T(x,y) = (x+y)^2$, die zwar nie negative Werte annehmen, aber trotzdem nicht positiv definit sind.

[Es gilt z. B. $(0,1) \neq (0,0)$, aber $q_S(0,1) = 0$.]

Jede reelle symmetrische Matrix A lässt sich nach 5.4.2 *orthogonal diagonalisieren*: Es gibt also eine quadratische Matrix T so, dass $T^\intercal T$ die Einheitsmatrix und $T^\intercal A\, T$ eine Diagonalmatrix ist. Die Diagonaleinträge $\lambda_1, \dots, \lambda_n$ von $T^\intercal A\, T$ sind dann gerade die *Eigenwerte* von A. Es gilt $q_A(T\,x) = q_{T^\intercal A\, T}(x)$. Wir erhalten:

6.1.8 Lemma. *Es sei $A \in \mathbb{R}^{n \times n}$ eine symmetrische Matrix. Die Form q_A ist*

- *positiv definit, falls alle Eigenwerte von A positiv sind,*
- *negativ definit, falls alle Eigenwerte von A negativ sind,*
- *indefinit, wenn A sowohl positive als auch negative Eigenwerte besitzt.*

6.2 Quadriken

6.2.1 Definition. Es sei $q\colon \mathbb{R}^n \to \mathbb{R}$ eine quadratische Form, es sei $f\colon \mathbb{R}^n \to \mathbb{R}$ eine Linearform, und es sei $c \in \mathbb{R}$ (also eine Konstante).

Dann nennt man die Menge

$$Q := \left\{ x \in \mathbb{R}^n \;\middle|\; q(x) + 2\, f(x) + c = 0 \right\}$$

eine *Quadrik* in $\mathbb{R}^n$.

Man nennt q den *quadratischen*, die Linearform $2\,f$ den *linearen* und c den *konstanten Teil* der Gleichung der Quadrik.

Fasst man (nach Wahl eines affinen Koordinatensytems) die Elemente von $\mathbb{R}^n$ als Koordinaten von Punkten im Raum auf, so beschreibt die Quadrik eine Menge von Punkten.
Quadriken in $\mathbb{R}^2$ bzw. $\mathbb{R}^3$ heißen auch *Kurven bzw. Flächen zweiter Ordnung*. (Kurven bzw. Flächen erster Ordnung werden durch Linearformen und Konstanten beschrieben: Das sind affine Geraden bzw. Ebenen!)

6.2.2 Matrixbeschreibung von Quadriken. Jede Quadrik in $\mathbb{R}^n$ lässt sich beschreiben als

$$Q = \left\{ x \in \mathbb{R}^n \;\middle|\; x^\mathsf{T} A\, x + 2a^\mathsf{T} x + c = 0 \right\},$$

wobei

$$q \;:\; x \mapsto x^\mathsf{T} A\, x \quad \text{mit einer symmetrischen Matrix } A$$

$$f \;:\; x \mapsto a^\mathsf{T} x \quad \text{mit einem Spaltenvektor } a \in \mathbb{R}^n .$$

6.2.3 Beispiel. Die Gleichung $x_1^2 + 2x_2^2 - 1 = 0$ (aufgefasst als Bedingung an Koordinaten $(x_1, x_2)^\mathsf{T}$ für Punkte in der Ebene) können wir beschreiben durch

$$A = \begin{pmatrix} 1 & 0 \\ 0 & 2 \end{pmatrix}, \quad a = \begin{pmatrix} 0 \\ 0 \end{pmatrix}, \quad c = -1 .$$

Diese Quadrik beschreibt (bezüglich des Standardkoordinatensystems) eine Ellipse mit Halbachsen 1 (in x_1-Richtung) und $\frac{1}{\sqrt{2}}$ (in x_2-Richtung):

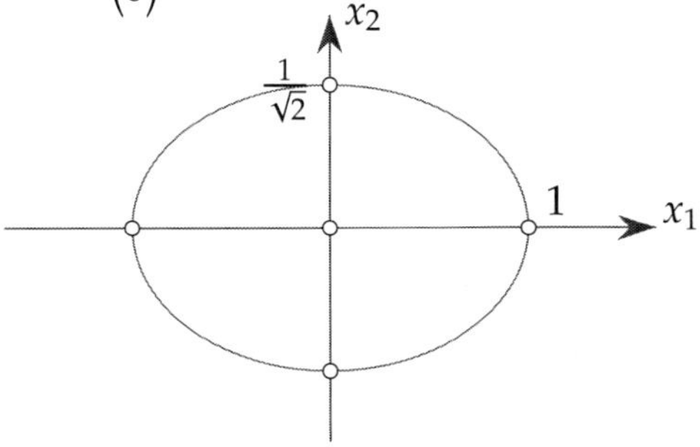

6.2.4 Beispiel. Die Quadrik $P := \left\{ (x_1, x_2, x_3)^\mathsf{T} \in \mathbb{R}^3 \;\middle|\; x_1^2 + x_2^2 - x_3 = 0 \right\}$ hat die Matrixbeschreibung $P = \left\{ x \in \mathbb{R}^3 \;\middle|\; x^\mathsf{T} A\, x + 2a^\mathsf{T} x = 0 \right\}$, mit

$$A = \begin{pmatrix} 1 & 0 & 0 \\ 0 & 1 & 0 \\ 0 & 0 & 0 \end{pmatrix}, \quad a = \begin{pmatrix} 0 \\ 0 \\ -\frac{1}{2} \end{pmatrix},$$

der konstante Teil ist Null.

Um sich diese Quadrik vorstellen zu können, betrachtet man Schnitte von P mit Ebenen senkrecht zur x_3-Achse (also parallel zur x_1-x_2-Ebene): Solche Ebenen werden mit Hilfe des Normalenvektors $\vec{n} = (0,0,1)^\top$ beschrieben durch $\langle \vec{n} \,|\, x \rangle = k$ mit $k \in \mathbb{R}$.

Setzt man die Ebenengleichung $x_3 = \langle \vec{n} \,|\, x \rangle = k$ in die Gleichung der Quadrik ein, so erhält man $x_1^2 + x_2^2 = k$ und damit für

$k > 0$: einen Kreis mit Radius $\sqrt{k}$,

$k = 0$: einen einzelnen Punkt,

$k < 0$: keine Punkte.

Der Schnitt mit einer Ebene durch die x_3-Achse wird stets eine Parabel, z. B. wird der Schnitt mit der Ebene $x_1 = 0$ beschrieben durch $x_2^2 = x_3$.
Man erhält die Quadrik P durch Rotation einer solchen Parabel um die x_3-Achse: Es handelt sich um ein *Rotationsparaboloid*.
Wir zeigen dieses Rotationsparaboloid (nebst einigen horizontalen Ebenen) aus zwei verschiedenen Blickwinkeln in Abb. 6.1.

6.2.5 Beispiel. Die Quadrik $K = \left\{(x_1, x_2, x_3)^\top \in \mathbb{R}^3 \,\middle|\, x_1^2 + x_2^2 - x_3^2 = 0\right\}$ hat die Matrixbeschreibung $K = \left\{x \in \mathbb{R}^3 \,\middle|\, x^\top A\, x = 0\right\}$, mit

$$A = \begin{pmatrix} 1 & 0 & 0 \\ 0 & 1 & 0 \\ 0 & 0 & -1 \end{pmatrix},$$

der lineare und der konstante Teil sind beide Null.
Um sich diese Quadrik vorstellen zu können, schneidet man wieder mit Ebenen, zunächst senkrecht zur x_3-Achse:
Der Schnitt mit der Ebene $x_3 = k$ liefert $x_1^2 + x_2^2 = k^2$:
Das ist ein Kreis mit Radius $|k|$ (bzw. ein einzelner Punkt für $k = 0$).
Der Schnitt mit der x_1-x_3-Ebene (also $x_2 = 0$) liefert

$$0 = x_1^2 - x_3^2 = (x_1 + x_3)(x_1 - x_3).$$

Dies ist ein Paar sich schneidender Geraden.
Die Quadrik K ist ein *Doppelkegel*.

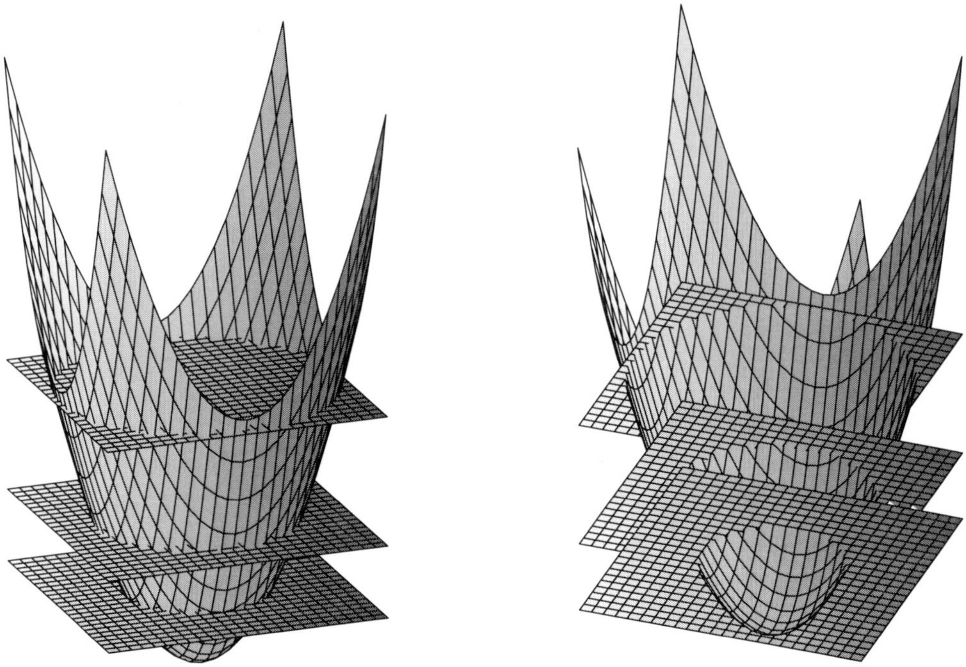

Abbildung 6.1: Ein Rotationsparaboloid.

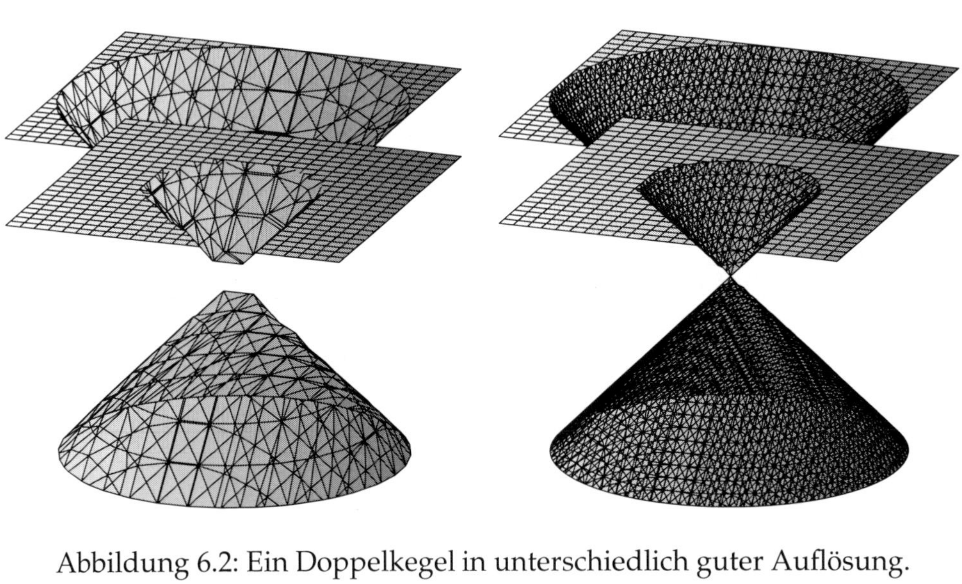

Abbildung 6.2: Ein Doppelkegel in unterschiedlich guter Auflösung.

Wir sehen den Doppelkegel (samt horizontalen Ebenen) in zwei verschiedenen Auflösungen in Abb. 6.2.

Erst in der feinen Auflösung sieht man, dass die Quadrik durch den Ursprung hindurchgeht! (Unsere Analyse der Gleichung hat uns das gleich gesagt ...)

6.2.6 Grobeinteilung. Für jede Quadrik $Q = \left\{x \in \mathbb{R}^n \mid x^\top A x + 2a^\top x + c = 0\right\}$ definieren wir die *erweiterte Matrix*

$$A_{\text{erw}} := \left(\begin{array}{c|c} c & a^\top \\ \hline a & A \end{array}\right) := \left(\begin{array}{c|ccc} c & a_1 & \cdots & a_n \\ \hline a_1 & a_{11} & \cdots & a_{1n} \\ \vdots & \vdots & \ddots & \vdots \\ a_n & a_{n1} & \cdots & a_{nn} \end{array}\right)$$

sowie den *erweiterten Rang* $r_{\text{erw}} := \text{Rg}(A_{\text{erw}})$ und schreiben $r := \text{Rg}\,A$.

Man nennt Q eine

kegelige Quadrik	falls $r_{\text{erw}} = r$,
Mittelpunktsquadrik	falls $r_{\text{erw}} = r + 1$,
parabolische Quadrik	falls $r_{\text{erw}} = r + 2$.

Diese Einteilung ist noch sehr grob, man kann damit z. B. eine Parabel von einer Ellipse, aber Ellipsen nicht von Hyperbeln unterscheiden.

6.2.7 Bemerkungen.

1. Die betrachteten Fälle decken alle Möglichkeiten ab:
   Es gilt immer $r_{\text{erw}} - r \leqq 2$.
   [Ausgehend von A_{erw} erreicht man A, indem man zunächst die erste Spalte streicht — dabei kann sich der (Spalten-)Rang um 1 vermindern — und aus der entstehenden $((n+1) \times n)$-Matrix die erste Zeile streicht — dabei kann sich der (Zeilen-)Rang noch einmal um 1 vermindern.]
2. Mit $\tilde{x} := (1, x_1, \ldots, x_n)^\top$ kann man die Gleichung $x^\top A x + 2a^\top x + c = 0$ der Quadrik auch schreiben als

$$\tilde{x}^\top A_{\text{erw}}\,\tilde{x} = 0\,.$$

6.2.8 Beispiel. Für $x_1^2 + 2x_2^2 - 1 = 0$ erhalten wir

$$A_{\text{erw}} = \left(\begin{array}{c|cc} -1 & 0 & 0 \\ \hline 0 & 1 & 0 \\ 0 & 0 & 2 \end{array}\right),$$

damit $r = 2$ und $r_{\text{erw}} = 3$: Es liegt eine Mittelpunktsquadrik vor.

6.2.9 Beispiel. Für $x_1^2 + x_2^2 - x_3 = 0$ ergibt sich

$$A_{\text{erw}} = \left(\begin{array}{c|ccc} 0 & 0 & 0 & -\frac{1}{2} \\ \hline 0 & 1 & 0 & 0 \\ 0 & 0 & 1 & 0 \\ -\frac{1}{2} & 0 & 0 & 0 \end{array}\right),$$

also $r = 2$ und $r_{\text{erw}} = 4$: eine parabolische Quadrik.

6.2.10 Beispiel. Für $x_1^2 + x_2^2 - x_3^2 = 0$ ergibt sich

$$A_{\text{erw}} = \left(\begin{array}{c|ccc} 0 & 0 & 0 & 0 \\ \hline 0 & 1 & 0 & 0 \\ 0 & 0 & 1 & 0 \\ 0 & 0 & 0 & -1 \end{array}\right),$$

also $r = 3$ und $r_{\text{erw}} = 3$: eine kegelige Quadrik.

6.2.11 Beispiel.
Die *Hyperbel* $x_1^2 - x_2^2 = 1$ führt auf

$$A_{\text{erw}} = \left(\begin{array}{c|cc} -1 & 0 & 0 \\ \hline 0 & 1 & 0 \\ 0 & 0 & -1 \end{array}\right),$$

es gilt $r = 2$ und $r_{\text{erw}} = 3$:
eine Mittelpunktsquadrik.

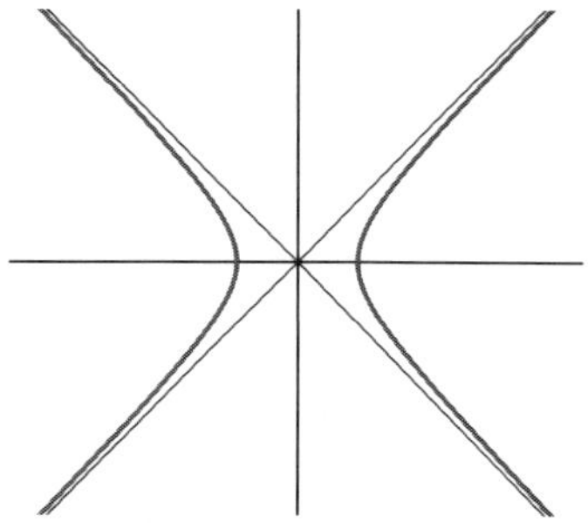

Die eingezeichneten Geraden sind die (Koordinaten-)Achsen und die Asymptoten der Hyperbel. Die Asymptoten genügen der Gleichung $x_1^2 - x_2^2 = 0$ (vgl. 6.2.13).

6.2.12 Beispiel.
Die *Parabel* $x_1^2 - 2x_2 = 0$ führt auf

$$A_{\text{erw}} = \left(\begin{array}{c|cc} 0 & 0 & -1 \\ \hline 0 & 1 & 0 \\ -1 & 0 & 0 \end{array}\right),$$

es gilt $r = 1$ und $r_{\text{erw}} = 3$:
eine parabolische Quadrik.

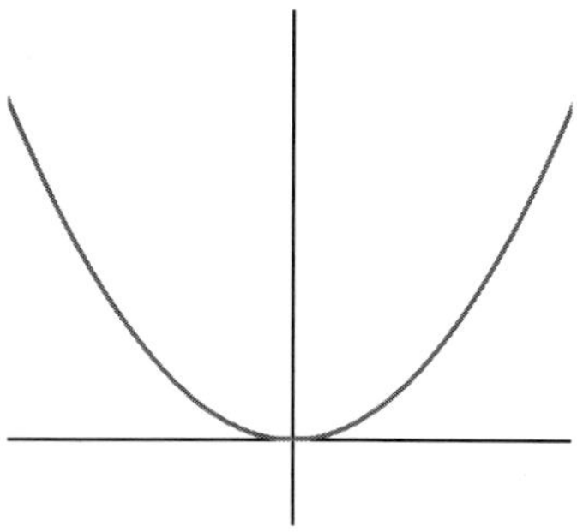

6.2.13 Beispiel.
Die Gleichung $x_1^2 - x_2^2 = 0$ beschreibt ein *schneidendes Paar von Geraden*, sie führt auf

$$A_{\text{erw}} = \left(\begin{array}{c|cc} 0 & 0 & 0 \\ \hline 0 & 1 & 0 \\ 0 & 0 & -1 \end{array}\right).$$

Es gilt $r = 2$ und $r_{\text{erw}} = 2$: eine kegelige Quadrik.

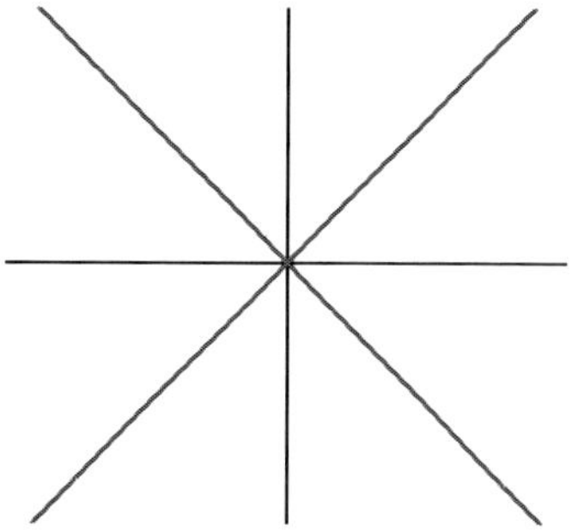

6.2.14 Beispiel. Die Gleichung $x_1^2 + c = 0$ beschreibt für $c < 0$ ein *paralleles Paar von Geraden*. Für $c = 0$ fallen die beiden Geraden zusammen (*Doppelgerade*), und $c > 0$ liefert eine *leere Quadrik*.

6.2.15 Bemerkung. Jede Quadrik in $\mathbb{R}^2$ ergibt sich, indem man einen geeigneten Doppelkegel (der manchmal zu einem Zylinder ausartet) mit einer geeigneten Ebene schneidet. (Wir haben so einen Doppelkegel in 6.2.5 gesehen.)
Man nennt die Quadriken in $\mathbb{R}^2$ aus diesem Grund auch *Kegelschnitte*.

Bei den bisher betrachteten Beispielen konnten wir (notfalls durch Betrachtung geeigneter Schnitte mit Ebenen) die Gestalt und Lage der Quadrik in der Ebene oder im Raum erkennen. Im Allgemeinen ist das schwer: Man denke etwa an eine Quadrik wie die durch die Gleichung

$$x_1^2 - 4x_2^2 + x_1x_2 + 3x_1x_3 - 2x_2x_3 + x_2 - 5x_3 + 2 = 0$$

beschriebene: Es gilt dann

$$A = \begin{pmatrix} 1 & \frac{1}{2} & \frac{3}{2} \\ \frac{1}{2} & -4 & -1 \\ \frac{3}{2} & -1 & 0 \end{pmatrix}, \quad a = \begin{pmatrix} 0 \\ \frac{1}{2} \\ -\frac{5}{2} \end{pmatrix}, \quad c = 2 \quad \text{und} \quad A_{\text{erw}} = \left(\begin{array}{c|ccc} 2 & 0 & \frac{1}{2} & -\frac{5}{2} \\ \hline 0 & 1 & \frac{1}{2} & \frac{3}{2} \\ \frac{1}{2} & \frac{1}{2} & -4 & -1 \\ -\frac{5}{2} & \frac{3}{2} & -1 & 0 \end{array}\right).$$

Es gilt $r = 3$ und $r_{\text{erw}} = 4$: jedenfalls eine Mittelpunktsquadrik, aber wie sieht das genau aus?
Ein Computeralgebrasystem liefert die in Abb. 6.3 gezeigten Bilder.

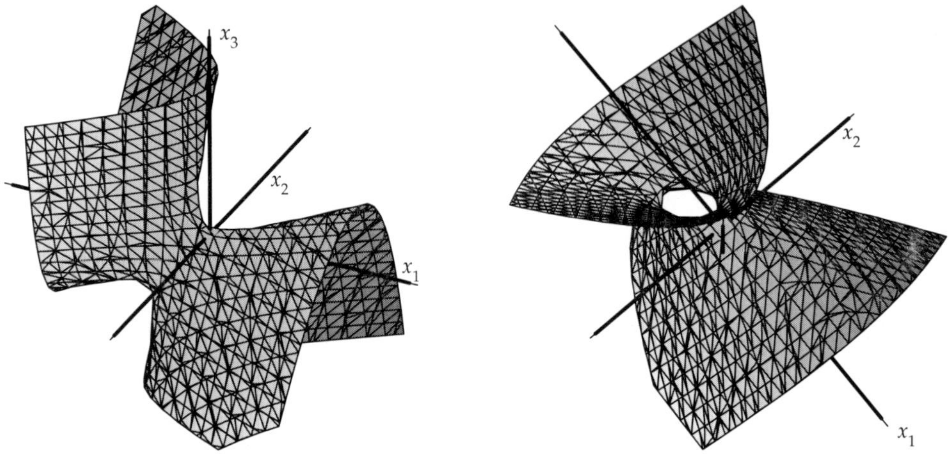

Abbildung 6.3: Computerdarstellungen der (noch) unverstandenen Quadrik mit Gleichung $x_1^2 - 4x_2^2 + x_1 x_2 + 3x_1 x_3 - 2x_2 x_3 + x_2 - 5x_3 + 2 = 0$.

6.2.16 Beispiel. Bevor wir systematisch die Hauptachsentransformation diskutieren, betrachten wir noch ein Beispiel: Die Quadrik

$$Q := \left\{ x \in \mathbb{R}^2 \,\middle|\, 4x_1^2 + 4x_1 x_2 + x_2^2 + 30x_2 - 20 = 0 \right\} .$$

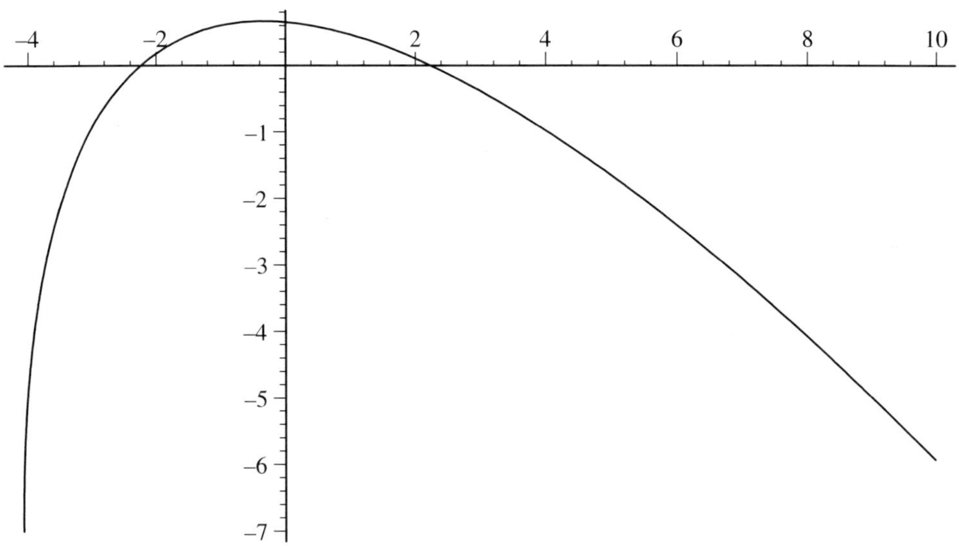

Die vom Rechner erzeugte grafische Darstellung hilft nicht viel. Wir substituieren $x_1 = -\frac{2}{\sqrt{5}}y_1 + \frac{1}{\sqrt{5}}y_2$ und $x_2 = -\frac{1}{\sqrt{5}}y_1 - \frac{2}{\sqrt{5}}y_2$ und erhalten die Gleichung

$$5\,y_1^2 - 6\,\sqrt{5}\,y_1 - 12\,\sqrt{5}\,y_2 - 20 = 0\,.$$

Das sieht schon besser aus, wir substituieren weiter $y_1 = z_1 + \frac{3}{\sqrt{5}}$ und $y_2 = z_2$. Das liefert die Gleichung

$$5\,z_1^2 - 12\,\sqrt{5}\,z_2 - 29 = 0\,.$$

Diese Gleichung kann man leicht nach z_2 auflösen und sieht dann, dass die Menge Q eine Parabel ist — allerdings in den Koordinaten $z = (z_1, z_2)^\top$ statt der ursprünglichen $x = (x_1, x_2)^\top$. Wir verschieben noch ein letztes Mal, um die Konstante -29 zu beseitigen: $z_1 = u_1$ und $z_2 = u_2 - \frac{29}{12\sqrt{5}}$; das liefert

$$5\,u_1^2 - 12\,\sqrt{5}\,u_2 = 0 \quad \text{bzw.} \quad u_2 = \frac{\sqrt{5}}{12}\,u_1^2\,.$$

Die Skizze in Abbildung 6.4 veranschaulicht die benutzten Koordinatensysteme, nämlich das Standard-Koordinatensystem $\mathbb{E} = (O; e_1, e_2)$, das gedrehte System $\mathbb{F} = (O; f_1, f_2)$ mit $f_1 := \frac{1}{\sqrt{5}}(-2,-1)^\top$, $f_2 := \frac{1}{\sqrt{5}}(1,-2)^\top$ und die verschobenen Systeme $\mathbb{G} = (P; f_1, f_2)$ und $\mathbb{J} = (R; f_1, f_2)$ mit $P := \frac{3}{5}(-2,-1)^\top$ und $R := \frac{1}{60}(-101, 22)^\top$.

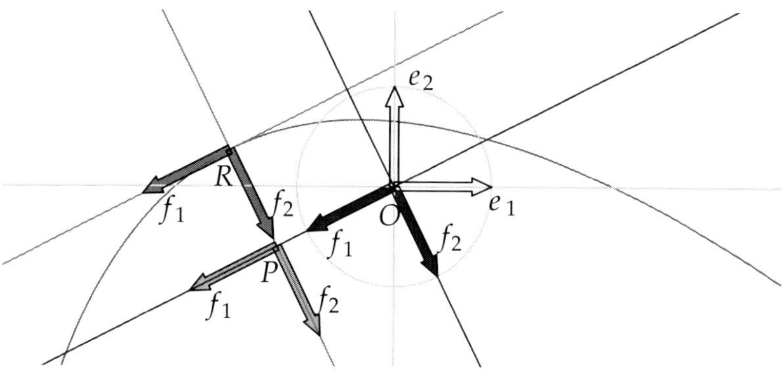

Abbildung 6.4: Koordinatensysteme für die Quadrik Q aus 6.2.16

Man fragt sich aber schon:

- Wie kommt man auf diese Substitutionen (vor allem die erste)?
- Geht das für jede Quadrik so schön?

Auf genau diese Fragen gibt die Theorie der Hauptachsentransformation positive Antworten.

Die hier behandelte Quadrik werden wir in 6.3.10 nach allen Regeln der Kunst behandeln, die wir im nächsten Abschnitt lernen.

6.3 Hauptachsentransformation

Die Matrizen, die zur Beschreibung von quadratischen Formen und Quadriken benutzt werden, sind reelle symmetrische Matrizen und deswegen orthogonal diagonalisierbar (vgl. 5.4.2).

Wir werden dies benutzen, um für jede Quadrik ein kartesisches Koordinatensystem zu finden, in dem diese besonders übersichtlich dargestellt ist.

Im Folgenden sei

$$Q = \left\{ x \in \mathbb{R}^n \,\middle|\, x^\top A\, x + 2a^\top x + c = 0 \right\}$$

die Matrixbeschreibung einer Quadrik, gegeben bezüglich des Standardkoordinatensystems $\mathbb{E} = (\vec{0}; e_1, \ldots, e_n)$, mit einer symmetrischen Matrix $A = A^\top \in \mathbb{R}^{n\times n}$, linearem Teil $2a \in \mathbb{R}^n$ und konstantem Teil $c \in \mathbb{R}$.

6.3.1 Erster Schritt: Diagonalisierung.

Da A eine reelle symmetrische Matrix ist, gibt es eine orthogonale Matrix F so, dass gilt:

$$F^\top A F = \begin{pmatrix} \lambda_1 & 0 & \cdots & 0 \\ 0 & \ddots & \ddots & \vdots \\ \vdots & \ddots & \ddots & 0 \\ 0 & \cdots & 0 & \lambda_n \end{pmatrix}.$$

Dabei sind $\lambda_1, \ldots, \lambda_n$ die Eigenwerte von A.

Hat ein Punkt X die Standardkoordinaten $x = {}_{\mathbb{E}}X$, so liefert ${}_{\mathbb{F}}X = {}_{\mathbb{F}}\kappa_{\mathbb{E}}\big({}_{\mathbb{E}}X\big) = F^{-1}x = F^{\mathsf{T}}x$ das Koordinatentupel bezüglich des kartesischen Koordinatensystems $\mathbb{F} = (\vec{0}; f_1, \ldots, f_n)$, bei dem die Basisvektoren f_j die Spalten der Matrix F sind (vgl. 4.7.6).

Für $y := {}_{\mathbb{F}}X = F^{\mathsf{T}}x$ erhalten wir $x = F\,y$ und damit

$$\begin{aligned} x^{\mathsf{T}} A\, x &= (F\,y)^{\mathsf{T}} A\, F\, y = y^{\mathsf{T}} F^{\mathsf{T}} A\, F\, y = y^{\mathsf{T}} (F^{\mathsf{T}} A\, F)\, y \\ a^{\mathsf{T}} x &= a^{\mathsf{T}} F\, y = (F^{\mathsf{T}} a)^{\mathsf{T}}\, y\,. \end{aligned}$$

Mit anderen Worten: Bezüglich des neuen Koordinatensystems $\mathbb{F}$ wird die Quadrik beschrieben durch die Gleichung

$$y^{\mathsf{T}} \tilde{A}\, y + 2\tilde{a}^{\mathsf{T}}\, y + c = 0$$

mit $\tilde{A} = F^{\mathsf{T}} A\, F$ und $\tilde{a} = F^{\mathsf{T}} a$.

Explizit sieht die durch den Koordinatenwechsel erreichte Gleichung so aus:

$$\lambda_1\, y_1^2 + \cdots + \lambda_n\, y_n^2 + 2\tilde{a}_1\, y_1 + \cdots + 2\tilde{a}_n\, y_n + c = 0$$

— also schon deutlich einfacher als im allgemeinen Fall!

Durch Vertauschen der Basisvektoren $f_1, \ldots, f_n$ erreichen wir (bei geeignetem $m \leqq n$):

$$\forall\, j \leqq m\colon \lambda_j \neq 0\,, \qquad \forall\, j > m\colon \lambda_j = 0\,.$$

Wir wollen annehmen, dass die Basis $f_1, \ldots, f_n$ von vornherein in einer solchen Anordnung gewählt war.

Als Nächstes wollen wir den linearen Teil so weit wie möglich zum Verschwinden bringen. Dazu verschieben wir den Ursprung des Koordinatensystems.

6.3.2 Zweiter Schritt: Verschiebung gegen lineare Terme.

Falls $\lambda_j \neq 0$ gilt (nach unserer Vertauschung der neuen Basisvektoren also für $j \leqq m$), erhalten wir durch quadratische Ergänzung:

$$\lambda_j y_j^2 + 2\tilde{a}_j\, y_j = \lambda_j \left(y_j^2 + 2\,\frac{\tilde{a}_j}{\lambda_j}\, y_j \right) = \lambda_j \left(\left(y_j + \frac{\tilde{a}_j}{\lambda_j} \right)^2 - \frac{\tilde{a}_j^2}{\lambda_j^2} \right).$$

Mit dem neuen Ursprung P mit Koordinaten (bezüglich $\mathbb{F}$)

$$_{\mathbb{F}}P := \begin{pmatrix} -\dfrac{\tilde{a}_1}{\lambda_1} \\ \vdots \\ -\dfrac{\tilde{a}_m}{\lambda_m} \\ 0 \\ \vdots \\ 0 \end{pmatrix} \qquad (\text{also } P = {_{\mathbb{E}}P} = F\,{_{\mathbb{F}}P})$$

definieren wir das Koordinatensystem $\mathbb{G} := (P; f_1, \ldots, f_n)$.

Die neuen Koordinaten ergeben sich aus

$$_{\mathbb{G}}X = {_{\mathbb{G}}\kappa_{\mathbb{F}}}\big({_{\mathbb{F}}X}\big) = {_{\mathbb{F}}X} - {_{\mathbb{F}}P}, \qquad {_{\mathbb{F}}X} = {_{\mathbb{F}}\kappa_{\mathbb{G}}}\big({_{\mathbb{G}}X}\big) = {_{\mathbb{G}}X} + {_{\mathbb{F}}P}.$$

Nun gilt für $z := y - {_{\mathbb{F}}P}$ und alle $j \leqq m$:

$$\lambda_j z_j^2 = \lambda_j \left(y_j + \frac{\tilde{a}_j}{\lambda_j} \right)^2 = \lambda_j y_j^2 + 2\tilde{a}_j y_j + \frac{\tilde{a}_j^2}{\lambda_j},$$

und wir erhalten

$$y^{\mathsf{T}} \tilde{A} y + 2\tilde{a}^{\mathsf{T}} y + c = \sum_{j=1}^{n} \lambda_j y_j^2 + \sum_{j=1}^{n} 2\tilde{a}_j y_j + c = \sum_{j=1}^{m} \lambda_j z_j^2 + \sum_{j=m+1}^{n} 2\tilde{a}_j z_j + \tilde{c},$$

wobei $\tilde{c} := c - \sum_{j=1}^{m} \dfrac{\tilde{a}_j^2}{\lambda_j}$.

Mit anderen Worten: In Koordinaten bezüglich $\mathbb{G}$ wird die Quadrik beschrieben durch die Gleichung

$$z^{\mathsf{T}} \tilde{\tilde{A}} z + 2\tilde{\tilde{a}}^{\mathsf{T}} z + \tilde{c} = 0,$$

wobei

$$\tilde{\tilde{A}} = \begin{pmatrix} \lambda_1 & 0 & \cdots & 0 & 0 & \cdots & 0 \\ 0 & \ddots & \ddots & \vdots & \vdots & \ddots & \vdots \\ \vdots & \ddots & \ddots & 0 & \vdots & & \vdots \\ 0 & \cdots & 0 & \lambda_m & 0 & \cdots & 0 \\ 0 & \cdots & 0 & 0 & 0 & \cdots & 0 \\ \vdots & \ddots & \vdots & \vdots & \vdots & \ddots & \vdots \\ 0 & \cdots & 0 & 0 & 0 & \cdots & 0 \end{pmatrix}, \quad \tilde{\tilde{a}} = \begin{pmatrix} 0 \\ \vdots \\ \vdots \\ 0 \\ \tilde{a}_{m+1} \\ \vdots \\ \tilde{a}_n \end{pmatrix} \quad \text{und} \quad \tilde{c} := c - \sum_{j=1}^{m} \frac{\tilde{a}_j^2}{\lambda_j}.$$

6.3.3 Letzter Schritt: Verschiebung gegen die Konstante.

Wenn nach dem zweiten Schritt (also der quadratischen Ergänzung zur Beseitigung möglichst vieler Variablen im linearen Term) immer noch wenigstens ein linearer Term übrig ist (also $\tilde{a}_k \neq 0$ für ein $k \geqq m+1$) können wir diesen wenigstens verwenden, um die Konstante $\tilde{c}$ zu Null zu machen:

Wir setzen $z_k = u_k - \frac{\tilde{c}}{2\tilde{a}_k}$ und $z_j = u_j$ für alle $j \neq k$, also $z = u - \frac{\tilde{c}}{2\tilde{a}_k}\,\mathrm{e}_k$. Damit bietet sich als neuer Ursprung der Punkt Q mit ${}_{\mathbb{G}}Q = -\frac{\tilde{c}}{2\tilde{a}_k}\,\mathrm{e}_k$ an.

Die Standard-Koordinaten von Q erhalten wir als ${}_{\mathbb{E}}Q = F_{\mathbb{F}}Q = F({}_{\mathbb{G}}Q + {}_{\mathbb{F}}P) = F_{\mathbb{G}}Q + {}_{\mathbb{E}}P = {}_{\mathbb{E}}P - \frac{\tilde{c}}{2\tilde{a}_k} F\mathrm{e}_k = {}_{\mathbb{E}}P - \frac{\tilde{c}}{2\tilde{a}_k} f_k$. Bezüglich des Koordinatensystems $\mathbb{J} := (Q; f_1, \ldots, f_n)$ erhalten wir die Gleichung

$$u^{\mathsf{T}} \tilde{\tilde{A}} u + 2\tilde{\tilde{a}}^{\mathsf{T}} u = 0.$$

Wir haben das Problem, unsere Quadrik möglichst übersichtlich zu beschreiben, damit reduziert auf die folgenden drei Fälle:

(I) Es treten keine linearen Terme mehr auf (d. h. $\tilde{a}_{m+1} = \cdots = \tilde{a}_n = 0$ oder sowieso $m = n$), und es gilt $\tilde{c} = 0$. In diesem Fall hat die Quadrik bezüglich $\mathbb{G}$ die Gleichung

$$\lambda_1 z_1^2 + \cdots + \lambda_m z_m^2 = 0.$$

(II) Es treten keine linearen Terme mehr auf (d. h. immer noch $\tilde{a}_{m+1} = \cdots = \tilde{a}_n = 0$ oder sowieso $m = n$), aber es gilt $\tilde{c} \neq 0$. In diesem Fall hat die Quadrik bezüglich $\mathbb{G}$ die Gleichung $\lambda_1 z_1^2 + \cdots + \lambda_m z_m^2 + \tilde{c} = 0$, also

$$\frac{\lambda_1}{\tilde{c}} z_1^2 + \cdots + \frac{\lambda_m}{\tilde{c}} z_m^2 + 1 = 0.$$

(III) Es bleibt noch mindestens ein linearer Term. Durch eine weitere Koordinatentransformation kann man dann erreichen, dass die Quadrik beschrieben wird durch $\lambda_1 w_1^2 + \cdots + \lambda_m w_m^2 + 2d\, w_{m+1} = 0$ mit $d \neq 0$, also

$$\frac{\lambda_1}{d} w_1^2 + \cdots + \frac{\lambda_m}{d} w_m^2 + 2\, w_{m+1} = 0\,.$$

[Um im Fall **(III)** zu erreichen, dass nur noch ein linearer Term verbleibt, muss man das Koordinatensystem für den Aufspann der letzten $n-m$ Basisvektoren $f_{m+1}, \ldots, f_n$ ersetzen:
Zuerst wählt man $\ell > m$ so, dass $\tilde{a}_\ell \neq 0$. Wir können (und werden) annehmen, dass $\ell = m+1$ gilt
[notfalls müssen wir die $f_{m+1}, \ldots, f_n$ untereinander vertauschen].
Setzt man $h^*_{m+1} := \sum_{j=m+1}^n \tilde{a}_j f_j$, so bilden wegen $\tilde{a}_{m+1} \neq 0$ die Vektoren $h^*_{m+1}, f_{m+2}, \ldots, f_n$ eine Basis von $\mathrm{L}(f_{m+1}, f_{m+2}, \ldots, f_n)$. Mit Hilfe des Schmidtschen Orthonormierungsverfahrens erhalten wir daraus eine Orthonormalbasis $h_{m+1} := \frac{1}{d} h^*_{m+1}, h_{m+2}, \ldots, h_n$,
wobei $d := |h^*_{m+1}| = \sqrt{\sum_{j=m+1}^n \tilde{a}_j^2} = |\tilde{a}|$. Durch $h_j := f_j$ für $j \leqq m$ ergänzen wir dies zu einer ONB H für $\mathbb{R}^n$, und erhalten ein neues kartesisches Koordinatensystem $\mathbb{H} = (P; h_1, \ldots, h_n)$.
Für $v = \sum_{j=1}^n z_j f_j$ erhalten wir die Koordinaten ${}_H v =: (w_1, \ldots, w_n)^\mathsf{T}$ bezüglich der Basis H aus $v = \sum_{j=1}^n w_j h_j$. Nach Konstruktion gilt $\sum_{j=m+1}^n \tilde{a}_j f_j = h^*_{m+1} = d\, h_{m+1}$. Weiter gilt

$$\begin{aligned}\sum_{j=m+1}^n \tilde{a}_j z_j = \left\langle \sum_{j=m+1}^n \tilde{a}_j f_j \,\middle|\, \sum_{\ell=1}^n z_\ell f_\ell \right\rangle &= \langle h^*_{m+1} \,|\, v \rangle \\ &= \left\langle d\, h_{m+1} \,\middle|\, \sum_{j=1}^n w_j h_j \right\rangle = d\, w_{m+1}\,.\end{aligned}$$

Damit hat die Gleichung für die Quadrik bezüglich des kartesischen Koordinatensystems $\mathbb{H}$ die Gleichung

$$\lambda_1 w_1^2 + \cdots + \lambda_m w_m^2 + 2d\, w_{m+1} = 0\,,$$

wie behauptet.]

Damit haben wir gezeigt, dass (und wie) man für jede Quadrik ein Koordinatensystem finden kann, bezüglich dessen die Quadrik durch eine sehr übersichtliche Gleichung beschrieben wird.

An Hand dieser Beschreibung kann man auch schnell entscheiden, von welcher geometrischen Gestalt die Quadrik ist. Wir werden die Aufzählung der Möglichkeiten nur für kleine Dimensionen vornehmen.

6.3.4 Euklidische Normalform für Quadriken.

Bezüglich eines geeigneten kartesischen Koordinatensystems lässt sich jede Quadrik in $\mathbb{R}^n$ *beschreiben durch eine Gleichung der Form*

(I) $\lambda_1 z_1^2 + \cdots + \lambda_m z_m^2 = 0$ (kegelige Quadrik)

(II) $\lambda_1 z_1^2 + \cdots + \lambda_m z_m^2 + 1 = 0$ (Mittelpunktsquadrik)

(III) $\lambda_1 w_1^2 + \cdots + \lambda_m w_m^2 + 2\,w_{m+1} = 0$ (parabolische Quadrik)

Ein explizit durchgeführtes Beispiel der Koordinatentransformation, mit der man die euklidische Normalform einer Quadrik erreicht, werden wir später in 6.3.9 geben.

6.3.5 Bemerkung. Oft schreibt man $\lambda_j = \frac{1}{h_j^2}$ bzw. $\lambda_j = -\frac{1}{h_j^2}$ (je nach dem Vorzeichen des Eigenwerts), mit $h_j > 0$. In diesem Fall nennt man die h_j *Hauptachsenlängen* der Quadrik: Bei einer Ellipse mit Gleichung

$$-\frac{x_1^2}{h_1^2} - \frac{x_2^2}{h_2^2} + 1 = 0$$

haben die Halbachsen tatsächlich die Längen h_1 bzw. h_2.

6.3.6 Affine Normalform für Quadriken.

Man kann statt kartesischer Koordinatensysteme auch beliebige affine Koordinatensysteme zulassen. Dann wird das Transformieren einfacher, man erhält aber nur noch qualitative (und keine metrische) Information über das Aussehen der Quadrik:

In den Fällen **(I)**, **(II)** und **(III)** kann man durch Skalieren der Koordinatenachsen noch erreichen, dass alle von Null verschiedenen Koeffizienten den Betrag 1 haben. Man kann dann zwar noch zwischen Ellipsen und Hyperbeln, aber nicht mehr zwischen Ellipsen und echten Kreisen unterscheiden.

6.3.7 Affine Klassifikation der Quadriken im Raum. Wir nehmen hier an, dass jede der drei Variablen in der Gleichung vorkommt. Dann hat die affine Normalform eine der folgenden Gestalten:

$$
\begin{array}{lrcl}
\textbf{(I)} & x_1^2 + x_2^2 + x_3^2 & = 0 & \text{ein Punkt}\ ^* \\
 & x_1^2 + x_2^2 - x_3^2 & = 0 & \text{Doppelkegel}
\end{array}
$$

$$
\begin{array}{lrcl}
\textbf{(II)} & x_1^2 + x_2^2 + x_3^2 + 1 & = 0 & \text{kein Punkt}\ ^* \\
 & x_1^2 + x_2^2 - x_3^2 + 1 & = 0 & \text{zweischaliges Hyperboloid} \\
 & x_1^2 - x_2^2 - x_3^2 + 1 & = 0 & \text{einschaliges Hyperboloid} \\
 & -x_1^2 - x_2^2 - x_3^2 + 1 & = 0 & \text{Ellipsoid}
\end{array}
$$

$$
\begin{array}{lrcl}
\textbf{(III)} & x_1^2 + x_2^2 \quad + 2x_3 & = 0 & \text{elliptisches Paraboloid} \\
 & x_1^2 - x_2^2 \quad + 2x_3 & = 0 & \text{hyperbolisches Paraboloid}
\end{array}
$$

Die mit * gekennzeichneten Quadriken sehen recht mager aus. Es gibt hier aber noch sehr viele Punkte „im Komplexen“: also Lösungen der Gleichung in $\mathbb{C}^3$. Die interessanten Quadriken aus 6.3.7 zeigt Abbildung 6.5.

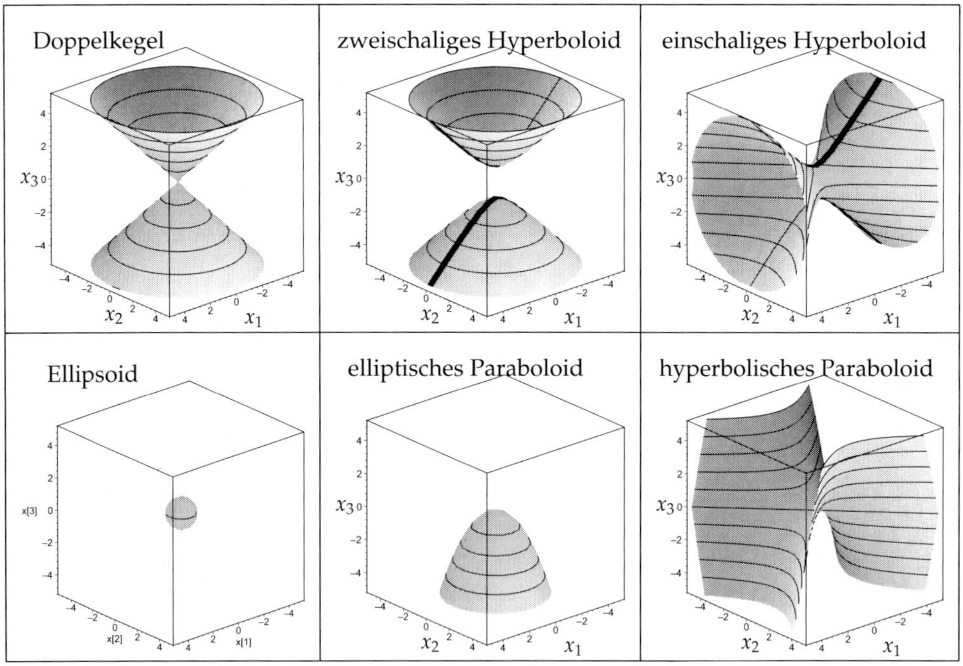

Abbildung 6.5: Quadriken im Raum, deren Gleichungen alle drei Variablen benutzen

6.3.8 Affine Klassifikation der ebenen Quadriken. Jetzt nehmen wir an, dass weniger als drei Variablen in der Gleichung vorkommen. Das kann man dann entweder als eine Quadrik in $\mathbb{R}^2$ oder als eine Quadrik in $\mathbb{R}^3$ interpretieren (bei der dann die nicht involvierte Koordinate frei gewählt werden kann).

Dann hat die affine Normalform eine der folgenden Gestalten:

(I)	$x_1^2 + x_2^2 = 0$	ein Punkt / eine Gerade *
	$x_1^2 - x_2^2 = 0$	schneidendes Geraden- / Ebenenpaar
	$x_1^2 = 0$	Doppelgerade / Doppelebene
(II)	$x_1^2 + x_2^2 + 1 = 0$	kein Punkt / kein Punkt *
	$x_1^2 - x_2^2 + 1 = 0$	Hyperbel / hyperbolischer Zylinder
	$-x_1^2 - x_2^2 + 1 = 0$	Ellipse / elliptischer Zylinder
	$x_1^2 + 1 = 0$	kein Punkt / kein Punkt *
	$-x_1^2 + 1 = 0$	paralleles Geraden- / Ebenenpaar
(III)	$x_1^2 + 2x_2 = 0$	Parabel / parabolischer Zylinder

Die mit * gekennzeichneten Quadriken sehen wieder mager aus, haben aber ebenfalls noch viele Punkte „im Komplexen“.

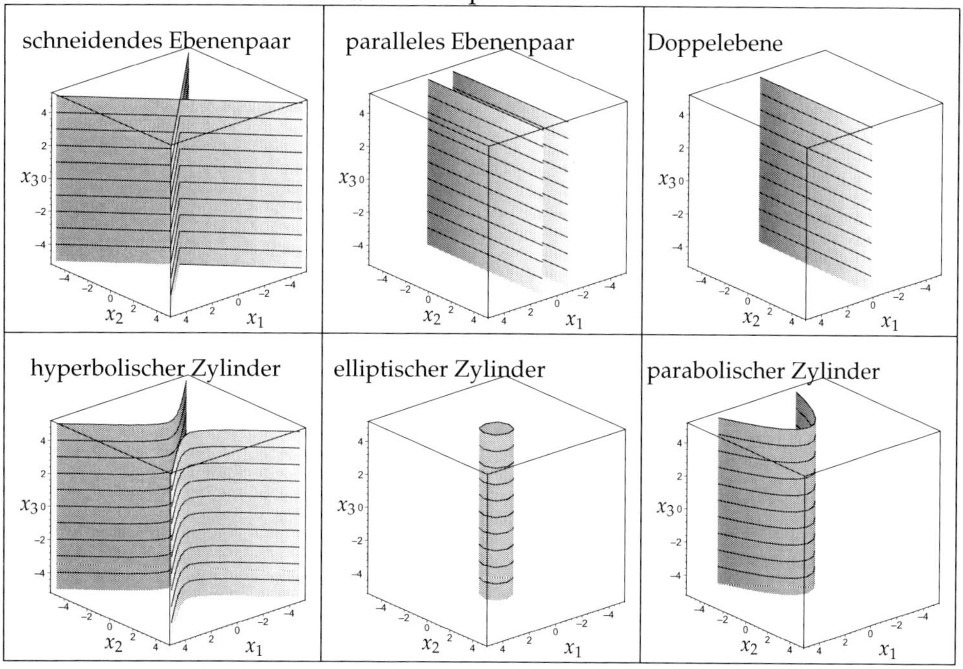

Abbildung 6.6: Quadriken, deren Gleichungen nicht alle Variablen benutzen

6.3.9 Beispiel. In $\mathbb{R}^3$ sei die folgende Quadrik gegeben:

$$9x_1^2 + 24x_1x_2 + 16x_2^2 + kx_3^2 + 10x_1 - 20x_2 + 20x_3 + 1 = 0\,.$$

In Matrixschreibweise: $x^\mathsf{T} A x + 2a^\mathsf{T} x + c = 0$ mit

$$A = \begin{pmatrix} 9 & 12 & 0 \\ 12 & 16 & 0 \\ 0 & 0 & k \end{pmatrix}, \qquad a = \begin{pmatrix} 5 \\ -10 \\ 10 \end{pmatrix}, \qquad c = 1\,.$$

Wir wollen zuerst entscheiden, welcher Quadriktyp hier vorliegt (das wird vom Wert des Parameters k abhängen), und dann die euklidische Normalform bestimmen.

Um den Typ der Quadrik zu bestimmen, berechnen wir

$$r = \operatorname{Rg} A = \operatorname{Rg}\begin{pmatrix} 9 & 12 & 0 \\ 12 & 16 & 0 \\ 0 & 0 & k \end{pmatrix} = \operatorname{Rg}\begin{pmatrix} 3 & 4 & 0 \\ 0 & 0 & 0 \\ 0 & 0 & k \end{pmatrix} = \begin{cases} 1 & \text{für } k = 0, \\ 2 & \text{für } k \neq 0. \end{cases}$$

$$r_{\text{erw}} = \operatorname{Rg}(A_{\text{erw}}) = \operatorname{Rg}\left(\begin{array}{c|ccc} 1 & 5 & -10 & 10 \\ \hline 5 & 9 & 12 & 0 \\ -10 & 12 & 16 & 0 \\ 10 & 0 & 0 & k \end{array}\right) = \operatorname{Rg}\begin{pmatrix} 1 & 5 & -10 & 10 \\ 0 & 9 & 12 & -\frac{k}{2} \\ 0 & 12 & 16 & k \\ 10 & 0 & 0 & k \end{pmatrix}$$

$$= \operatorname{Rg}\begin{pmatrix} 1 & 5 & -10 & 10 \\ 0 & 3 & 4 & -\frac{1}{6}k \\ 0 & 0 & 0 & \frac{5}{3}k \\ 10 & 0 & 0 & k \end{pmatrix}.$$

Für $k \neq 0$ erhalten wir:

$$r_{\text{erw}} = \operatorname{Rg}\begin{pmatrix} 1 & 5 & -10 & 10 \\ 0 & 9 & 12 & -\frac{k}{2} \\ 0 & 0 & 0 & 1 \\ 10 & 0 & 0 & k \end{pmatrix} = 4\,;$$

für $k = 0$ dagegen

$$r_{\text{erw}} = \text{Rg}\begin{pmatrix} 1 & 5 & -10 & 10 \\ 0 & 9 & 12 & 0 \\ 0 & 0 & 0 & 0 \\ 10 & 0 & 0 & 0 \end{pmatrix} = 3\,.$$

In beiden Fällen gilt also $r_{\text{erw}} - r = 2$, und es liegen parabolische Quadriken vor: Ein (elliptisches oder hyperbolisches) Paraboloid für $k \neq 0$, und ein parabolischer Zylinder für $k = 0$.

Wir wollen für den Fall $k = 0$ auch noch die euklidische Normalform der Quadrik bestimmen.

Erster Schritt: Diagonalisierung.

Wir erhalten die Eigenwerte von A als Nullstellen von

$$\chi_A(\lambda) = \det(A - \lambda\, E_3) = \det\begin{pmatrix} 9-\lambda & 12 & 0 \\ 12 & 16-\lambda & 0 \\ 0 & 0 & -\lambda \end{pmatrix} = -\lambda^2\,(\lambda - 25)\,,$$

also als $\lambda_1 = 25$ und $\lambda_2 = 0 = \lambda_3$. (Wir haben den Eigenwert 0 schon nach hinten sortiert).

Durch Lösen der entsprechenden linearen Gleichungssysteme erhalten wir $V(25) = \mathrm{L}\,(f_1^*)$ und $V(0) = \mathrm{L}\,(f_2^*, f_3^*)$, wobei

$$f_1^* := \begin{pmatrix} 3 \\ 4 \\ 0 \end{pmatrix}, \qquad f_2^* := \begin{pmatrix} 4 \\ -3 \\ 0 \end{pmatrix}, \quad f_3^* := \begin{pmatrix} 0 \\ 0 \\ -1 \end{pmatrix}.$$

Die Vektoren f_2^* und f_3^* stehen (zufälligerweise) senkrecht aufeinander, dass f_1^* auf den beiden senkrecht steht, hat einen systematischen Grund (vgl. 5.4.5). Die Wahl des Vorzeichens bei f_3^* bewirkt, dass die neue Basis wieder richtig orientiert ist: Wir werden wieder ein Rechtssystem erhalten.

Wir müssen die f_j^* normieren:

$$f_1 := \frac{1}{|f_1^*|}\, f_1^* = \frac{1}{5}\begin{pmatrix} 3 \\ 4 \\ 0 \end{pmatrix}, \qquad f_2 := \frac{1}{|f_2^*|}\, f_2^* = \frac{1}{5}\begin{pmatrix} 4 \\ -3 \\ 0 \end{pmatrix}, \quad f_3 := f_3^* = \begin{pmatrix} 0 \\ 0 \\ -1 \end{pmatrix}.$$

Dies liefert die Transformationsmatrix

$$F := (f_1, f_2, f_3) = \frac{1}{5}\begin{pmatrix} 3 & 4 & 0 \\ 4 & -3 & 0 \\ 0 & 0 & -5 \end{pmatrix}.$$

Probe: $$F^{\mathsf{T}} A F = \frac{1}{25}\begin{pmatrix} 3 & 4 & 0 \\ 4 & -3 & 0 \\ 0 & 0 & -5 \end{pmatrix}\begin{pmatrix} 9 & 12 & 0 \\ 12 & 16 & 0 \\ 0 & 0 & 0 \end{pmatrix}\begin{pmatrix} 3 & 4 & 0 \\ 4 & -3 & 0 \\ 0 & 0 & -5 \end{pmatrix} = \begin{pmatrix} 25 & 0 & 0 \\ 0 & 0 & 0 \\ 0 & 0 & 0 \end{pmatrix}.$$

Bezüglich des kartesischen Koordinatensystem $\mathbb{F} = (\vec{0}; f_1, f_2, f_3)$ hat unsere Quadrik die Gleichung

$$\begin{aligned} 0 &= y^{\mathsf{T}}\left(F^{\mathsf{T}} A F\right) y + 2\left(F^{\mathsf{T}} a\right)^{\mathsf{T}} y + 1 \\ &= y^{\mathsf{T}}\begin{pmatrix} 25 & 0 & 0 \\ 0 & 0 & 0 \\ 0 & 0 & 0 \end{pmatrix} y + \left(\frac{2}{5}\begin{pmatrix} 3 & 4 & 0 \\ 4 & -3 & 0 \\ 0 & 0 & -5 \end{pmatrix}\begin{pmatrix} 5 \\ -10 \\ 10 \end{pmatrix}\right)^{\mathsf{T}} y + 1 \\ &= 25\,y_1^2 - 10\,y_1 + 20\,y_2 - 20\,y_3 + 1\,. \end{aligned}$$

Zweiter Schritt: Verschiebung.

Durch quadratische Ergänzung sehen wir, wie wir verschieben müssen, um den linearen Term in y_1 zu beseitigen:

$$25\,y_1^2 - 10\,y_1 = 25\left(y_1^2 - \frac{10}{25}\,y_1\right) = 25\left(y_1 - \frac{1}{5}\right)^2 - 1\,.$$

Wir verwenden als neuen Ursprung also den Punkt P mit ${}_{\mathbb{F}}P := \left(\frac{1}{5}, 0, 0\right)^{\mathsf{T}}$ (für diesen gilt $P = {}_{\mathbb{E}}P = {}_{\mathbb{E}}\kappa_{\mathbb{F}}({}_{\mathbb{F}}P) = F\,{}_{\mathbb{F}}P = \frac{1}{25}(3,4,0)^{\mathsf{T}}$), und erhalten bezüglich des Koordinatensystems $\mathbb{G} = \left(P; f_1, f_2, f_3\right)$ die Gleichung

$$0 = 25\,z_1^2 + 20\,z_2 - 20\,z_3 - 1 + 1$$

bzw. [nach Division] $$0 = 5\,z_1^2 + 4\,z_2 - 4\,z_3\,.$$

Dritter Schritt: Vereinfachung des linearen Teils.
Wir ersetzen jetzt noch die Basisvektoren f_2 und f_3 durch h_2 und h_3, die wir gewinnen aus $\tilde{a} = (0, 2, -2)^{\mathsf{T}}$ und (vgl. S. 170)

$$\begin{aligned}
h_2^* &:= 2f_2 - 2f_3 ,\\
h_2 &:= \frac{1}{|h_2^*|}\, h_2^* = \frac{1}{2\sqrt{2}}\big(2f_2 - 2f_3\big) = \frac{1}{\sqrt{2}}\big(f_2 - f_3\big),\\
h_3^* &:= f_3 - \big\langle f_3 \,\big|\, h_2 \big\rangle\, h_2 = f_3 + \frac{1}{2}\big(f_2 - f_3\big) = \frac{1}{2}\big(f_2 + f_3\big),\\
h_3 &:= \frac{1}{|h_3^*|}\, h_3^* = \frac{1}{\sqrt{2}}\big(f_2 + f_3\big).
\end{aligned}$$

Explizit (d. h. in Standardkoordinaten):

$$h_1 := f_1 = \frac{1}{5}\begin{pmatrix}3\\4\\0\end{pmatrix}, \qquad h_2 = \frac{1}{5\sqrt{2}}\begin{pmatrix}4\\-3\\5\end{pmatrix}, \qquad h_3 = \frac{1}{5\sqrt{2}}\begin{pmatrix}4\\-3\\-5\end{pmatrix}.$$

Bezüglich des kartesischen Koordinatensystems

$$\mathbb{H} := \left(\frac{1}{25}\begin{pmatrix}3\\4\\0\end{pmatrix}; \frac{1}{5}\begin{pmatrix}3\\4\\0\end{pmatrix}, \frac{1}{5\sqrt{2}}\begin{pmatrix}4\\-3\\5\end{pmatrix}, \frac{1}{5\sqrt{2}}\begin{pmatrix}4\\-3\\-5\end{pmatrix}\right)$$

hat unsere Quadrik die Gleichung

$$5\,w_1^2 + 4\sqrt{2}\,w_2 = 0,$$

die euklidische Normalform erhält man, indem man diese Gleichung noch durch $2\sqrt{2}$ dividiert (bzw. mit $\frac{\sqrt{2}}{4}$ multipliziert):

$$\frac{5\sqrt{2}}{4}\,w_1^2 + 2\,w_2 = 0.$$

Dies ist ein parabolischer Zylinder, Darstellungen findet man in Abb. 6.7–6.9.

Die benötigten Koordinatentransformationen erhält man mit

$$F = \frac{1}{5}\begin{pmatrix} 3 & 4 & 0 \\ 4 & -3 & 0 \\ 0 & 0 & -5 \end{pmatrix}, \quad P = \frac{1}{25}\begin{pmatrix} 3 \\ 4 \\ 0 \end{pmatrix}, \quad M = \frac{1}{\sqrt{2}}\begin{pmatrix} \sqrt{2} & 0 & 0 \\ 0 & 1 & 1 \\ 0 & -1 & 1 \end{pmatrix},$$

$$F^{\top} P = \frac{1}{5}\begin{pmatrix} 1 \\ 0 \\ 0 \end{pmatrix} \quad \text{und} \quad H := F M = \frac{1}{5\sqrt{2}}\begin{pmatrix} 3\sqrt{2} & 4 & 4 \\ 4\sqrt{2} & -3 & -3 \\ 0 & 5 & -5 \end{pmatrix}$$

als

$$\begin{aligned} {}_{\mathbb{E}}\kappa_{\mathbb{F}}&\colon\ v \mapsto F v, & {}_{\mathbb{F}}\kappa_{\mathbb{E}}&\colon\ v \mapsto F^{\top} v, \\ {}_{\mathbb{F}}\kappa_{\mathbb{G}}&\colon\ v \mapsto v + F^{\top} P, & {}_{\mathbb{G}}\kappa_{\mathbb{F}}&\colon\ v \mapsto v - F^{\top} P, \\ {}_{\mathbb{G}}\kappa_{\mathbb{H}}&\colon\ v \mapsto M v, & {}_{\mathbb{H}}\kappa_{\mathbb{G}}&\colon\ v \mapsto M^{\top} v, \end{aligned}$$

$$\begin{aligned} {}_{\mathbb{E}}\kappa_{\mathbb{H}} &= {}_{\mathbb{E}}\kappa_{\mathbb{F}} \circ {}_{\mathbb{F}}\kappa_{\mathbb{G}} \circ {}_{\mathbb{G}}\kappa_{\mathbb{H}}\colon\ v \mapsto F\big(M v + F^{\top} P\big) = H v + P, \\ {}_{\mathbb{H}}\kappa_{\mathbb{E}} &= {}_{\mathbb{H}}\kappa_{\mathbb{G}} \circ {}_{\mathbb{G}}\kappa_{\mathbb{F}} \circ {}_{\mathbb{F}}\kappa_{\mathbb{E}}\colon\ v \mapsto M^{\top} F^{\top} (v - P) = H^{\top} (v - P). \end{aligned}$$

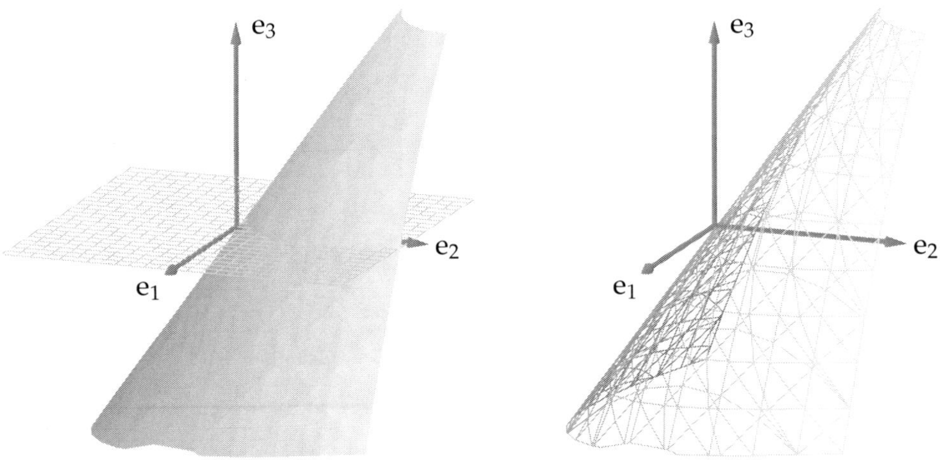

Abbildung 6.7: Die Quadrik (ein parabolischer Zylinder) mit der Gleichung $9\,x_1^2 + 24\,x_1\,x_2 + 16\,x_2^2 + 10\,x_1 - 20\,x_2 + 20\,x_3 + 1 = 0$. Die Pfeile deuten das Standardkoordinatensystem $\mathbb{E}$ an.

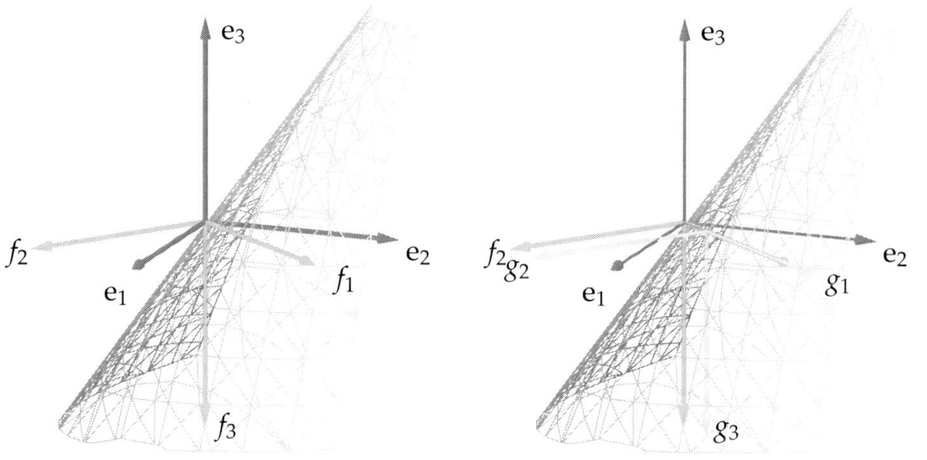

Abbildung 6.8: Die Quadrik mit den Systemen $\mathbb{E}$ und $\mathbb{F}$, bzw. $\mathbb{E}$, $\mathbb{F}$ und $\mathbb{G}$.

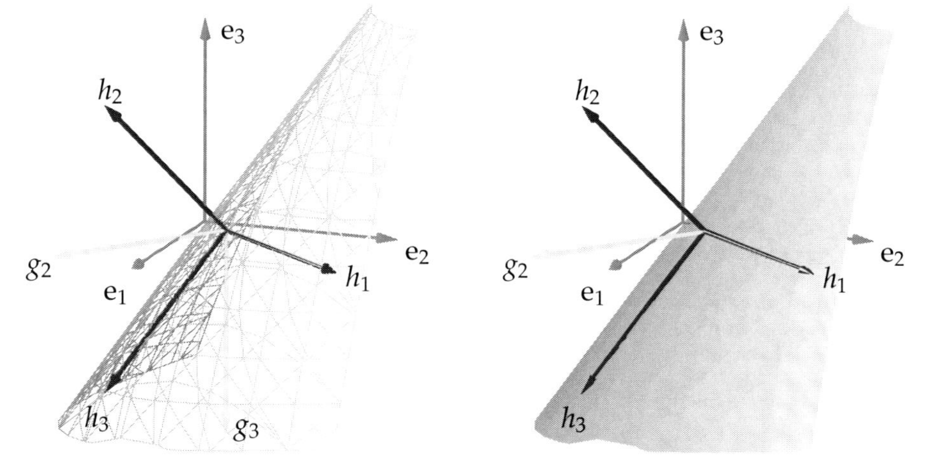

Abbildung 6.9: Die Quadrik mit den Systemen $\mathbb{E}$, $\mathbb{G}$ und $\mathbb{H}$.
Durch den letzten Koordinatenwechsel wird erreicht, dass die Quadrik bei Verschiebung entlang eines Basisvektors (nämlich h_3) invariant bleibt.

6.3.10 Beispiel. Die in 6.2.16 betrachtete Quadrik

$$Q := \left\{x \in \mathbb{R}^2 \,\middle|\, 4x_1^2 + 4x_1 x_2 + x_2^2 + 30x_2 - 20 = 0\right\}$$

hat die Matrixbeschreibung $Q = \left\{x \in \mathbb{R}^2 \,\middle|\, x^\top A x + 2a^\top x + c = 0\right\}$ mit

$$A = \begin{pmatrix} 4 & 2 \\ 2 & 1 \end{pmatrix}, \quad a = \begin{pmatrix} 0 \\ 15 \end{pmatrix}, \quad c = -20\,.$$

Erster Schritt: Diagonalisierung.
Die Eigenwerte von A ergeben sich aus

$$\chi_A(\lambda) = \det\begin{pmatrix} 4-\lambda & 2 \\ 2 & 1-\lambda \end{pmatrix} = (4-\lambda)(1-\lambda) - 4 = \lambda^2 - 5\lambda = \lambda(\lambda - 5)$$

als $\lambda_1 = 5$ und $\lambda_2 = 0$. Eigenvektoren dazu sind z. B.

$$v_1 := \begin{pmatrix} 2 \\ 1 \end{pmatrix} \in V(5), \quad v_2 := \begin{pmatrix} 1 \\ -2 \end{pmatrix} \in V(0)\,.$$

Die Vektoren v_1 und v_2 stehen aufeinander senkrecht (das muss wegen 5.4.5 so sein), wir müssen aber noch normieren. Wir kehren außerdem die Richtung des Eigenvektors zum Eigenwert $\lambda_1 = 5$ um, damit wir ein Rechtssystem erhalten:

$$f_1 := -\tfrac{1}{\sqrt{5}}\, v_1 = \tfrac{1}{\sqrt{5}}\begin{pmatrix} -2 \\ -1 \end{pmatrix}, \quad f_2 := \tfrac{1}{\sqrt{5}}\, v_2 = \tfrac{1}{\sqrt{5}}\begin{pmatrix} 1 \\ -2 \end{pmatrix}.$$

Die Basis f_1, f_2 ist dargestellt in Abbildung 6.4 auf Seite 165; dort sieht man auch die Koordinatensysteme $\mathbb{F}$, $\mathbb{G}$ und $\mathbb{H}$, die wir im Folgenden entwickeln.

Mit $F := \dfrac{1}{\sqrt{5}}\begin{pmatrix} -2 & 1 \\ -1 & -2 \end{pmatrix}$ ergibt sich jetzt

$$F^\top A F = \begin{pmatrix} 5 & 0 \\ 0 & 0 \end{pmatrix} \quad \text{und} \quad F^\top a = \frac{1}{\sqrt{5}}\begin{pmatrix} -15 \\ -30 \end{pmatrix} = \sqrt{5}\begin{pmatrix} -3 \\ -6 \end{pmatrix}.$$

Im Koordinatensystem $\mathbb{F} = (O, f_1, f_2)$ hat Q also die Gleichung

$$5y_1^2 - 6\sqrt{5}\,y_1 - 12\sqrt{5}\,y_2 - 20 = 0\,.$$

[Man erhält diese Gleichung, indem man $y := {}_{\mathbb{F}}X$ ansetzt und dann ${}_{\mathbb{E}}X = {}_{\mathbb{E}}\kappa_{\mathbb{F}}({}_{\mathbb{F}}X) = Fy$ in die alte Gleichung (also die für $x = {}_{\mathbb{E}}X$) einsetzt.]

Zweiter Schritt: Verschiebung.

Durch quadratische Ergänzung finden wir eine Verschiebung derart, dass die zweite Achse im verschobenen Koordinatensystem eine Symmetrieachse der Quadrik ist: Aus

$$5\,y_1^2 - 6\,\sqrt{5}\,y_1 = 5\left(y_1 - \frac{3}{\sqrt{5}}\right)^2 - 5\left(\frac{3}{\sqrt{5}}\right)^2 = 5\left(y_1 - \frac{3}{\sqrt{5}}\right)^2 - 9$$

sehen wir, dass wir $z_1 := y_1 - \frac{3}{\sqrt{5}}$ (und $z_2 := y_2$) setzen sollten, also

$$5\,z_1^2 - 12\,\sqrt{5}\,z_2 - 29 = 0 \quad \text{mit} \quad y = z + \frac{3}{\sqrt{5}}\begin{pmatrix}1\\0\end{pmatrix}.$$

Dies ist die Gleichung der Quadrik in Koordinaten bezüglich $\mathbb{G} = (P; f_1, f_2)$, passend zu $\overrightarrow{OP} = \frac{3}{\sqrt{5}} f_1$ gilt zuerst ${}_{\mathbb{F}}P = \frac{3}{\sqrt{5}}\begin{pmatrix}1\\0\end{pmatrix}$ und damit

$${}_{\mathbb{E}}P = F\,{}_{\mathbb{F}}P = \frac{3}{5}\begin{pmatrix}-2\\-1\end{pmatrix}.$$

Dritter Schritt: Verschiebung in Richtung der Symmetrieachse.

Wir verschieben unser Koordinatensystem noch ein letztes Mal, um den Ursprung auf den Scheitel der Parabel zu legen. Die passende Verschiebung ergibt sich aus dem Ansatz $-12\,\sqrt{5}\,z_2 - 29 = -12\,\sqrt{5}\,w_2$ (und $z_1 = w_1$): Dies liefert $z_2 = w_2 - \frac{29}{12\,\sqrt{5}}$, das neue Koordinatensystem $\mathbb{H} = (R; f_1, f_2)$ hat demnach den Ursprung $R = -\frac{29}{12\,\sqrt{5}} f_2$, also ${}_{\mathbb{F}}R = \left(0, -\frac{29}{12\,\sqrt{5}}\right)^{\mathsf{T}}$ und

$${}_{\mathbb{E}}R = {}_{\mathbb{E}}P - \frac{29}{12\,\sqrt{5}} f_2 = \frac{1}{60}\begin{pmatrix}-101\\22\end{pmatrix}.$$

Bezüglich des Koordinatensystems $\mathbb{H} = \left(\frac{1}{60}\begin{pmatrix}-101\\22\end{pmatrix}; \frac{1}{\sqrt{5}}\begin{pmatrix}-2\\-1\end{pmatrix}, \frac{1}{\sqrt{5}}\begin{pmatrix}1\\-2\end{pmatrix}\right)$ wird die Quadrik Q also dargestellt durch die Gleichung $5\,w_1^2 - 12\,\sqrt{5}\,w_2 = 0$.

Die euklidische Normalform lautet $-\frac{\sqrt{5}}{6}\,w_1^2 + 2\,w_2 = 0$.

drei einschalige Hyperboloide

Abbildung 6.10: Quadriken in der Natur

Z Zusätze

Z.1 Basisergänzungssatz und Dimensionsformel

In vielen Situationen ist eine Basis eines Vektorraums zu bestimmen, die an ein gegebenes Problem angepasst ist. Eine solche Situation liegt beispielsweise vor, wenn eine lineare Abbildung einen Unterraum festlässt: Dann ist es zweckmäßig, eine Basis des Gesamtraums zu bestimmen, die eine Basis des Unterraums enthält. Beschreibt man die lineare Abbildung bezüglich einer solchen Basis, dann besitzt die darstellende Matrix eine angepasste Blockstruktur.

In jedem Vektorraum V lässt sich jede Basis eines Untervektorraums zu einer Basis von V erweitern. Man nennt diesen Sachverhalt den Basisergänzungssatz. Wir formulieren und beweisen hier diesen Satz für Vektorräume endlicher Dimension. In diesem Fall liefert der Beweis auch die Konstruktion der gesuchten Basis. Für unendlich dimensionale Vektorräume verwendet der Beweis das Lemma von Zorn und ist nicht konstruktiv. Das Lemma von Zorn ist zum Auswahlaxiom äquivalent und daher als Axiom zu betrachten.

Z.1.1 Basisergänzungssatz. *Sei V ein Vektorraum der Dimension n über einem Körper $\mathbb{K}$ und sei U ein Untervektorraum der Dimension k von V. Ist $\{u_1, \dots, u_k\}$ eine Basis von U, dann gibt es eine Basis von V von der Form $\{u_1, \dots, u_k, v_{k+1}, \dots, v_n\}$.*

Beweis (durch Induktion nach $d := n - k$). Für $n = k$ ist die Aussage trivialerweise richtig. Angenommen die Aussage sei schon für $d = n-(k+1)$ bewiesen (also für alle Untervektorräume der Dimension $k + 1$). Sei $\{u_1, \dots, u_k\}$ eine Basis von U. Ferner sei $\{\tilde{v}_1, \dots, \tilde{v}_n\}$ eine Basis von V. Nicht alle $\tilde{v}_i$ sind in U enthalten, denn sonst wäre $V \subsetneqq U \subsetneqq V$ und somit $V = U$ (und $n = k$ im Widerspruch zur Annahme). Also gibt es ein kleinstes j mit $\tilde{v}_j \notin U$.

Behauptung: $u_1, \dots, u_k, \tilde{v}_j$ sind linear unabhängig.

[Es sei $\alpha_1 u_1 + \cdots + \alpha_k u_k + \alpha_{k+1} \tilde{v}_j = 0$. Angenommen $\alpha_{k+1} \neq 0$. Dann gilt

$$\tilde{v}_j = -\frac{1}{\alpha_{k+1}} \left(\alpha_1 u_1 + \cdots + \alpha_k u_k\right) \in U,$$

im Widerspruch zu unserer Annahme $\tilde{v}_j \notin U$. Also gilt $\alpha_{k+1} = 0$ und

$$\alpha_1 u_1 + \cdots + \alpha_k u_k = 0,$$

woraus wegen der linearen Unabhängigkeit der u_i folgt, dass $\alpha_i = 0$ für $1 \leqq i \leqq k$ gilt.
Damit ist gezeigt, dass die $u_1, \ldots, u_k, \tilde{v}_j$ linear unabhängig sind.]

Wir setzen nun $v_{k+1} = \tilde{v}_j$. Die $u_1, \ldots, u_k, v_{k+1}$ bilden eine Basis des Unterraums $W := \mathrm{L}(u_1, \ldots, u_k, v_{k+1})$. Diese lineare Hülle besitzt die Dimension $k+1$. Nach Induktionsvoraussetzung lässt sich die Basis $\{u_1, \ldots, u_k, v_{k+1}\}$ des $(k+1)$-dimensionalen Untervektorraums W zu einer Basis von V ergänzen. Somit haben wir auch $\{u_1, \ldots, u_k\}$ zu einer Basis von V ergänzt. □

Als eine kleine Anwendung ergibt sich folgendes Resultat.

Z.1.2 Dimensionsformel für Untervektorräume. *Sei V ein Vektorraum endlicher Dimension und seien U und W Untervektorräume von V. Dann gilt:*

$$\dim(U \cap W) + \dim(U + W) = \dim U + \dim W,$$

wobei $U + W = \{u + w \mid u \in U, w \in W\}$ die lineare Hülle $\mathrm{L}(U \cup W)$ von U und W ist (also der kleinste UVR von V, der U und W enthält).

Beweis. Für $U = V$ ist die Formel sicherlich richtig. Wir verwenden wieder Induktion, absteigend nach der Dimension von U.
Ergänze zunächst eine Basis von $U \cap W$ zu einer Basis von U. Im Fall $W \subsetneqq U$ ist die Aussage trivialerweise richtig, weil dann $U \cap W = W$ und $U + W = U$ gilt. Ist W nicht in U enthalten, dann gibt es einen Vektor $w \in W$, der nicht in $W \cap U$ liegt. Wir setzen dann $U_1 := U + \mathrm{L}(w)$. Nun ist $\dim U_1 = 1 + \dim U$ und nach Induktionsvoraussetzung gilt:

$$\dim(U_1 \cap W) + \dim(U_1 + W) = \dim U_1 + \dim W.$$

Wegen $w \notin W \cap U$ ist $\dim(U_1 \cap W) = 1 + \dim(U \cap W)$. Hieraus folgt dann mit $U_1 + W = U + W$ sofort die Dimensionsformel für U und W. □

Z.2 Skalarprodukte auf Funktionenräumen

Wir wollen an einigen Beispielen zeigen, dass es nützlich sein kann, Skalarprodukte auch in ganz allgemeinen (reellen) Vektorräumen zu betrachten.

Wir betrachten *Funktionenräume*: Also Vektorräume, deren Elemente Funktionen sind.

Z.2.1 Werkzeugkasten: einige Integrale. Skalarprodukte auf Funktionenräumen werden oft durch Integrale definiert. Wir werden die folgenden Ergebnisse (für $n, k \in \mathbb{N}_0$) benutzen:

1. $\displaystyle\int_{-1}^{1} x^n \,\mathrm{d}\,x = \left[\frac{x^{n+1}}{n+1}\right]_{-1}^{1} = \frac{1^{n+1} - (-1)^{n+1}}{n+1} = \begin{cases} \frac{2}{n+1} & \text{falls } n \text{ gerade,} \\ 0 & \text{sonst.} \end{cases}$

2. $\displaystyle\int_{-\pi}^{\pi} \cos(n\,x)\,\cos(k\,x)\,\mathrm{d}\,x = \begin{cases} 2\,\pi & \text{falls } n = k = 0, \\ \pi & \text{falls } n = k \neq 0, \\ 0 & \text{sonst.} \end{cases}$

3. $\displaystyle\int_{-\pi}^{\pi} \cos(n\,x)\,\sin(k\,x)\,\mathrm{d}\,x = 0.$

4. $\displaystyle\int_{-\pi}^{\pi} \sin(n\,x)\,\sin(k\,x)\,\mathrm{d}\,x = \begin{cases} \pi & \text{falls } n = k \neq 0, \\ 0 & \text{sonst.} \end{cases}$

Die Integrale über die Winkelfunktionen erhält man durch partielle Integration [das lernt man in der Analysis].

Z.2.2 Definition. Auf dem Vektorraum $C^0([-1,1])$ aller stetigen Funktionen auf dem Intervall $[-1,1]$ setzen wir fest:

$$\big\langle f \,\big|\, g \big\rangle := \int_{-1}^{1} f(t)\,g(t)\,\mathrm{d}\,t\,.$$

Z.2.3 Lemma. *Die eben getroffene Verabredung legt ein Skalarprodukt auf dem Raum* $C^0([-1,1])$ *fest, d. h. für alle* $f, g, h \in C^0([-1,1])$ *und alle* $s \in \mathbb{R}$ *gilt:*

1. $\langle f \mid g \rangle = \langle g \mid f \rangle$

2. $\langle f \mid f \rangle \geqq 0$ *und* $\langle f \mid f \rangle = 0 \iff f = 0$
[Integral über eine stetige, nie negative Funktion]

3. $\langle f \mid g + h \rangle = \langle f \mid g \rangle + \langle f \mid h \rangle$ [Rechenregeln für Integrale]

4. $s\,\langle f \mid g \rangle = \langle s\,f \mid g \rangle = \langle f \mid s\,g \rangle$ [— 〃 —]

Mit Hilfe dieses Skalarprodukts setzen wir $\|f\| := \sqrt{\langle f \mid f \rangle}$ und nennen dies die *Norm* von f.

Z.2.4 Bemerkungen. Skalarprodukte wie das jetzt eingeführte benutzt man, um Abstände zwischen Funktionen zu definieren — das wird z. B. wichtig, wenn man Funktionen durch Polynome *approximieren* (annähern) will.

Der Abstand zwischen f und g wird definiert als $\|f - g\|$:

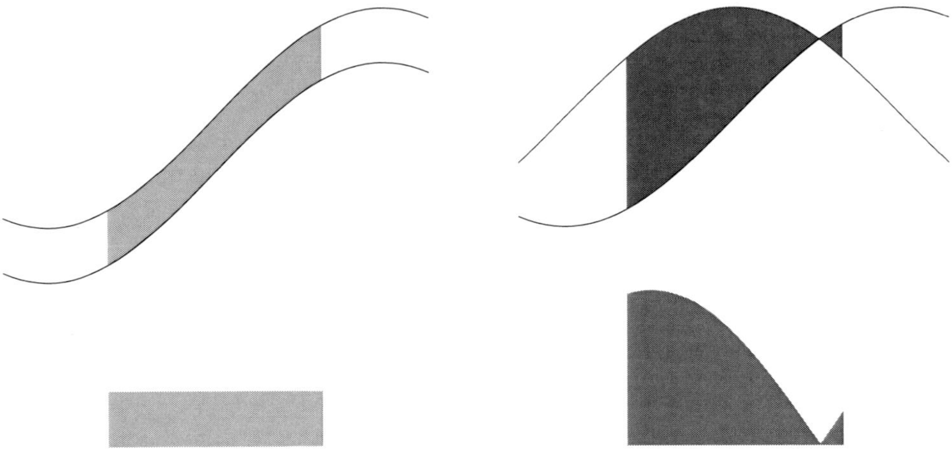

Auf den ersten Blick sieht es so aus, als wäre dieser Abstand gerade die Fläche zwischen den Funktionsgraphen. Bei Funktionen mit konstantem Abstand stimmt das bis auf einen Faktor (die Wurzel aus der Länge des Intervalls, über das wir integrieren). Im Allgemeinen liegen die Verhältnisse komplizierter.

Indem wir die Polynome auf das Intervall $[-1, 1]$ einschränken, können wir die Vektorräume $\mathrm{Pol}_n\,\mathbb{R}$ und $\mathrm{Pol}\,\mathbb{R}$ der reellen Polynome (vom Grad höchstens n bzw. ohne Beschränkung an den Grad) als Untervektorräume von $C^0([-1, 1])$ auffassen.

Natürlich hängt das jetzt eingeführte Skalarprodukt auf $\mathrm{Pol}\,\mathbb{R}$ ab vom gewählten Integrationsintervall (hier $[-1, 1]$). Man kann diese Abhängigkeit so interpretieren: Wir interessieren uns derzeit nur für das Verhalten der Funktionen für Argumente zwischen -1 und 1. Wenn unsere Interessen sich ändern, ändern wir halt auch das Skalarprodukt …

Z.2.5 Beispiele.
Für $f(X) = X^2$, $g(X) = X + 1$ und $h(X) = 2\,X^4 - 2\,X^3 - 17\,X^2 + 17\,X$ gilt:

1. $$\left\langle f \,\middle|\, g \right\rangle = \int_{-1}^{1} f(t)\, g(t)\, \mathrm{d}\,t = \int_{-1}^{1} t^2(t+1)\, \mathrm{d}\,t$$
$$= \left[\frac{t^4}{4} + \frac{t^3}{3}\right]_{-1}^{1} = \frac{1}{4} + \frac{1}{3} - \left(\frac{1}{4} - \frac{1}{3}\right) = \frac{2}{3}.$$

2. $$\|f\|^2 = \int_{-1}^{1} f(t)\, f(t)\, \mathrm{d}\,t = \int_{-1}^{1} t^4\, \mathrm{d}\,t = \left[\frac{t^5}{5}\right]_{-1}^{1} = \frac{2}{5}, \qquad \text{also } \|f\| = \sqrt{\frac{2}{5}}.$$

3. $$\|g\|^2 = \int_{-1}^{1} g(t)\, g(t)\, \mathrm{d}\,t = \int_{-1}^{1} (t+1)^2\, \mathrm{d}\,t = \int_{-1}^{1} (t^2 + 2\,t + 1)\, \mathrm{d}\,t$$
$$= \left[\frac{t^3}{3} + t^2 + t\right]_{-1}^{1} = \frac{2}{3} + 2 = \frac{8}{3}, \qquad \text{also } \|g\| = \sqrt{\tfrac{8}{3}}.$$

4. $$\left\langle g \,\middle|\, h \right\rangle = \int_{-1}^{1} (2\,t^5 - 19\,t^3 + 17\,t)\, \mathrm{d}\,t = 0.$$

Mit anderen Worten: Die Polynome g und h stehen aufeinander senkrecht.

Z.2.6 Schmidtsche Orthonormierung für Polynome.
Wir wollen das (auf das Intervall $[-1, 1]$ bezogene) Skalarprodukt benutzen, um eine Orthonormalbasis für den Raum Pol $\mathbb{R}$ zu erzeugen.
Wir starten mit der *Monombasis*

$$b_1(X) := X^0, \quad b_2(X) := X^1, \quad b_3(X) := X^2, \quad \ldots \quad, \quad b_j(X) := X^{j-1}, \quad \ldots$$

und wenden das Schmidtsche Verfahren an:

Normiere b_1: $\quad \|b_1\| = \sqrt{\int_{-1}^{1} 1\, \mathrm{d}\,t} = \sqrt{2}, \quad$ also $f_1(X) := \frac{1}{\sqrt{2}}$.

$f_2^* := b_2 - \left\langle b_2 \,\middle|\, f_1 \right\rangle f_1$, dazu $\left\langle b_2 \,\middle|\, f_1 \right\rangle = \int_{-1}^{1} \frac{t}{\sqrt{2}}\, \mathrm{d}\,t = 0$,

damit $f_2^* = b_2$ und $\|f_2^*\|^2 = \int_{-1}^{1} t^2\, \mathrm{d}\,t = \frac{2}{3}$, $\quad$ also $f_2(X) := \sqrt{\frac{3}{2}}\, X$.

Die allgemeine Formel $f_{k+1}^* := b_{k+1} - \sum_{j=1}^{k} \langle b_{k+1} \mid f_j \rangle f_j$ liefert für $k = 2$:

$f_3^*(X) = b_3(X) - \langle b_3 \mid f_1 \rangle f_1(X) - \langle b_3 \mid f_2 \rangle f_2(X)$,
mit $\langle b_3 \mid f_1 \rangle = \int_{-1}^{1} \frac{t^2}{\sqrt{2}} \,\mathrm{d}t = \frac{\sqrt{2}}{3}$ und $\langle b_3 \mid f_2 \rangle = \int_{-1}^{1} t^3 \sqrt{\frac{3}{2}} \,\mathrm{d}t = 0$,
damit $f_3^*(X) = X^2 - \frac{1}{3}$ und $\|f_3^*\|^2 = \int_{-1}^{1} (t^2 - \frac{1}{3})^2 \,\mathrm{d}t = \int_{-1}^{1} t^4 - \frac{2}{3} t^2 + \frac{1}{9} \,\mathrm{d}t = \frac{8}{45}$,
also $f_3(X) := \frac{3}{2} \sqrt{\frac{5}{2}} \left(X^2 - \frac{1}{3}\right)$.

Weiter in dieser Art zu rechnen, ist mühsam (und führt auch nie zu einem Ende). Zum Glück gibt es auch andere Beschreibungen des Ergebnisses:

Z.2.7 Bemerkung.
Durch die Rekursionsformel

$$P_{n+1}(X) := \frac{1}{n+1} \Big((2n+1)\, X\, P_n(X) - n\, P_{n-1}(X) \Big)$$

werden — ausgehend von $P_0(X) := 1$ und $P_1(X) := X$ — die sogenannten *Legendre-Polynome* definiert.
Bis auf Normierung sind diese Legendre-Polynome diejenigen, die uns das Schmidtsche Verfahren aus der Monombasis erzeugt.

Die Legendre-Polynome sind auch in der Theorie der Differentialgleichungen wichtig: das Polynom P_n ist eine Lösung der *Legendre-Differentialgleichung*

$$(1 - x^2)\, f''(x) - 2x\, f'(x) + n(n+1)\, f(x) = 0\,.$$

Jetzt wollen wir periodische Funktionen betrachten:

Z.2.8 Definition. Auf dem Vektorraum aller stetigen periodischen Funktionen auf dem Intervall $[-\pi, \pi]$ erhält man ein Skalarprodukt durch

$$\langle f \mid g \rangle := \int_{-\pi}^{\pi} f(t)\, g(t) \,\mathrm{d}t\,.$$

Z.2.9 Definitionen. Für $j \in \mathbb{N}$ setzen wir die Funktionen c_j und s_j fest durch $c_j(t) := \frac{1}{\sqrt{\pi}} \cos(j\,t)$ bzw. $s_j(t) := \frac{1}{\sqrt{\pi}} \sin(j\,t)$. Außerdem setzen wir $c_0(t) := \frac{1}{\sqrt{2\pi}}$.

Nach den Ergebnissen aus Z.2.1 wissen wir:

Z.2.10 Beispiele.

1. $\left\langle c_j \middle| c_k \right\rangle = \delta_{jk} := \begin{cases} 1 & \text{falls } j = k \\ 0 & \text{sonst.} \end{cases}$
2. $\left\langle c_j \middle| s_k \right\rangle = 0.$
3. $\left\langle s_j \middle| s_k \right\rangle = \delta_{jk}.$

Mit anderen Worten: Die (nicht abbrechende) Folge

$$c_0, c_1, s_1, c_2, s_2, c_3, s_3, \ldots, c_j, s_j, \ldots$$

bildet ein Orthonormalsystem im Raum der stetigen periodischen Funktionen.

Man kann dieses Orthonormalsystem benutzen, um herauszufinden, wie sich eine gegebene periodische Funktion in die Grundfrequenz und deren Vielfache zerlegt:

Z.2.11 Satz. *Für* $f(t) = \sum_{j=0}^{N} a_j c_j(t) + \sum_{j=1}^{N} b_j s_j(t)$ *gilt* $a_k = \langle c_k \mid f \rangle$ *und* $b_k = \langle s_k \mid f \rangle$.

Mit anderen Worten: Man erhält den Koeffizienten, mit dem die Funktion c_k in die Linearkombination f eingeht, als Skalarprodukt von c_k mit der Funktion f. Die Zahlen a_k und b_k heißen die *Fourier-Koeffizienten* von f.

Beweis. Wir berechnen $\langle c_k \mid f \rangle$, für $\langle s_k \mid f \rangle$ geht das analog:

$$\begin{aligned} \langle c_k \mid f \rangle &= \left\langle c_k \middle| \sum_{j=0}^{N} a_j c_j + \sum_{j=1}^{N} b_j s_j \right\rangle \\ &= \sum_{j=0}^{N} \langle c_k \mid a_j c_j \rangle + \sum_{j=1}^{N} \langle c_k \mid b_j s_j \rangle \\ &= \sum_{j=0}^{N} a_j \langle c_k \mid c_j \rangle + \sum_{j=1}^{N} b_j \langle c_k \mid s_j \rangle = a_k . \end{aligned}$$

□

Sie erinnern sich ... (vgl. 2.8.6)

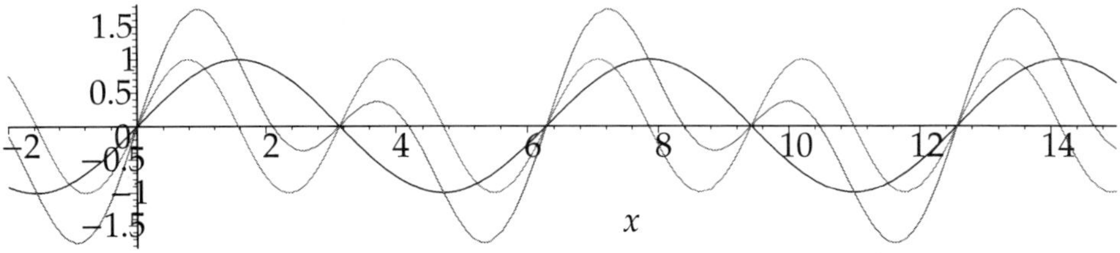

$$f(x) = \sin(x) + \sin(2\,x) = \sqrt{\pi}\,\frac{\sin(x)}{\sqrt{\pi}} + \sqrt{\pi}\,\frac{\sin(2\,x)}{\sqrt{\pi}}, \text{ also } f = \sqrt{\pi}\,s_1 + \sqrt{\pi}\,s_2\,.$$

Z.2.12 Beispiel. Um herauszufinden, wie stark die Grundschwingung und deren Oktav in der oben gezeigten periodischen Funktion f enthalten sind, berechnen wir die Fourier-Koeffizienten

$$\begin{aligned}\left\langle s_1 \,\middle|\, f\right\rangle &= \int_{-\pi}^{\pi} s_1(t)\,f(t)\;\mathrm{d}\,t\\ &= \int_{-\pi}^{\pi} \frac{1}{\sqrt{\pi}}\sin(t)\Big(\sin(t)+\sin(2\,t)\Big)\;\mathrm{d}\,t\\ &= \tfrac{1}{\sqrt{\pi}}\int_{-\pi}^{\pi} \sin(t)^2+\sin(t)\sin(2\,t)\;\mathrm{d}\,t\\ &= \tfrac{1}{\sqrt{\pi}}(\pi+0) = \sqrt{\pi}\,,\end{aligned}$$

sowie

$$\begin{aligned}\left\langle s_2 \,\middle|\, f\right\rangle &= \int_{-\pi}^{\pi} s_2(t)\,f(t)\;\mathrm{d}\,t\\ &= \int_{-\pi}^{\pi} \frac{1}{\sqrt{\pi}}\sin(2\,t)\Big(\sin(t)+\sin(2\,t)\Big)\;\mathrm{d}\,t\\ &= \tfrac{1}{\sqrt{\pi}}(0+\pi) = \sqrt{\pi}\,.\end{aligned}$$

Natürlich kannten wir in diesem Beispiel das Ergebnis schon im Voraus. Interessanter wird das Verfahren im folgenden Beispiel:

Z.2.13 Beispiel. Es sei $b\colon \mathbb{R} \to \mathbb{R}$ die 2π-periodische Funktion, die für $-\pi \leqq x \leqq \pi$ durch $b(x) = \pi - |x|$ gegeben ist:

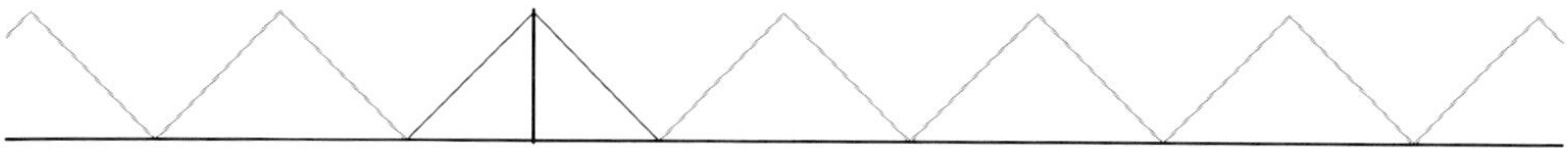

Wir berechnen die Fourier-Koeffizienten:

$$
\begin{aligned}
\langle s_1 \,|\, b\rangle &= \int_{-\pi}^{\pi} \frac{1}{\sqrt{\pi}} \sin(t)\,(\pi - |t|)\,\mathrm{d}\,t = 0 = \langle s_n \,|\, b\rangle \qquad [\text{da } s_n \text{ ungerade}]\,.\\
\langle c_0 \,|\, b\rangle &= \int_{-\pi}^{\pi} \frac{1}{\sqrt{2\pi}} \cos(0\cdot t)\,(\pi - |t|)\,\mathrm{d}\,t = \frac{\pi^2}{\sqrt{2\pi}}\\
\langle c_1 \,|\, b\rangle &= \int_{-\pi}^{\pi} \frac{1}{\sqrt{\pi}} \cos(1\cdot t)\,(\pi - |t|)\,\mathrm{d}\,t = \frac{4}{\sqrt{\pi}}\\
\langle c_2 \,|\, b\rangle &= \int_{-\pi}^{\pi} \frac{1}{\sqrt{\pi}} \cos(2\cdot t)\,(\pi - |t|)\,\mathrm{d}\,t = 0\\
\langle c_3 \,|\, b\rangle &= \int_{-\pi}^{\pi} \frac{1}{\sqrt{\pi}} \cos(3\cdot t)\,(\pi - |t|)\,\mathrm{d}\,t = \frac{4}{9\,\sqrt{\pi}}\\
&\vdots\\
\langle c_n \,|\, b\rangle &= \int_{-\pi}^{\pi} \frac{1}{\sqrt{\pi}} \cos(n\cdot t)\,(\pi - |t|)\,\mathrm{d}\,t = \begin{cases} \frac{\pi^2}{\sqrt{2\,\pi}} & \text{falls } n = 0,\\ \frac{4}{n^2\,\sqrt{\pi}} & \text{falls } n \text{ ungerade},\\ 0 & \text{sonst.} \end{cases}
\end{aligned}
$$

Die Linearkombinationen $b_N := \sum_{j=0}^{N} \langle c_j \mid b\rangle\; c_j$ nähern sich für großes N immer besser an b an.
Schon b_3 liefert mit

$$
b_3(x) = \frac{\pi^2}{\sqrt{2\pi}} \cdot \frac{1}{\sqrt{2\pi}} + \frac{4}{\sqrt{\pi}} \cdot \frac{\cos(x)}{\sqrt{\pi}} + \frac{4}{9\,\sqrt{\pi}} \cdot \frac{\cos(3\,x)}{\sqrt{\pi}}
$$

eine ganz gute Näherung für b:

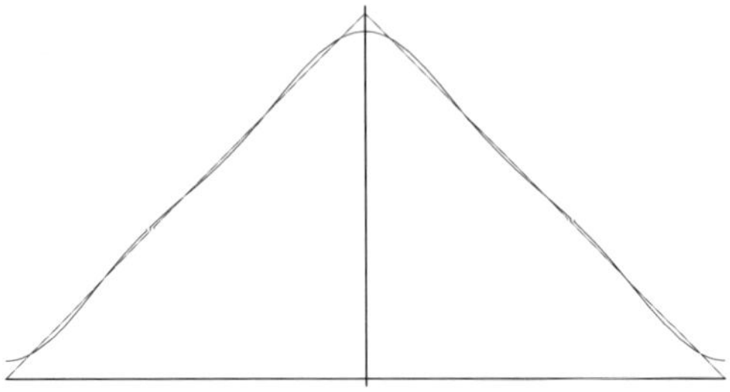

Noch besser ist b_5:

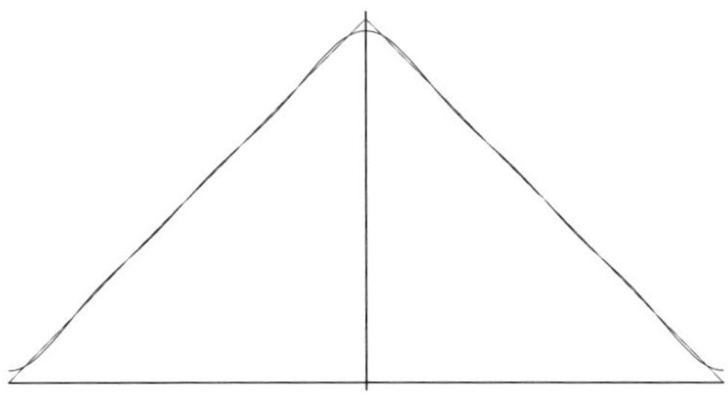

und b_{15} ist kaum mehr von b zu unterscheiden:

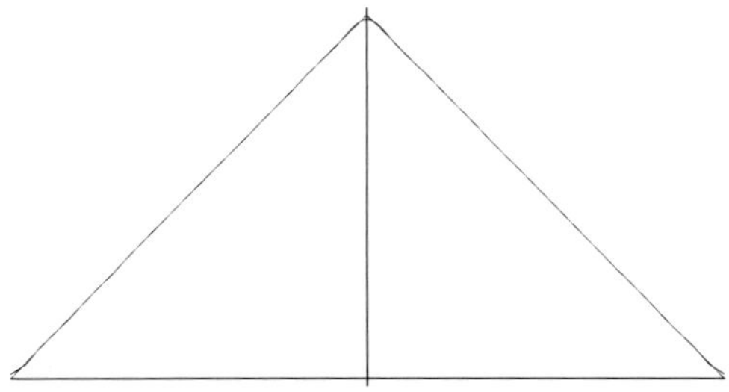

Z.3 Normale Matrizen

Gegenstand dieses Anhangs sind jene komplexen Matrizen, die sich durch eine unitäre Transformation diagonalisieren lassen. Dies verallgemeinert insbesondere die Aussagen von Abschnitt 5.4 über reelle symmetrische Matrizen. Hierzu setzen wir zunächst das Skalarprodukt in geeigneter Weise ins Komplexe fort.

Z.3.1 Definition. Für Elemente $x = (x_1, \dots, x_n)$ und $y = (y_1, \dots, y_n)$ des komplexen Vektorraums $\mathbb{C}^n$ ist das Skalarprodukt definiert als

$$\langle x \,|\, y \rangle := \sum_{j=1}^{n} x_j \overline{y_j}\,.$$

Sind die Komponenten der Vektoren reell, so erhält man gerade das in $\mathbb{R}^n$ definierte Skalarprodukt.

Z.3.2 Eigenschaften des komplexen Skalarprodukts.
Für alle $\lambda \in \mathbb{C}$, alle $x, x_1, x_2, y, y_1, y_2 \in \mathbb{C}^n$ und alle $A \in \mathbb{C}^{n\times n}$ gilt:

1. $\langle x \,|\, x \rangle = 0 \iff x = \mathbf{0}$

2. $\langle \lambda x \,|\, y \rangle = \lambda \langle x \,|\, y \rangle = \langle x \,|\, \overline{\lambda}, y \rangle$

3. $\langle x_1 + x_2 \,|\, y \rangle = \langle x_1 \,|\, y \rangle + \langle x_2 \,|\, y \rangle$,

$\langle x \,|\, y_1 + y_2 \rangle = \langle x \,|\, y_1 \rangle + \langle x \,|\, y_2 \rangle$

4. $\langle Ax \,|\, y \rangle = \langle x \,|\, \overline{A}^{\mathsf{T}} y \rangle$

Mit anderen Worten: Die Matrix $\overline{A}^{\mathsf{T}}$, die durch komplexe Konjugation aller Einträge und Transposition aus A entsteht, ist bezüglich des komplexen Skalarprodukts zu A adjungiert, vgl. 4.5.9.

Z.3.3 Definitionen. Vektoren $x, y \in \mathbb{C}^n$ heißen zueinander orthogonal (senkrecht), wenn $\langle x \mid y \rangle = 0$ ist. Eine Matrix $A \in \mathbb{C}^{n\times n}$ heißt *normal*, falls

$$A\,\overline{A}^{\mathsf{T}} = \overline{A}^{\mathsf{T}} A\,.$$

Die Matrix heißt *hermitesch*, wenn $\overline{A}^{\mathsf{T}} = A$ gilt.

Z.3.4 Beispiele. **1.** Ist A reell und orthogonal, so ist A normal.

$$\left[\, A\,\overline{A}^{\mathsf{T}} = A\,A^{\mathsf{T}} = A\,A^{-1} = A^{-1} A = A^{\mathsf{T}} A = \overline{A}^{\mathsf{T}} A\,. \right]$$

2. Ist A unitär (d.h. $\overline{A}^{\mathsf{T}} = A^{-1}$, vgl. 4.2.6), so ist A normal.

$$\left[\, A\,\overline{A}^{\mathsf{T}} = A\,A^{-1} = A^{-1} A = \overline{A}^{\mathsf{T}} A\,. \right]$$

3. Ist A reell und symmetrisch, so ist A normal.

$$\left[A\,\overline{A}^{\top} = A\,A^{\top} = A\,A = \overline{A}^{\top} A. \right]$$

4. Ist A hermitesch, so ist A normal.

$$\left[A\,\overline{A}^{\top} = A\,A = \overline{A}^{\top} A. \right]$$

Z.3.5 Satz. *Die folgenden Aussagen sind äquivalent.*

1. *$A \in \mathbb{C}^{n \times n}$ ist normal.*

2. *Es gibt eine ONB des $\mathbb{C}^n$ aus Eigenvektoren von A.*

3. *Die Matrix A ist unitär diagonalisierbar, d. h.: Es gibt eine unitäre Matrix T mit*

$$\overline{T}^{\top} A\,T = \begin{pmatrix} \lambda_1 & 0 & \cdots & 0 \\ 0 & \ddots & \ddots & \vdots \\ \vdots & \ddots & \ddots & 0 \\ 0 & \cdots & 0 & \lambda_n \end{pmatrix}.$$

Dabei sind die Diagonaleinträge λ_j gerade die Eigenwerte von A.

Z.3.6 Satz. *Ist $A \in \mathbb{R}^{n \times n}$ normal und sind alle Eigenwerte von A reell, dann gibt es eine ONB des $\mathbb{R}^n$ aus Eigenvektoren von A.*

Z.3.7 Bemerkung. Ist A normal, dann besitzen A und $\overline{A}^{\top}$ dieselben Eigenvektoren. Genauer gilt: Ist v ein Eigenvektor von A zum Eigenwert λ, dann ist v ein Eigenvektor von $\overline{A}^{\top}$ zum Eigenwert $\overline{\lambda}$.

Z.3.8 Lemma. *Ist A hermitesch, dann besitzt A nur reelle Eigenwerte.*

Beweis. Es sei λ ein Eigenwert von A und v ein Eigenvektor zu λ. Dann gilt

$$\lambda\,v = A\,v = \overline{A}^{\top} v \underset{\text{Z.3.7}}{=} \overline{\lambda}\,v.$$

Wegen $v \neq 0$ folgt hieraus $\lambda = \overline{\lambda}$ und damit $\lambda \in \mathbb{R}$. □

Insbesondere haben symmetrische reelle Matrizen nur reelle Eigenwerte. Daher beinhaltet Z.3.6 den Satz 5.4.2 über die Diagonalisierbarkeit von symmetrischen reellen Matrizen.

Z.3.9 Beispiel. Nach Z.3.5 sind insbesondere Drehungen im Komplexen diagonalisierbar. Wir betrachten die Drehmatrix

$$A = \begin{pmatrix} \cos\varphi & -\sin\varphi \\ \sin\varphi & \cos\varphi \end{pmatrix}:$$

Das charakteristische Polynom lautet

$$\begin{aligned} |A - \lambda\, E_2| &= (\cos\varphi - \lambda)^2 + (\sin\varphi)^2 \\ &= (\cos\varphi)^2 - 2\lambda\, \cos\varphi + \lambda^2 + (\sin\varphi)^2 = \lambda^2 - 2\lambda\, \cos\varphi + 1\,. \end{aligned}$$

Die Eigenwerte sind daher

$$\lambda = \cos\varphi \pm \sqrt{(\cos\varphi)^2 - 1} = \cos\varphi \pm i\, \sin\varphi = e^{\pm i\varphi}\,.$$

Die Matrix A ist somit konjugiert zu

$$\begin{pmatrix} e^{i\varphi} & 0 \\ 0 & e^{-i\varphi} \end{pmatrix}.$$

Z.3.10 Beispiel. Ist $x \longmapsto B\,x$ eine Drehung im $\mathbb{R}^3$ um den Winkel φ, so ist B im Reellen konjugiert zu

$$\begin{pmatrix} 1 & 0 & 0 \\ 0 & \cos\varphi & -\sin\varphi \\ 0 & \sin\varphi & \cos\varphi \end{pmatrix}.$$

Im Komplexen ist B konjugiert zu

$$\begin{pmatrix} 1 & 0 & 0 \\ 0 & e^{i\varphi} & 0 \\ 0 & 0 & e^{-i\varphi} \end{pmatrix}.$$

Konjugierte Matrizen haben die gleiche Spur, vgl. 4.6.23. Für den Kosinus des Drehwinkels der Drehung $x \longmapsto B\,x$ gilt (vgl. 4.6.20):

$$\mathrm{Sp}(B) = 1 + 2\,\cos\varphi\,.$$

Z.4 Die Jordan-Normalform

In diesem Abschnitt wenden wir uns Problem 4.8.6 zu: Wie kann man jene komplexen Matrizen, die nicht diagonalisierbar sind, durch Konjugation in eine möglichst einfache Gestalt transformieren?

Z.4.1 Erinnerung. Eine Matrix $A \in \mathbb{C}^{n\times n}$ ist genau dann diagonalisierbar, wenn es eine Basis des $\mathbb{C}^n$ aus Eigenvektoren von A gibt. Anders formuliert: Die Matrix $A \in \mathbb{C}^{n\times n}$ ist genau dann diagonalisierbar, wenn für jeden Eigenwert λ_j von A die geometrische und die algebraische Vielfachheit übereinstimmen, d. h. $d_{\lambda_j} = e_{\lambda_j}$.
Reell-symmetrische, hermitesche, orthogonale und unitäre Matrizen sind diagonalisierbar, vgl. Z.3.5. Es sind aber nicht alle Matrizen diagonalisierbar. Als Normalform soll dann eine Matrix dienen, die möglichst viele Nullen als Einträge besitzt.

Z.4.2 Beispiele. Ein Jordan-Block

$$J(n;\lambda) = \begin{pmatrix} \lambda & 1 & 0 & \cdots & 0 \\ 0 & \ddots & \ddots & \ddots & \vdots \\ \vdots & \ddots & \ddots & \ddots & 0 \\ \vdots & & \ddots & \ddots & 1 \\ 0 & \cdots & \cdots & 0 & \lambda \end{pmatrix}$$

ist für $n \geqq 2$ nicht diagonalisierbar. Für kleines n handelt es sich hier um

$$J(1;\lambda) = (\lambda), \quad J(2;\lambda) = \begin{pmatrix} \lambda & 1 \\ 0 & \lambda \end{pmatrix}, \quad J(3;\lambda) = \begin{pmatrix} \lambda & 1 & 0 \\ 0 & \lambda & 1 \\ 0 & 0 & \lambda \end{pmatrix}, \quad \ldots$$

Wir betrachten $J(n;0) = J(n;\lambda) - \lambda E_n$, also

$$J(1;0) = (0), \quad J(2;0) = \begin{pmatrix} 0 & 1 \\ 0 & 0 \end{pmatrix}, \quad J(3;0) = \begin{pmatrix} 0 & 1 & 0 \\ 0 & 0 & 1 \\ 0 & 0 & 0 \end{pmatrix}, \quad \ldots$$

Z.4.3 Beobachtungen. Die Matrix $J(n;0)$ hat den Rang $n-1$, vgl. 5.3.8. Folglich ist die geometrische Vielfachheit d_λ von λ als Eigenwert von $J(n;\lambda)$ gleich 1, die algebraische Vielfachheit e_λ ist dagegen n. Für $n>1$ ist demnach $J(n;\lambda)$ nicht diagonalisierbar — die Differenz $e_\lambda - d_\lambda$ ist sogar maximal.

Die n-te Potenz von $J(n;0)$ ist die Nullmatrix, aber keine frühere:

$$
\begin{aligned}
J(n;0) &= \begin{pmatrix} 0 & 1 & 0 & \cdots & 0 \\ \vdots & \ddots & \ddots & \ddots & \vdots \\ \vdots & & \ddots & \ddots & 0 \\ \vdots & & & \ddots & 1 \\ 0 & \cdots & \cdots & \cdots & 0 \end{pmatrix} \\
J(n;0)^2 &= \begin{pmatrix} 0 & 0 & 1 & 0 & \cdots & 0 \\ \vdots & \vdots & \ddots & \ddots & \ddots & \vdots \\ \vdots & \vdots & & \ddots & \ddots & 0 \\ \vdots & \vdots & & & \ddots & 1 \\ 0 & 0 & \cdots & \cdots & \cdots & 0 \\ 0 & 0 & \cdots & \cdots & \cdots & 0 \end{pmatrix} \\
J(n;0)^3 &= \begin{pmatrix} 0 & 0 & 0 & 1 & 0 & \cdots & 0 \\ \vdots & \vdots & \vdots & \ddots & \ddots & \ddots & \vdots \\ \vdots & \vdots & \vdots & & \ddots & \ddots & 0 \\ \vdots & \vdots & \vdots & & & \ddots & 1 \\ 0 & 0 & 0 & \cdots & \cdots & \cdots & 0 \\ 0 & 0 & 0 & \cdots & \cdots & \cdots & 0 \\ 0 & 0 & 0 & \cdots & \cdots & \cdots & 0 \end{pmatrix} \\
\vdots \quad & \quad \vdots \\
J(n;0)^{n-1} &= \begin{pmatrix} 0 & \cdots & 0 & 1 \\ 0 & \cdots & 0 & 0 \\ \vdots & & \vdots & \vdots \\ 0 & \cdots & 0 & 0 \end{pmatrix} \\
J(n;0)^n &= \begin{pmatrix} 0 & \cdots & 0 \\ \vdots & & \vdots \\ 0 & \cdots & 0 \end{pmatrix}
\end{aligned}
$$

Z.4.4 Definition. Wir bezeichnen mit $J(n_1, \ldots, n_r; \lambda)$ die Blockmatrix

$$\begin{pmatrix} \boxed{J(n_1;\lambda)} & & \\ & \ddots & \\ & & \boxed{J(n_r;\lambda)} \end{pmatrix},$$

wobei alle nicht in einem Block stehenden Einträge 0 sind.

Z.4.5 Hauptsatz: Jordan-Normalform.
Sei $A \in \mathbb{C}^{n \times n}$. Dann gibt es eine Matrix $T \in \mathrm{GL}(n, \mathbb{C})$ mit

$$T^{-1}AT = \begin{pmatrix} \boxed{J\left(n_1^{(1)}, \ldots, n_{r_1}^{(1)}; \lambda_1\right)} & & \\ & \ddots & \\ & & \boxed{J\left(n_1^{(s)}, \ldots, n_{r_s}^{(s)}; \lambda_s\right)} \end{pmatrix},$$

wobei $\lambda_1, \ldots, \lambda_s$ die Eigenwerte von A sind. Es gilt ferner

$$d_{\lambda_j} = r_j \qquad \text{und} \qquad e_{\lambda_j} = \sum_{k=1}^{r_j} n_k^{(j)}.$$

Der *Beweis* von Z.4.5 wird uns eine Weile beschäftigen, der Abschluss findet sich auf Seite 216. Gleichzeitig mit dem Beweis werden wir darstellen, wie man die Jordan-Normalform bestimmt und auch die Transformationsmatrix T explizit berechnet.

Z.4.6 Beispiel. Eine Jordan-Normalform kann folgende Gestalt besitzen:

$$\begin{pmatrix} 2 & 1 & 0 & 0 & 0 & 0 \\ 0 & 2 & 0 & 0 & 0 & 0 \\ 0 & 0 & 2 & 0 & 0 & 0 \\ 0 & 0 & 0 & -1 & 1 & 0 \\ 0 & 0 & 0 & 0 & -1 & 1 \\ 0 & 0 & 0 & 0 & 0 & -1 \end{pmatrix} = \begin{pmatrix} J(2,1;2) & 0 \\ 0 & J(3;-1) \end{pmatrix}$$

Z.4.7 Beispiel. Diagonalisierbare Matrizen sind genau solche Matrizen, die aus lauter Jordan-Blöckchen der Größe 1 bestehen, z. B.

$$\begin{pmatrix} \boxed{2} & 0 & 0 & 0 & 0 \\ 0 & \boxed{2} & 0 & 0 & 0 \\ 0 & 0 & \boxed{1} & 0 & 0 \\ 0 & 0 & 0 & \boxed{5} & 0 \\ 0 & 0 & 0 & 0 & \boxed{5} \end{pmatrix} = \begin{pmatrix} J(1,1;2) & 0 & 0 \\ 0 & J(1;1) & 0 \\ 0 & 0 & J(1,1;5) \end{pmatrix}$$

Z.4.8 Bemerkung. Die Jordansche Normalform ist eindeutig, bis auf die Reihenfolge der Eigenwerte, bzw. die Reihenfolge der Blockgrößen $n_k^{(j)}$. Matrizen, die in diesem Sinne verschiedene Jordan-Normalformen besitzen, sind nicht zueinander konjugiert.

Z.4.9 Definition. Sei λ ein Eigenwert von $A \in \mathbb{C}^{n\times n}$ mit algebraischer Vielfachheit $e = e_\lambda$. Dann nennt man

$$H_A(\lambda) := \{v \in \mathbb{C}^n \mid (A - \lambda E_n)^e\, v = 0\}$$

den *Hauptraum* zu λ. Die Vektoren aus $H_A(\lambda)$ nennt man *Hauptvektoren* zu λ. Meist ist es nicht nötig, die Matrix A in der Bezeichnung zu spezifizieren: Wir schreiben dann einfach $H(\lambda) := H_A(\lambda)$.

Z.4.10 Lemma. *Sei λ ein Eigenwert von $A \in \mathbb{C}^{n\times n}$.*

1. *$H(\lambda)$ ist ein Untervektorraum von $\mathbb{C}^n$.*
2. *$H(\lambda)$ enthält den Eigenraum $V(\lambda)$.*
3. *Für alle $v \in H(\lambda)$ liegt auch $A\,v$ in $H(\lambda)$.*

Beweis. Aussage 1 ist klar, da $H(\lambda)$ als Lösungsraum eines homogenen LGS definiert ist (vgl. auch 3.8.16).
Zu Aussage 2: Für $v \in V(\lambda)$ gilt $(A - \lambda E_n)\,v = 0$ und daher

$$(A - \lambda E_n)^j\, v = (A - \lambda E_n)^{j-1}\,(A - \lambda E_n)\,v = (A - \lambda E_n)\,0 = 0$$

für jedes $j \in \mathbb{N}$. Folglich gilt $v \in H(\lambda)$.
Zu Aussage 3: Aus $(A - \lambda E_n)^e\, v = 0$ folgt

$$(A - \lambda E_n)^e\, A\,v = A\,(A - \lambda E_n)^e\, v = A\,0 = 0\,. \qquad \square$$

Z.4.11 Satz von der Hauptraumzerlegung.
Sei $A \in \mathbb{C}^{n\times n}$, *die Eigenwerte seien* $\lambda_1, \ldots, \lambda_s$.

1. *Die algebraische Vielfachheit*[1] e_j *von* λ_j *ist die Dimension* $\dim(H(\lambda_j))$ *des zugehörigen Hauptraums.*
2. *Es gilt* $H(\lambda_j) \cap \mathrm{L}\left(\bigcup_{k\neq j} H(\lambda_k)\right) = \{0\}$ *und* $\mathrm{L}\left(\bigcup_{j=1}^{s} H(\lambda_j)\right) = \mathbb{C}^n$.
3. *Es gibt eine Basis von* $\mathbb{C}^n$, *die aus den Basisvektoren der* $H(\lambda_j)$ *besteht:*

$$\underbrace{b_1^{(1)}, \ldots, b_{e_1}^{(1)}}_{\text{Basis von } H(\lambda_1)}, \quad \ldots \quad, \underbrace{b_1^{(s)}, \ldots, b_{e_s}^{(s)}}_{\text{Basis von } H(\lambda_s)}.$$

Z.4.12 Bemerkung. Aus Z.4.11.2 folgt insbesondere, dass sich jeder Vektor $v \in \mathbb{C}^n$ in *eindeutiger* Weise als Summe von Hauptvektoren schreiben lässt: also $v = v_1 + \cdots + v_s$ mit eindeutig bestimmten $v_j \in H(\lambda_j)$.
Es ist üblich, diese Eigenschaft dadurch zu benennen, dass man sagt, der Vektorraum $\mathbb{C}^n$ sei die *direkte Summe* der Haupträume. Eine gebräuchliche formale Schreibweise hierfür ist

$$\mathbb{C}^n = H(\lambda_1) \oplus \cdots \oplus H(\lambda_s) \quad \text{oder} \quad \mathbb{C}^n = \bigoplus_{j=1}^{r} H(\lambda_j).$$

Man kann direkte Summenzerlegungen auch so kennzeichnen: Wenn man für jeden Summanden (hier also für jedes $H(\lambda_j)$) eine Basis auswählt, erhält man durch Aneinandersetzen dieser Basen eine Basis für den Gesamtraum.

Zum Beweis von Satz Z.4.11 stellen wir zunächst zwei Lemmata bereit (den eigentlichen Beweis werden wir dann ab Seite 202 führen). Dabei ist insbesondere Lemma Z.4.14 für sich von eigenständigem Interesse, da es beschreibt, inwiefern sich Matrizen über *beliebigen* Körpern auf Dreiecksgestalt transformieren lassen. Dies ist etwa in der Analysis relevant, wo man beim Lösen von Systemen linearer Differentialgleichungen Wert darauf legt, alle Koeffizienten reell zu halten.

[1] Wir werden ab jetzt als Index der Vielfachheit e_j einfach den Index j des Eigenwerts λ_j (und nicht den Eigenwert selbst wie in 5.1.11 und bisher in diesem Abschnitt) verwenden.

Z.4.13 Lemma. *Seien $\lambda_1, \ldots, \lambda_s$ die Eigenwerte von $A \in \mathbb{C}^{n\times n}$, und seien $j, k \leqq s$. Die Abbildung*

$$\varphi_{j,k}\colon H(\lambda_k) \to H(\lambda_k)\colon v \mapsto (A - \lambda_j E_n)\, v$$

ist für $k \neq j$ bijektiv und linear.

Beweis. Wegen

$$(A - \lambda_j E_n)(A - \lambda_k E_n) = (A - \lambda_k E_n)(A - \lambda_j E_n)$$

ergibt sich für $v \in H(\lambda_k)$ auch $(A - \lambda_k E_n)\varphi_{j,k}(v) = (A - \lambda_k E_n)(A - \lambda_j E_n)v = (A - \lambda_j E_n)(A - \lambda_k E_n)v = (A - \lambda_j E_n)0 = 0$. Somit liegt das Bild von $\varphi_{j,k}$ in $H(\lambda_k)$. Die Linearität von $\varphi_{j,k}$ folgt aus den Rechenregeln für Matrizen, vgl. 3.8.4.

Als Nächstes weisen wir nach, dass $\mathrm{Kern}\,(\varphi_{j,k}) = \{0\}$ gilt:

Sei hierzu $v \in H(\lambda_k)$ mit $(A - \lambda_j E_n)v = 0$. Wäre $v \neq 0$, so wäre v ein Eigenvektor zu λ_j. Wir wählen m maximal so, dass $w := (A - \lambda_k E_n)^m v \neq 0$. [Wegen $v \in H(\lambda_k)$ ist e_k eine obere Schranke für $\{\, j \mid (A - \lambda_k E_n)^j v \neq 0 \,\}$.] Dann ist w ein Eigenvektor zu λ_k. Andererseits gilt

$$(A - \lambda_j E_n)\underbrace{(A - \lambda_k E_n)^m v}_{=w} = (A - \lambda_k E_n)^m \underbrace{(A - \lambda_j E_n)v}_{=0} = 0\,.$$

Daher ist w auch ein Eigenvektor zu λ_j. Wegen $k \neq j$ (und damit $\lambda_k \neq \lambda_j$) ergibt sich somit ein Widerspruch, also ist $v = 0$. Damit ist $\mathrm{Kern}\,(\varphi_{j,k}) = \{0\}$ gezeigt, und $\varphi_{j,k}$ als injektiv erkannt (vgl. 3.8.16).

Mit der Dimensionsformel 3.8.17 folgt wegen der Endlichkeit der Dimension von $H(\lambda_k)$ jetzt auch die Surjektivität (und damit die Bijektivität) von $\varphi_{j,k}$. □

Z.4.14 Lemma: Trigonalisierung von Matrizen. *Sei $A \in \mathbb{C}^{n\times n}$. Dann gibt es eine reguläre Matrix T so, dass $T^{-1}A\,T$ eine obere Dreiecksmatrix ist.*

Allgemeiner gilt: Ist $\mathbb{K}$ ein beliebiger Körper und $A \in \mathbb{K}^{n\times n}$, dann existiert eine reguläre Matrix T so, dass $T^{-1}A\,T$ eine obere Dreiecksmatrix ist, falls alle Nullstellen des charakteristischen Polynoms von A aus $\mathbb{K}$ sind.

Beweis. Wir verwenden Induktion. Für $n = 1$ ist die Aussage wahr, weil (1×1)-Matrizen Diagonalgestalt haben.

Für $n > 1$ wählen wir zuerst einen Eigenwert $\lambda \in \mathbb{K}$ und dazu einen Eigenvektor v. Da nach Voraussetzung alle Nullstellen des charakteristischen Polynoms von A in $\mathbb{K}$ liegen, existiert λ (im Fall $\mathbb{K} = \mathbb{C}$ ist diese Voraussetzung stets erfüllt, da jedes Polynom mit komplexen Koeffizienten nach dem Fundamentalsatz der Algebra 1.8.5 in Linearfaktoren zerfällt).

Es bezeichne φ die durch $x \mapsto A\,x$ definierte lineare Abbildung. Wir ergänzen v zu einer Basis B von $\mathbb{K}^n$, in der v als erster Basisvektor enthalten ist. Dann wird φ bezüglich B beschrieben durch die Blockmatrix

$$_B\varphi_B = \begin{pmatrix} \lambda & * \\ 0 & C \end{pmatrix} .$$

Nach Induktionsannahme gibt es eine reguläre Matrix R so, dass $R^{-1}C\,R$ eine obere Dreiecksmatrix ist. Wir setzen

$$T := \begin{pmatrix} 1 & 0 \\ 0 & R \end{pmatrix} .$$

Dann erhält man mit Multiplikation von Blockmatrizen

$$T^{-1}\,{_B\varphi_B}\,T = \begin{pmatrix} 1 & 0 \\ 0 & R^{-1} \end{pmatrix} \begin{pmatrix} \lambda & * \\ 0 & C \end{pmatrix} \begin{pmatrix} 1 & 0 \\ 0 & R \end{pmatrix} = \begin{pmatrix} \lambda & * \\ 0 & R^{-1}C\,R \end{pmatrix} .$$

Die letzte Matrix ist eine obere Dreiecksmatrix, da $R^{-1}C\,R$ eine obere Dreiecksmatrix ist. □

Z.4.15 Bemerkungen. Im Fall $\mathbb{K} = \mathbb{C}$ kann man in Lemma Z.4.14 die Matrix T sogar unitär wählen. Hierzu ergänzt man im Beweis den Vektor v zu einer Orthonormalbasis B bezüglich des komplexen Skalarprodukts.

Genauso kann man die Matrix A in eine untere Dreiecksmatrix überführen. Dazu wählt man die Basisergänzung so, dass v der letzte Basisvektor in der Basis B ist.

Beweis von Satz Z.4.11. Sei $A \in \mathbb{C}^{n\times n}$ sowie λ ein Eigenwert von A mit algebraischer Vielfachheit e. Wir zeigen zuerst, dass der Hauptraum $H_A(\lambda)$ die Dimension e besitzt.

Ist T eine beliebige reguläre $(n \times n)$-Matrix, dann haben A und $T^{-1}A\,T$ das gleiche charakteristische Polynom und somit gleiche Eigenwerte mit denselben algebraischen Vielfachheiten (vgl. 5.2.2).

Ist $v \in H_A(\lambda)$, dann ist $T^{-1}\, v \in H_{T^{-1}A\,T}(\lambda)$, denn

$$(T^{-1}A\,T - \lambda\, E_n)^e\,(T^{-1}\,v) = T^{-1}(A - \lambda\, E_n)^e\,T\,T^{-1}\,v = T^{-1}(A - \lambda\, E_n)^e\,v$$

wird Null, wenn $(A - \lambda\, E_n)^e\, v = 0$ (also $v \in H_A(\lambda)$) gilt.
Wir erhalten damit $T^{-1}H_A(\lambda) \subseteq H_{T^{-1}A\,T}(\lambda)$, genauso ergibt sich aus

$$(A - \lambda\, E_n)^e\,(T\,w) = (T\,T^{-1})\,(A - \lambda\, E_n)^e\,(T\,w) = T(T^{-1}A\,T - \lambda\, E_n)^e\,w$$

die Inklusion $T\,H_{T^{-1}A\,T}(\lambda) \subseteq H_A(\lambda)$. Damit gilt $T^{-1}H_A(\lambda) = H_{T^{-1}A\,T}(\lambda)$, und die beiden Haupträume haben dieselbe Dimension.
Nach Lemma Z.4.14 gibt es eine reguläre Matrix T so, dass $T^{-1}A\,T$ eine obere Dreiecksmatrix ist. Nach den eben gemachten Bemerkungen genügt es nun, die Behauptung über die Dimension von $H(\lambda)$ für obere Dreiecksmatrizen zu zeigen.
Nach geeigneter Wahl von T können wir sogar annehmen, dass

$$T^{-1}A\,T = \left(\begin{array}{cccc|cccc}
\lambda & * & \cdots & * & * & \cdots & \cdots & * \\
0 & \lambda & \ddots & \vdots & \vdots & & & \vdots \\
\vdots & \ddots & \ddots & * & \vdots & & & \vdots \\
0 & \cdots & 0 & \lambda & * & \cdots & \cdots & * \\
\hline
0 & \cdots & \cdots & 0 & \alpha_1 & * & \cdots & * \\
\vdots & & & \vdots & 0 & \alpha_2 & \ddots & \vdots \\
\vdots & & & \vdots & \vdots & \ddots & \ddots & * \\
0 & \cdots & \cdots & 0 & 0 & \cdots & 0 & \alpha_{n-e}
\end{array}\right)$$

mit $\alpha_j \neq \lambda$. Somit ergibt sich

$$T^{-1}A\,T-\lambda\,E_n \;=\; \left(\begin{array}{cccc|cccc}
0 & * & \cdots & * & * & \cdots & \cdots & * \\
0 & 0 & \ddots & \vdots & \vdots & & & \vdots \\
\vdots & \ddots & \ddots & * & \vdots & & & \vdots \\
0 & \cdots & 0 & 0 & * & \cdots & \cdots & * \\
\hline
0 & \cdots & \cdots & 0 & \alpha_1-\lambda & * & \cdots & * \\
\vdots & & & \vdots & 0 & \alpha_2-\lambda & \ddots & \vdots \\
\vdots & & & \vdots & \vdots & \ddots & \ddots & * \\
0 & \cdots & \cdots & 0 & 0 & \cdots & 0 & \alpha_{n-e}-\lambda
\end{array}\right).$$

$$\underbrace{\qquad\qquad\qquad}_{e\ \text{Spalten}}\;\underbrace{\qquad\qquad\qquad\qquad\qquad}_{n-e\ \text{Spalten}}$$

Man sieht unmittelbar, dass $H(\lambda)$ von den ersten e Basisvektoren aufgespannt wird. Also stimmt die Dimension des Hauptraumes mit der algebraischen Vielfachheit e von λ überein.

Im nächsten Schritt zeigen wir:

$$(D_j) \qquad\qquad \forall\, j \leqq s: \quad H(\lambda_j) \cap \mathrm{L}\left(\bigcup_{k\neq j} H(\lambda_k)\right) = \{0\}\,.$$

Wir betrachten zuerst den Fall $j=1$. Es sei

$$v_1 = v_2 + \cdots + v_s \;\;\text{mit}\;\; v_k \in H(\lambda_k)\,.$$

Um die Annahme $v_1 \neq 0$ zum Widerspruch zu führen, multiplizieren wir beide Seiten dieser Gleichung mit der Matrix $(A-\lambda_s\,E_n)^{e_s}$ und erhalten

$$(A-\lambda_s\,E_n)^{e_s}\,v_1 = (A-\lambda_s\,E_n)^{e_s}\,v_2 + \cdots + (A-\lambda_s\,E_n)^{e_s}\,v_{s-1} + 0\,.$$

Nach Lemma Z.4.13 ist $(A-\lambda_s\,E_n)^{e_s}\,v_k \in H(\lambda_k)$ für $k \neq s$, und es gilt wegen $v_1 \neq 0$ auch $(A-\lambda_s\,E_n)^{e_s}\,v_1 \neq 0$. Sukzessives Multiplizieren mit den Matrizen

$$(A-\lambda_{s-1}\,E_n)^{e_{s-1}}, \quad \ldots \quad , \quad (A-\lambda_2\,E_n)^{e_2}$$

liefert letztlich den Widerspruch

$$0 \neq (A-\lambda_s\,E_n)^{e_s}\,\cdots\,(A-\lambda_2\,E_n)^{e_2}\,v_1 = 0\,.$$

Damit ist (D_j) für $j = 1$ bewiesen. Durch Umnummerierung der Eigenwerte (oder durch Nachahmung des Arguments) erhält man (D_j) für alle $j \leqq s$.

Also ist die lineare Hülle der Haupträume die direkte Summe der einzelnen Haupträume und besitzt daher eine Basis, die sich aus Basen der einzelnen Haupträume zusammensetzt. Da nach dem ersten Teil des Beweises die Dimension von $H(\lambda_j) = e_j$ ist und $\sum_{j=1}^{s} e_j = n$ gilt, folgt schließlich, dass die lineare Hülle aller Haupträume mit $\mathbb{C}^n$ übereinstimmt. Somit ist Satz Z.4.11 bewiesen. □

Z.4.16 Berechnung der Jordan-Normalform.

Gegeben sei die Matrix $A \in \mathbb{C}^{n \times n}$. Unser Ziel ist die Berechnung ihrer Jordan-Normalform. Wir fassen zunächst das bislang Erreichte in drei Schritten zusammen. Diese Schritte stellen die sogenannte *Hauptraumzerlegung* dar. Bevor wir in Z.4.18 auf die weiteren Schritte eingehen, werden wir die Hauptraumzerlegung an einem Beispiel erläutern (siehe Z.4.17).

1. Schritt: Berechnung der Eigenwerte λ_j von A und ihrer jeweiligen algebraischen Vielfachheiten e_j.

2. Schritt: Bestimmung der Haupträume

$$H(\lambda_j) = \left\{ v \in \mathbb{C}^n \;\middle|\; (A - \lambda_j E_n)^{e_j} v = 0 \right\}.$$

und einer Basis $b_1^{(1)}, \ldots, b_{e_1}^{(1)}, \ldots, b_1^{(s)}, \ldots, b_{e_s}^{(s)}$ wie in Z.4.11 (die also aus Basen $b_1^{(k)}, \ldots, b_{e_k}^{(k)}$ für die Haupträume $H(\lambda_k)$ zusammengesetzt ist).

3. Schritt: Durch spaltenmäßiges Anschreiben der in Schritt 2 bestimmten Basis bildet man nun die Matrix

$$T = \left(b_1^{(1)}, \ldots, b_{e_1}^{(1)}, \ldots, b_1^{(s)}, \ldots, b_{e_s}^{(s)} \right).$$

Dann gilt

$$T^{-1} A\, T = \begin{pmatrix} \boxed{D_1} & & \\ & \ddots & \\ & & \boxed{D_s} \end{pmatrix}$$

Dabei ist jeweils D_j eine $(e_j \times e_j)$-Matrix mit dem einzigen Eigenwert λ_j.

Bevor wir in der Beschreibung der Schritte fortfahren, wollen wir das bisher Erreichte konkret erläutern:

Z.4.17 Beispiel. A sei gegeben durch

$$A = \begin{pmatrix} 2 & 1 & -1 & 0 \\ 0 & 3 & 1 & 1 \\ 0 & 1 & 3 & 1 \\ 0 & 0 & 0 & 4 \end{pmatrix}.$$

ad 1.: Die Eigenwerte von A und ihre algebraischen Vielfachheiten ergeben sich aus

$$\begin{aligned} \chi_A(\lambda) = \det(A - \lambda E_4) &= (2-\lambda)(4-\lambda)\big((3-\lambda)^2 - 1\big) \\ &= (2-\lambda)(4-\lambda)\big(\lambda^2 - 6\lambda + 8\big) \\ &= (2-\lambda)^2 (4-\lambda)^2 \end{aligned}$$

zu

$$\lambda_1 = 2,\ e_1 = 2 \qquad \text{und} \qquad \lambda_2 = 4,\ e_2 = 2\,.$$

ad 2.: Berechnung von $H(2)$:

$$(A - 2E_4)^2 = \begin{pmatrix} 0 & 1 & -1 & 0 \\ 0 & 1 & 1 & 1 \\ 0 & 1 & 1 & 1 \\ 0 & 0 & 0 & 2 \end{pmatrix}\begin{pmatrix} 0 & 1 & -1 & 0 \\ 0 & 1 & 1 & 1 \\ 0 & 1 & 1 & 1 \\ 0 & 0 & 0 & 2 \end{pmatrix} = \begin{pmatrix} 0 & 0 & 0 & 0 \\ 0 & 2 & 2 & 4 \\ 0 & 2 & 2 & 4 \\ 0 & 0 & 0 & 4 \end{pmatrix}$$

Nach den Zeilenumformungen $Z_2 - Z_3$, $Z_3 - Z_4$, $\frac{1}{2} Z_3$ und $\frac{1}{4} Z_4$ ergibt sich $H(2)$ als Lösungsraum des homogenen LGS mit Koeffizientenmatrix

$$\begin{pmatrix} 0 & 0 & 0 & 0 \\ 0 & 0 & 0 & 0 \\ 0 & 1 & 1 & 0 \\ 0 & 0 & 0 & 1 \end{pmatrix}, \quad \text{also} \quad H(2) = \mathrm{L}\left(\begin{pmatrix} 1 \\ 0 \\ 0 \\ 0 \end{pmatrix}, \begin{pmatrix} 0 \\ 1 \\ -1 \\ 0 \end{pmatrix}\right).$$

Berechnung von $H(4)$:

$$(A - 4E_4)^2 = \begin{pmatrix} -2 & 1 & -1 & 0 \\ 0 & -1 & 1 & 1 \\ 0 & 1 & -1 & 1 \\ 0 & 0 & 0 & 0 \end{pmatrix}\begin{pmatrix} -2 & 1 & -1 & 0 \\ 0 & -1 & 1 & 1 \\ 0 & 1 & -1 & 1 \\ 0 & 0 & 0 & 0 \end{pmatrix} = \begin{pmatrix} 4 & -4 & 4 & 0 \\ 0 & 2 & -2 & 0 \\ 0 & -2 & 2 & 0 \\ 0 & 0 & 0 & 0 \end{pmatrix}.$$

Nach Zeilenumformungen $Z_3 + Z_2$, $Z_1 + 2Z_4$, $\frac{1}{2}Z_2$ und $\frac{1}{4}Z_1$ ergibt sich $H(4)$ als Lösungsraum des homogenen LGS mit Koeffizientenmatrix

$$\begin{pmatrix} 1 & 0 & 0 & 0 \\ 0 & 1 & -1 & 0 \\ 0 & 0 & 0 & 0 \\ 0 & 0 & 0 & 0 \end{pmatrix}, \quad \text{also} \quad H(4) = \mathrm{L}\left(\begin{pmatrix} 0 \\ 1 \\ 1 \\ 0 \end{pmatrix}, \begin{pmatrix} 0 \\ 0 \\ 0 \\ 1 \end{pmatrix}\right).$$

ad 3.: Eine Transformationsmatrix T lautet daher (sie ist nicht eindeutig)

$$T = \begin{pmatrix} 1 & 0 & 0 & 0 \\ 0 & 1 & 0 & 1 \\ 0 & -1 & 0 & 1 \\ 0 & 0 & 1 & 0 \end{pmatrix}.$$

In der Tat ergibt sich[2]

$$\begin{aligned} T^{-1}AT &= \begin{pmatrix} 1 & 0 & 0 & 0 \\ 0 & \frac{1}{2} & -\frac{1}{2} & 0 \\ 0 & 0 & 0 & 1 \\ 0 & \frac{1}{2} & \frac{1}{2} & 0 \end{pmatrix} \begin{pmatrix} 2 & 1 & -1 & 0 \\ 0 & 3 & 1 & 1 \\ 0 & 1 & 3 & 1 \\ 0 & 0 & 0 & 4 \end{pmatrix} \begin{pmatrix} 1 & 0 & 0 & 0 \\ 0 & 1 & 0 & 1 \\ 0 & -1 & 0 & 1 \\ 0 & 0 & 1 & 0 \end{pmatrix} \\ &= \begin{pmatrix} 2 & 2 & 0 & 0 \\ 0 & 2 & 0 & 0 \\ 0 & 0 & 4 & 0 \\ 0 & 0 & 1 & 4 \end{pmatrix}. \end{aligned}$$

Z.4.18 Fortsetzung des Verfahrens. Wir fahren nun mit der Berechnung der Jordan-Normalform fort. Es wird sich herausstellen, dass diese mit Hilfe von geeigneten Rangbetrachtungen bestimmt werden kann. Der Hauptsatz Z.4.5 (genauer gesagt, die Aussage, dass sich jede quadratische komplexe Matrix A in eine Jordan-Normalform transformieren lässt) wird hierzu vorausgesetzt. Den Beweis dieses Hauptsatzes werden wir dann später nachholen (siehe Seite 216).

4. Schritt: Gegeben sei die Blockmatrix

$$D = \begin{pmatrix} \boxed{D_1} & & \\ & \ddots & \\ & & \boxed{D_s} \end{pmatrix}$$

[2] Diese letzte Rechnung kann als Probe dienen.

mit $D_j \in \mathbb{C}^{n_j \times n_j}$. Dann gilt für

$$T = \begin{pmatrix} \boxed{T_1} & & \\ & \ddots & \\ & & \boxed{T_s} \end{pmatrix}$$

mit $T_j \in \mathrm{GL}(n_j, \mathbb{C})$, dass

$$T^{-1} D T = \begin{pmatrix} \boxed{T_1^{-1} D_1 T_1} & & \\ & \ddots & \\ & & \boxed{T_s^{-1} D_s T_s} \end{pmatrix}$$

Gemäß Schritt 3 kann jede Matrix auf die Blockform D gebracht werden, wobei die D_j jeweils genau einen Eigenwert besitzen. Wenn die Matrix T die Matrix D auf die Jordan-Normalform transformiert, so zeigt obige Beziehung, dass in gleichem Maß jede Matrix T_j den Block D_j auf Jordan-Normalform transformiert. Somit kann man sich auf die Transformation solcher Matrizen auf Jordan-Normalform konzentrieren, die nur einen Eigenwert haben. Führt man diese Transformation für jeden Block D_j einzeln durch, so kann man dann die gesamte Jordan-Normalform einfach zusammensetzen.

5. Schritt: Nach den Schritten 1 – 4 muss nur noch die Jordan-Normalform für Matrizen D mit genau einem Eigenwert bestimmt werden. Zu bestimmen ist dann $J(n_1, \ldots, n_r; \lambda) = C^{-1} D C$ mit geeignet gewähltem $C \in \mathrm{GL}(n, \mathbb{C})$. $J(n_1, \ldots, n_r; \lambda)$ ist bekannt, wenn alle Blockgrößen n_j bekannt sind. Gemäß

$$J(n_1, \ldots, n_r; \lambda) = C^{-1} D C \quad \Longleftrightarrow \quad J(n_1, \ldots, n_r; 0) = C^{-1} \underbrace{(D - \lambda E_n)}_{\tilde{D}} C$$

genügt es, die Jordan-Normalform von $\tilde{D} := D - \lambda E_n$ zu berechnen.

Wir betrachten zunächst kleine Dimensionen n, nämlich $2 \leqq n \leqq 4$. Dann sind die folgenden Jordan-Normalformen für $\tilde{D} \in \mathbb{C}^{n \times n}$ möglich:

Für $n = 2$:

$$J(1,1;0) = \begin{pmatrix} 0 & 0 \\ 0 & 0 \end{pmatrix}$$

$$J(2;0) = \begin{pmatrix} 0 & 1 \\ 0 & 0 \end{pmatrix}$$

Für $n = 3$:

$$J(1,1,1;0) = \begin{pmatrix} 0 & 0 & 0 \\ 0 & 0 & 0 \\ 0 & 0 & 0 \end{pmatrix}$$

$$J(2,1;0) = \begin{pmatrix} 0 & 1 & 0 \\ 0 & 0 & 0 \\ 0 & 0 & 0 \end{pmatrix}$$

$$J(3;0) = \begin{pmatrix} 0 & 1 & 0 \\ 0 & 0 & 1 \\ 0 & 0 & 0 \end{pmatrix}$$

Für $n = 4$:

$$J(1,1,1,1;0) = \begin{pmatrix} 0 & 0 & 0 & 0 \\ 0 & 0 & 0 & 0 \\ 0 & 0 & 0 & 0 \\ 0 & 0 & 0 & 0 \end{pmatrix}$$

$$J(2,1,1;0) = \begin{pmatrix} 0 & 1 & 0 & 0 \\ 0 & 0 & 0 & 0 \\ 0 & 0 & 0 & 0 \\ 0 & 0 & 0 & 0 \end{pmatrix}$$

$$J(2,2;0) = \begin{pmatrix} 0 & 1 & 0 & 0 \\ 0 & 0 & 0 & 0 \\ 0 & 0 & 0 & 1 \\ 0 & 0 & 0 & 0 \end{pmatrix}$$

$$J(3,1;0) = \begin{pmatrix} 0 & 1 & 0 & 0 \\ 0 & 0 & 1 & 0 \\ 0 & 0 & 0 & 0 \\ 0 & 0 & 0 & 0 \end{pmatrix}$$

$$J(4;0) = \begin{pmatrix} 0 & 1 & 0 & 0 \\ 0 & 0 & 1 & 0 \\ 0 & 0 & 0 & 1 \\ 0 & 0 & 0 & 0 \end{pmatrix}$$

Betrachtet man die Ränge von $\tilde{D}$ und $J(n_1, \ldots, n_r; 0)$, so sieht man

$$\text{Rg}\,(\tilde{D}) = \text{Rg}\,(C^{-1}\tilde{D}\,C) = \text{Rg}\ J(n_1, \ldots, n_r; 0) = \max\{n_1, \ldots, n_r\} - 1\,.$$

Für die oben betrachteten Fälle der möglichen Jordan-Normalformen von $\tilde{D}$ ergibt dies:

Für $n = 2$:

$$\begin{aligned} \text{Rg}\ J(1,1;0) &= 0 \\ \text{Rg}\ J(2;0) &= 1 \end{aligned}$$

Für $n = 3$:

$$\begin{aligned} \text{Rg}\ J(1,1,1;0) &= 0 \\ \text{Rg}\ J(2,1;0) &= 1 \\ \text{Rg}\ J(3;0) &= 2 \end{aligned}$$

Für $n = 4$:

$$\begin{aligned} \text{Rg}\ J(1,1,1,1;0) &= 0 \\ \text{Rg}\ J(2,1,1;0) &= 1 \\ \text{Rg}\ J(2,2;0) &= 2 \\ \text{Rg}\ J(3,1;0) &= 2 \\ \text{Rg}\ J(4;0) &= 3 \end{aligned}$$

Für $n = 2$ und $n = 3$ kann man also allein durch Rangbestimmung von $\tilde{D}$ die Jordan-Normalform von $\tilde{D}$ ablesen. Wenn man den Rang von $\tilde{D}$ kennt, kann man auf die geometrische Vielfachheit schließen.

Für $n = 4$ genügt die Rangbestimmung von $\tilde{D}$ alleine nicht mehr, um die Jordan-Normalform zu bestimmen.

Wir wollen die Ränge der Potenzen $\tilde{D}^j$ von $\tilde{D}$ mit in die Betrachtung einbeziehen: Das ist hilfreich, weil für alle $j \in \mathbb{N}_0$ gilt:

$$\mathrm{Rg}\left(\tilde{D}^j\right) = \mathrm{Rg}\left(J(n_1, \ldots, n_r; 0)^j\right).$$

$\left[\text{Für } j = 0 \text{ beachte man } \tilde{D}^0 = E_n, \text{ also } \mathrm{Rg}\left(\tilde{D}^0\right) = n = \mathrm{Rg}\left(J(n_1, \ldots, n_r; 0)^0\right).\right]$
Im Fall $n = 4$ erhalten wir dann

$$\begin{aligned}
\mathrm{Rg}\left(J(2,2;0)^2\right) &= \mathrm{Rg}\left(\begin{pmatrix} 0 & 1 & 0 & 0 \\ 0 & 0 & 0 & 0 \\ 0 & 0 & 0 & 1 \\ 0 & 0 & 0 & 0 \end{pmatrix}^2\right) = \mathrm{Rg}\begin{pmatrix} 0 & 0 & 0 & 0 \\ 0 & 0 & 0 & 0 \\ 0 & 0 & 0 & 0 \\ 0 & 0 & 0 & 0 \end{pmatrix} = 0, \\
\mathrm{Rg}\left(J(3,1;0)^2\right) &= \mathrm{Rg}\left(\begin{pmatrix} 0 & 1 & 0 & 0 \\ 0 & 0 & 1 & 0 \\ 0 & 0 & 0 & 0 \\ 0 & 0 & 0 & 0 \end{pmatrix}^2\right) = \mathrm{Rg}\begin{pmatrix} 0 & 0 & 1 & 0 \\ 0 & 0 & 0 & 0 \\ 0 & 0 & 0 & 0 \\ 0 & 0 & 0 & 0 \end{pmatrix} = 1.
\end{aligned}$$

Also kann man aus $\mathrm{Rg}\left(\tilde{D}\right)$ und $\mathrm{Rg}\left(\tilde{D}^2\right)$ für $n = 4$ die Jordan-Normalform ablesen.

Allgemein, also für beliebiges n, trägt die Folge der Ränge der Potenzen von $\tilde{D}$ die benötigte Information:

Z.4.19 Lemma. *Es gilt:*

$$\begin{aligned}
\mathrm{Rg}\left(\tilde{D}^0\right) &= n \\
\mathrm{Rg}\left(\tilde{D}^1\right) &= n - \text{Anzahl der Blöcke} \\
&= n - r \\
&= \mathrm{Rg}\left(\tilde{D}^0\right) - \left|\{ j \mid n_j \geqq 1\}\right| \\
\mathrm{Rg}\left(\tilde{D}^2\right) &= \mathrm{Rg}\left(\tilde{D}^1\right) - \left|\{ j \mid n_j \geqq 2\}\right| \\
&\vdots \\
\mathrm{Rg}\left(\tilde{D}^{m+1}\right) &= \mathrm{Rg}\left(\tilde{D}^m\right) - \left|\{ j \mid n_j \geqq m+1\}\right|.
\end{aligned}$$

Hierin bedeutet für eine endliche Menge M die Schreibweise $|M|$ die Anzahl ihrer Elemente, also ist $\left|\{ j \mid n_j \geqq m\}\right|$ die Anzahl der Jordan-Blöcke, die mindestens die Größe m besitzen und $\left|\{ j \mid n_j = m\}\right|$ ist die Anzahl der Jordan-Blöcke mit genau der Größe m. Für diese Anzahl erhält man mit Z.4.19

$$\begin{aligned}\left|\{ j \mid n_j = m\}\right| &= \left|\{ j \mid n_j \geqq m\}\right| - \left|\{ j \mid n_j \geqq m+1\}\right| \\ &= \operatorname{Rg}\left(\tilde{D}^{m-1}\right) - \operatorname{Rg}\left(\tilde{D}^{m}\right) - \operatorname{Rg}\left(\tilde{D}^{m}\right) + \operatorname{Rg}\left(\tilde{D}^{m+1}\right) \\ &= \operatorname{Rg}\left(\tilde{D}^{m-1}\right) - 2\operatorname{Rg}\left(\tilde{D}^{m}\right) + \operatorname{Rg}\left(\tilde{D}^{m+1}\right)\end{aligned}$$

Mit dieser Formel kann man die Jordan-Normalform von $\tilde{D}$ und damit die Jordan-Normalform von D ohne Berechnung der Transformationsmatrix C allein mit Rangbestimmungen ermitteln.

Z.4.20 Beispiel. Das charakteristische Polynom der Matrix

$$D = \begin{pmatrix} 2 & 1 & 0 & -1 & -1 \\ 0 & 2 & 1 & 2 & 4 \\ 0 & 0 & 2 & 0 & -2 \\ 0 & 0 & 0 & 2 & 1 \\ 0 & 0 & 0 & 0 & 2 \end{pmatrix}$$

ist $\chi_D(\lambda) := \det(D - \lambda E_5) = (2-\lambda)^5$.
Die Matrix D besitzt somit 2 als einzigen Eigenwert.
Durch sukzessives Potenzieren der Matrix $\tilde{D} := D - 2E_5$ ergibt sich

$$\begin{aligned}\tilde{D} &= \begin{pmatrix} 0 & 1 & 0 & -1 & -1 \\ 0 & 0 & 1 & 2 & 4 \\ 0 & 0 & 0 & 0 & -2 \\ 0 & 0 & 0 & 0 & 1 \\ 0 & 0 & 0 & 0 & 0 \end{pmatrix} &\Longrightarrow\ \operatorname{Rg}\left(\tilde{D}\right) = 3, \\ \tilde{D}^2 &= \begin{pmatrix} 0 & 0 & 1 & 2 & 3 \\ 0 & 0 & 0 & 0 & 0 \\ 0 & 0 & 0 & 0 & 0 \\ 0 & 0 & 0 & 0 & 0 \\ 0 & 0 & 0 & 0 & 0 \end{pmatrix} &\Longrightarrow\ \operatorname{Rg}\left(\tilde{D}^2\right) = 1, \\ \tilde{D}^3 &= \mathbf{0} &\Longrightarrow\ \operatorname{Rg}\left(\tilde{D}^3\right) = 0.\end{aligned}$$

Mit obiger Rangformel erhält man dann

$$\begin{aligned}
\left|\{\, j \mid n_j = 1\}\right| &= \operatorname{Rg}\left(\tilde{D}^0\right) - 2\operatorname{Rg}\left(\tilde{D}^1\right) + \operatorname{Rg}\left(\tilde{D}^2\right) &= 5 - 2\cdot 3 + 1 &= 0,\\
\left|\{\, j \mid n_j = 2\}\right| &= \operatorname{Rg}\left(\tilde{D}^1\right) - 2\operatorname{Rg}\left(\tilde{D}^2\right) + \operatorname{Rg}\left(\tilde{D}^3\right) &= 3 - 2\cdot 1 + 0 &= 1,\\
\left|\{\, j \mid n_j = 3\}\right| &= \operatorname{Rg}\left(\tilde{D}^2\right) - 2\operatorname{Rg}\left(\tilde{D}^3\right) + \operatorname{Rg}\left(\tilde{D}^4\right) &= 1 - 2\cdot 0 + 0 &= 1.
\end{aligned}$$

Daher hat die Jordan-Normalform von D die Gestalt

$$J(3,2;2) = \begin{pmatrix} 2 & 1 & 0 & 0 & 0 \\ 0 & 2 & 1 & 0 & 0 \\ 0 & 0 & 2 & 0 & 0 \\ 0 & 0 & 0 & 2 & 1 \\ 0 & 0 & 0 & 0 & 2 \end{pmatrix}.$$

Z.4.21 Beispiel. Als Zwischenergebnis des nach dem 3. Schritt in Z.4.17 behandelten Beispiels ergab sich die Matrix

$$D := T^{-1}A\,T = \begin{pmatrix} 2 & 2 & 0 & 0 \\ 0 & 2 & 0 & 0 \\ 0 & 0 & 4 & 0 \\ 0 & 0 & 1 & 4 \end{pmatrix} = \begin{pmatrix} D_1 & 0 \\ 0 & D_2 \end{pmatrix}.$$

Weil D_1 und D_2 jeweils (2×2)-Matrizen sind, kann man deren Jordanform direkt an $\operatorname{Rg}(D_1 - 2\,E_2)$ bzw. $\operatorname{Rg}(D_2 - 4\,E_2)$ ablesen. Demnach besitzt D_1 die Jordanform

$$J(2;2) = \begin{pmatrix} 2 & 1 \\ 0 & 2 \end{pmatrix}$$

und D_2 die Jordanform

$$J(2;4) = \begin{pmatrix} 4 & 1 \\ 0 & 4 \end{pmatrix}.$$

Die Jordanform von D (und von A) ist somit

$$\begin{pmatrix} 2 & 1 & 0 & 0 \\ 0 & 2 & 0 & 0 \\ 0 & 0 & 4 & 1 \\ 0 & 0 & 0 & 4 \end{pmatrix}.$$

Um letztlich die Existenz der Jordan-Normalform nachzuweisen, also den Hauptsatz Z.4.5 zu beweisen, stellt sich nach der Hauptraumzerlegung Z.4.11 noch die Aufgabe, in den einzelnen Haupträumen geeignete Basen zu bestimmen. Dies wird im nächsten Satz beschrieben. Der Beweis ist konstruktiv, d. h. er zeigt auch, wie die Transformationsmatrix berechnet werden kann.

Z.4.22 Satz. *Sei $A \in \mathbb{C}^{n\times n}$ und λ ein Eigenwert von A. Wir setzen $F := A - \lambda E_n$. Dann lässt sich der Hauptraum $H(\lambda)$ in eine direkte Summe von Teilräumen*

$$H(\lambda) = V_1 \oplus \ldots \oplus V_d$$

zerlegen. Hier ist d gerade die geometrische Vielfachheit von λ. Jeder Teilraum V_j besitzt eine zyklische Basis der Gestalt

$$F^{k_j} v_j\,,\ \ldots\ ,\ F v_j\,,\ v_j$$

wobei v_j ein Eigenvektor von A zu λ und

$$v_1\,,\ \ldots\ ,\ v_d$$

eine Basis des Eigenraums $V(\lambda)$ ist.

Beweis. Wir definieren

$$\psi\colon H(\lambda) \to H(\lambda)\colon x \mapsto F x$$

und setzen

$$U_j := \mathrm{Kern}\,(\psi) \cap \mathrm{Bild}\,(\psi^j)\ .$$

Dann ist Kern (ψ) gerade der Eigenraum $V(\lambda)$. Es sei wieder e die algebraische Vielfachheit des Eigenwerts λ. Dann gilt $F^e x = 0$ für jedes $x \in H(\lambda)$. Somit ergibt sich eine endliche Kette $K = (U_\ell, \ldots, U_0)$ von Untervektorräumen

$$\{0\} = U_\ell \subsetneqq U_{\ell-1} \subsetneqq \ldots \subsetneqq U_0 = \mathrm{Kern}\,(\psi)\ .$$

Man beachte, dass $\ell < e$ möglich ist. Mit Hilfe des Basisergänzungssatzes Z.1.1 lässt sich sukzessive eine Basis von U_j zu einer Basis von U_{j-1} erweitern. Induktiv erhält man eine Basis $w_1, \ldots, w_d$ von $V(\lambda)$, die der Kette K angepasst ist (man beachte, dass die Dimension von $V(\lambda)$ gerade die geometrische Vielfachheit d ist).

Zu w_j wählen wir k_j maximal mit der Eigenschaft $w_j \in U_{k_j}$. Nach Konstruktion existiert dann $v_j \in H(\lambda)$ mit $F^{k_j}\, v_j = w_j$. Wir definieren nun V_j als die lineare Hülle der Vektoren $F^{k_j}\, v_j, \ldots, F\, v_j, v_j$ und betrachten die endliche Folge

$$C\colon\ F^{k_1}\, v_1\,,\ \ldots\,,\ v_1\,,\ \ldots\,,\ F^{k_d}\, v_d\,,\ \ldots\,,\ v_d$$

von Vektoren. Wenn wir gezeigt haben, dass C eine Basis von $H(\lambda)$ ist, dann folgt $H(\lambda) = V_1 \oplus \cdots \oplus V_d$ und der Satz ist bewiesen.

Wir zeigen zunächst, dass jedes $u \in H(\lambda)$ eine Linearkombination aus C ist. Hierzu sei $F^k\, u = 0$ mit $k \leqq e$ minimal. Wir gehen induktiv vor:

Ist $k = 1$, dann ist $u \in V(\lambda)$ und somit eine Linearkombination aus $w_1, \ldots, w_d$. Diese Vektoren sind in C enthalten und u ist daher in diesem Fall eine Linearkombination aus C.

Für $k > 1$ gilt wegen der Minimalität von k, dass $F^{k-1}\, u \in V(\lambda)$. Sicherlich ist $F^{k-1}\, u \in \text{Bild}\,(\psi^{k-1})$, es gilt also

$$F^{k-1}\, u = \sum_{j=1}^{\dim U_{k-1}} a_j\, w_j \quad \text{mit} \quad w_j \in U_{k-1} = \text{Kern}\,(\psi) \cap \text{Bild}\,(\psi^{k-1})\ .$$

Für jedes an der Summe beteiligte w_j ist $w_j = F^{k_j}\, v_j$ mit $k_j \geqq k-1$. Folglich gilt

$$F^{k-1}\, u - \sum_{j=1}^{\dim U_{k-1}} a_j\, w_j = F^{k-1} \underbrace{\left(u - \sum_{j=1}^{\dim U_{k-1}} a_j\, F^{k_j-k+1}\, v_j \right)}_{u'} = 0\,.$$

Nach Induktionsannahme ist u' eine Linearkombination aus C. Dann ist aber auch u eine Linearkombination aus C.

Es bleibt noch zu zeigen, dass die Vektoren in C linear unabhängig sind. Annahme es sei

$$(L) \qquad 0 = a_1\, b_1 + \ldots + a_m\, b_m \quad \text{mit} \quad b_j \in C \text{ und } a_j \neq 0 \text{ für alle } j$$

eine nicht triviale Linearkombination des Nullvektors. Zu jedem b_j gibt es ein k_j mit $F^{k_j}\, b_j = 0$. Folglich gibt es zu der Linearkombination (L) ein minimales $k = k(L)$ mit $F^k\, b_j = 0$ für jedes b_j, welches in (L) vorkommt.

Wegen $k(L) \leqq e$ gibt es unter allen nicht trivialen Linearkombinationen solche, in denen $k(L)$ maximal ist. Wir können annehmen, dass (L) so gewählt ist, dass $k(L)$ maximal wird.

Im Fall $k(L) = 1$ würde $b_1, \dots, b_m \in V(\lambda)$ folgen, also $\{b_1, \dots, b_m\} \subseteqq \{w_1, \dots, w_d\}$. Dann wären die b_j in einer Basis enthalten und somit linear unabhängig, im Widerspruch zur Existenz von (L).

Also gilt $k(L) > 1$. Wir multiplizieren die Gleichung (L) mit $F^{k(L)-1}$ durch und erhalten

$$(L') \qquad 0 = F^{k(L)-1} a_1 b_1 + \cdots + F^{k(L)-1} a_m b_m .$$

Auch (L') ist eine nicht triviale Linearkombination des Nullvektors, denn nach Definition von $k(L)$ gibt es mindestens einen Summanden $F^{k(L)-1)} a_j b_j$, der von 0 verschieden ist. Ist $F^{k(L)-1)} a_j b_j \neq 0$, dann ist jedoch $F^{k(L)-1} b_j \in V(\lambda)$, da $F F^{k(L)-1} b_j = 0$ ist. Daher ist (L') eine nicht triviale Linearkombination des Nullvektors aus den linear unabhängigen Vektoren $w_1, \dots, w_d$: Das ist ein Widerspruch, der zeigt, dass auch der Fall $k(L) > 1$ unmöglich ist.

Somit ist C als linear unabhängig erkannt, und Satz Z.4.22 ist bewiesen. □

Beweis des Hauptsatzes Z.4.5. Sei $A \in \mathbb{C}^{n \times n}$. Stellt man die lineare Abbildung $\varphi \colon v \mapsto Av$ bezüglich einer Basis B dar, die der Hauptraumzerlegung aus Satz Z.4.11 angepasst ist und die in jedem Hauptraum aus einer Basis besteht, die sich aus zyklischen Basen gemäß Satz Z.4.22 zusammensetzt, dann besitzt ${}_B\varphi_B$ die Gestalt der Jordan-Normalform von A. □

Z.4.23 Beispiel. Sei in Abhängigkeit von $s \in \mathbb{R}$ die Matrix

$$A = \begin{pmatrix} 1 & 1 & 0 & 0 \\ 0 & 1 & 0 & 0 \\ 0 & 3 & 1 & 1 \\ 0 & t & 0 & 1 \end{pmatrix}$$

gegeben. Dann sieht man unmittelbar, dass das charakteristische Polynom von A die Gestalt $(1 - x)^4$ besitzt. Also ist 1 der einzige Eigenwert, die algebraische Vielfachheit ist $e_1 = 4$.

1. Schritt: Der Eigenraum $V(1)$ ist die lineare Hülle von $(1,0,0,0)^\top$ und $(0,0,1,0)^\top$ und hat die Dimension 2. Kandidaten für die Jordan-Normalform von A sind also

$$\text{(I)} \qquad \begin{pmatrix} 1 & 1 & 0 & 0 \\ 0 & 1 & 0 & 0 \\ 0 & 0 & 1 & 1 \\ 0 & 0 & 0 & 1 \end{pmatrix}$$

oder

$$\text{(II)} \qquad \begin{pmatrix} 1 & 1 & 0 & 0 \\ 0 & 1 & 1 & 0 \\ 0 & 0 & 1 & 0 \\ 0 & 0 & 0 & 1 \end{pmatrix} .$$

Es ist

$$(A - E_4)^2 = \begin{pmatrix} 0 & 0 & 0 & 0 \\ 0 & 0 & 0 & 0 \\ 0 & t & 0 & 0 \\ 0 & 0 & 0 & 0 \end{pmatrix} .$$

Die Jordan-Normalform von A ist also vom Typ (I), wenn $t = 0$ ist bzw. vom Typ (II), wenn $t \neq 0$ ist.

2.Schritt: Wir setzen $F = A - E_4$ und berechnen $F^j\,\mathbb{R}^4$ für $1 \leqq j \leqq k$. Es ergibt sich $F\,\mathbb{R}^4 = \mathrm{L}\big((1,0,3,t)^\top,(0,0,1,0)^\top\big)$. Ferner ist $F^2\,\mathbb{R}^4 = \mathrm{L}\big((0,0,t,0)^\top\big)$ und $F^3\,\mathbb{R}^4 = 0$. Somit gilt $k = 2$, falls $t = 0$ und $k = 3$ für $t \neq 0$.

3. Schritt: Da A nur den Eigenwert 1 mit algebraischer Vielfachheit 4 besitzt, ist der Hauptraum $H(1) = \mathbb{R}^4$.
Wir verwenden die gleichen Bezeichnungen wie im Beweis von Satz Z.4.22. Für $\psi\colon H(1) \to H(1)\colon x \mapsto Fx$ ist dann $\mathrm{Bild}\,(\psi^j) = F^j\,\mathbb{R}^4$ und $U_0 = \mathrm{Kern}\,(\psi) = V(1)$. Man errechnet

$$\begin{aligned} U_1 &= U_0 \cap F\,\mathbb{R}^4 &&= \mathrm{L}\big((0,0,1,0)^\top\big) \\ U_2 &= U_0 \cap F^2\,\mathbb{R}^4 &&= \mathrm{L}\big((0,0,t,0)^\top\big) = \begin{cases} U_1 & \text{falls } t \neq 0 \\ \{0\} & \text{falls } t = 0 \end{cases} \\ U_3 &= U_0 \cap F^3\,\mathbb{R}^4 &&= \{0\}\,. \end{aligned}$$

4. Schritt (im Fall $t \neq 0$):
Aus der Kette $\{0\} = U_3 \subsetneq U_2 = U_1 \subsetneq U_0$ erhält man als Basis von $U_0 = V(1)$ durch diese Kette

$$w_1 = (0,0,1,0)^\top , \quad w_2 = (1,0,0,0)^\top .$$

Es gibt (viele) $v_1 \in \mathbb{R}^4$ mit $F^2 v_1 = w_1$. Wir wählen $v_1 := (0, \frac{1}{t}, 0, 0)^\top$ und setzen $v_2 := w_2$.
Insgesamt bilden dann $w_1 = F^2 v_1$, $F v_1$, v_1, v_2 eine Basis von $\mathbb{R}^4$ bestehend aus Hauptvektoren von A, bezüglich der dann A in Jordan-Normalform übergeht. Die Transformationsmatrix hat daher die Gestalt

$$T = \begin{pmatrix} 0 & \frac{1}{t} & 0 & 1 \\ 0 & 0 & \frac{1}{t} & 0 \\ 1 & \frac{3}{t} & 0 & 0 \\ 0 & 1 & 0 & 0 \end{pmatrix}$$

$H(1)$ zerlegt sich in eine direkte Summe $V_1 \oplus V_2$. Die Teilräume V_1 bzw. V_2 besitzen die zyklischen Basen $w_1 = F^2 v_1$, $F v_1$, v_1 bzw. w_2.

Der 4. Schritt im Fall $t = 0$ bleibt dem Leser zur Übung überlassen.

Z.4.24 Bemerkung. Aus der Hauptraumzerlegung folgt:

$$(*) \qquad (A - \lambda_1 E_n)^{e_1} \cdots (A - \lambda_r E_n)^{e_r} = 0 .$$

Das charakteristische Polynom $\chi_A(X)$ von A erfüllt

$$\chi_A(X) = (X - \lambda_1)^{e_1} \cdots (X - \lambda_r)^{e_r} .$$

Damit besagt die Gleichung (*), dass jede quadratische Matrix A ihre charakteristische Gleichung erfüllt, d. h. es gilt

$$\chi_A(A) = 0 .$$

Dieses Resultat ist bekannt als *Satz von Cayley–Hamilton*.

Z.4.25 Beispiel. Für $A \in \mathbb{C}^{2\times 2}$ mit $\det A = 1$ und $\operatorname{Sp} A = 0$ gilt stets $A^2 = E_2$.
[In der Tat ergibt sich $\chi_A(X) = X^2 - 1$ und mit Z.4.24 daraus $A^2 - E_2 = 0$.]

Z.5 Griechische Buchstaben

Da die Groß- und Kleinbuchstaben des lateinischen Alphabets schnell ausgehen (und man auch den übermäßigen Gebrauch von Indizes vermeiden will), sind Mathematiktreibende froh über jedes Alphabet, das dem lateinischen einigermaßen nahe steht. Selbst in russisch oder chinesisch geschriebenen mathematischen Texten werden für Formeln neben den lateinischen bevorzugt griechische Buchstaben gebraucht.

Die folgende Tabelle soll Ihnen helfen, die griechischen Buchstaben *lesen* und *schreiben* zu lernen. Scheuen Sie sich nicht, ein Blatt für Schreibübungen zu opfern: Es lohnt sich!

A	α	alpha	B	β	beta	Γ	γ	gamma
Δ	δ	delta	E	ε, ϵ	epsilon	Z	ζ	zeta
H	η	eta	Θ	ϑ, θ	theta	I	ι	iota
K	κ	kappa	Λ	λ	lambda	M	μ	mü
N	ν	nü	Ξ	ξ	xi	O	o	omikron
Π	π	pi	P	ρ	rho	Σ	σ	sigma
T	τ	tau	Υ	υ	ypsilon	Φ	φ, ϕ	phi
X	χ	chi	Ψ	ψ	psi	Ω	ω	omega

Die Variante ε statt ϵ benutzt man, um das kleine Epsilon vom Elementzeichen $\in$ abzugrenzen.

Die Varianten ϑ (statt θ) und φ (statt ϕ) helfen, die kleinen Buchstaben von den großen Θ und Φ zu unterscheiden.

Man beachte: ζ hat zwei, ξ hat drei deutliche Querzüge von links nach rechts (vgl. die Großbuchstaben: Z und Ξ).

Mehr „Gezappel" ist beim Schreiben dieser Zeichen nicht nötig!

Z.6 Fraktur- und Sütterlinschriften

Insbesondere in Anwendungsgebieten der Vektorrechnung ist es auch noch sehr gebräuchlich, alte deutsche Schriften zu benutzen: etwa zur Bezeichnung von Vektoren, Tensoren und dergleichen.

Für den Druck verwendet man meist eine *Frakturschrift*, wie die folgende:

A	B	C	D	E	F	G	H	I	J	K	L	M
$\mathfrak{A}$	$\mathfrak{B}$	$\mathfrak{C}$	$\mathfrak{D}$	$\mathfrak{E}$	$\mathfrak{F}$	$\mathfrak{G}$	$\mathfrak{H}$	$\mathfrak{I}$	$\mathfrak{J}$	$\mathfrak{K}$	$\mathfrak{L}$	$\mathfrak{M}$
N	O	P	Q	R	S	T	U	V	W	X	Y	Z
$\mathfrak{N}$	$\mathfrak{O}$	$\mathfrak{P}$	$\mathfrak{Q}$	$\mathfrak{R}$	$\mathfrak{S}$	$\mathfrak{T}$	$\mathfrak{U}$	$\mathfrak{V}$	$\mathfrak{W}$	$\mathfrak{X}$	$\mathfrak{Y}$	$\mathfrak{Z}$
a	b	c	d	e	f	g	h	i	j	k	l	m
$\mathfrak{a}$	$\mathfrak{b}$	$\mathfrak{c}$	$\mathfrak{d}$	$\mathfrak{e}$	$\mathfrak{f}$	$\mathfrak{g}$	$\mathfrak{h}$	$\mathfrak{i}$	$\mathfrak{j}$	$\mathfrak{k}$	$\mathfrak{l}$	$\mathfrak{m}$
n	o	p	q	r	s	t	u	v	w	x	y	z
$\mathfrak{n}$	$\mathfrak{o}$	$\mathfrak{p}$	$\mathfrak{q}$	$\mathfrak{r}$	$\mathfrak{s}$	$\mathfrak{t}$	$\mathfrak{u}$	$\mathfrak{v}$	$\mathfrak{w}$	$\mathfrak{x}$	$\mathfrak{y}$	$\mathfrak{z}$

Es gibt viele Varianten der Frakturschrift, die sich teilweise erheblich unterscheiden. Für das Schreiben von Hand sind diese Schriften eher ungeeignet. Oft wird die 1911 von Ludwig Sütterlin entworfene (und dann an den meisten deutschen Schulen gelehrte) Schrift benutzt:

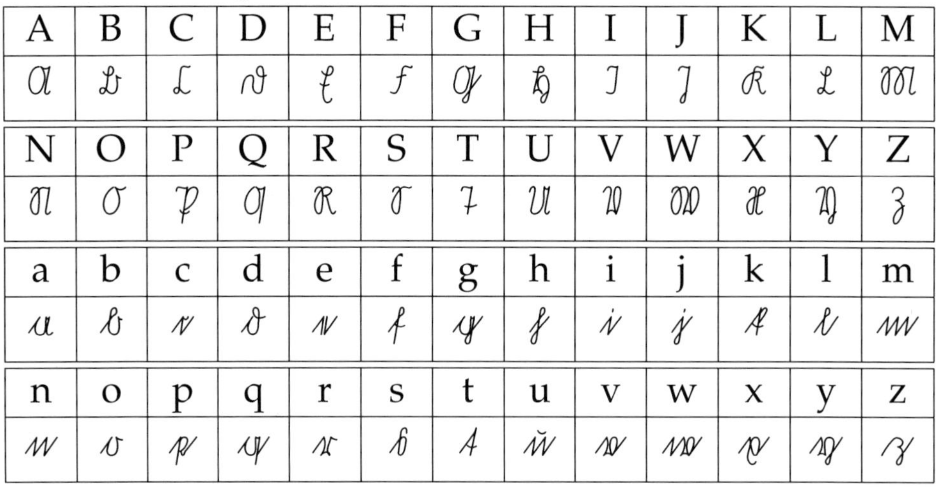

Stichworte

Dieser Index enthält zunächst eine herkömmliche (alphabetisch geordnete) Liste von Suchbegriffen. Auch Symbole, die als Abkürzungen von Begriffen entstehen (wie z. B. lim oder $U_\varepsilon(a)$) sind in diesem alphabetisch geordneten Teil zu finden. Anschließend geben wir eine Zusammenstellung mathematischer Symbole (die sich leider nur in eingeschränkter Weise alphabetisch ordnen lassen).

A

B

C

D

L

O

P

Symbole

Symbole, die durch Abkürzung von Begriffen entstehen (wie z. B. Sym(X) oder $V(\lambda)$) suche man im Stichwortverzeichnis.

Literatur

Lehrbücher

K. Burg, H. Haf, F. Wille: *Höhere Mathematik für Ingenieure. Band 2: Lineare Algebra.* Stuttgart: Teubner 1992 (ISBN 3-519-22956-0).

K. Meyberg, P. Vachenauer: *Höhere Mathematik 1. Differential- und Integralrechnung. Vektor- und Matrizenrechnung.* Berlin: Springer 2001 (ISBN 3-540-41850-4).

A. Hoffmann, B. Marx, W. Vogt: *Mathematik für Ingenieure 1. Lineare Algebra, Analysis, Theorie und Numerik.* München: Pearson Studium 2006 (ISBN 3-8273-7113-9).

M. Scherfner, T. Senkbeil: *Lineare Algebra für das erste Semester.* München: Pearson Studium 2006 (ISBN 3-8273-7207-0).

Klassiker

H. von Mangold, K. Knopp: *Höhere Mathematik: eine Einführung für Studierende und zum Selbststudium. Band 1.* Stuttgart: S. Hirzel 1990 (ISBN 3-7776-0461-5).

V.I. Smirnov: *Lehrgang der höheren Mathematik III/1.* Berlin: Deutscher Verlag der Wissenschaften 1991 (ISBN 3-326-00666-7).

Computeralgebra

Maplesoft: *Maple 12.*

M. Abell, J. Braselton: *Maple by Example.* San Diego: Academic Press 2005 (ISBN 0-1208852-6-3).

Online-Hinweise

Mathematik-Online: www.mathematik-online.org

Homepage der HM 1/2 für Ingenieurstudiengänge:
www.mathematik.uni-stuttgart.de/studium/infomat/HM-Stroppel/

Aufgabensammlungen

Mathematik-Online (Hrsg.): *Aufgaben und Lösungen zur Höheren Mathematik, Band 1: Analysis und Lineare Algebra.* Stuttgart: Mathematik-Online 2005 (ISBN 3-00-016387-5).

Mathematik-Online (Hrsg.): *Klausuren mit Lösungen zur Höheren Mathematik, Band 1: HM I und II.* Stuttgart: Mathematik-Online 2005 (ISBN 3-9810423-0-1).

Formelsammlungen

I.N. Bronstein, K.A. Semendjajew: *Taschenbuch der Mathematik.* Frankfurt am Main: Verlag Harri Deutsch 1997 (ISBN 3-8171-2003-6).

L. Råde, B. Westergren: *Springers mathematische Formeln. Taschenbuch für Ingenieure, Naturwissenschaftler, Wirtschaftswissenschaftler.* Berlin: Springer 1997 (ISBN 3-540-62829-0).

Lineare Algebra / Analytische Geometrie für Mathematiker

E. Brieskorn: *Lineare Algebra und Analytische Geometrie I, II.* Braunschweig: Vieweg 1983 (ISBN 3-528-08561-4).

G. Fischer: *Lineare Algebra.* Wiesbaden: Vieweg 2005 (ISBN 3-8348-0031-7).

B. Huppert: *Angewandte Lineare Algebra.* Berlin: de Gruyter 1990 (ISBN 3-11-012107-7).

B. Huppert, W. Willems: *Lineare Algebra.* Wiesbaden: Teubner 2006 (ISBN 3-8351-0089-0).

M. Koecher: *Lineare Algebra und Analytische Geometrie.* Berlin: Springer 2003 (ISBN 3-540-62903-3).

H. Kowalsky, G. Michler: *Lineare Algebra.* Berlin: de Gruyter 2003 (ISBN 3-11-017963-6).

S. Lang: *Linear Algebra.* Berlin: Springer 1996 (ISBN 3-540-96412-6).

H. Zieschang: *Lineare Algebra und Geometrie.* Stuttgart: Teubner 1997 (ISBN 3-519-02230-3).